权威·前沿·原创

皮书系列为
"十二五""十三五"国家重点图书出版规划项目

BLUE BOOK

智 库 成 果 出 版 与 传 播 平 台

东莞蓝皮书

BLUE BOOK OF DONGGUAN

东莞科技创新发展报告
（2020~2021）

ANNUAL REPORT ON THE DEVELOPMENT OF SCI-TECH INNOVATION IN
DONGGUAN (2020-2021)

主　编／东莞市电子计算中心

社会科学文献出版社
SOCIAL SCIENCES ACADEMIC PRESS (CHINA)

图书在版编目（CIP）数据

东莞科技创新发展报告 . 2020 - 2021 / 东莞市电子计
算中心主编 . -- 北京：社会科学文献出版社，2021.8
（东莞蓝皮书）
ISBN 978 - 7 - 5201 - 8785 - 5

Ⅰ . ①东… Ⅱ . ①东… Ⅲ . ①科学研究事业 - 发展 -
研究报告 - 东莞 - 2020 - 2021 Ⅳ . ①G322.765.3

中国版本图书馆 CIP 数据核字（2021）第 158092 号

东莞蓝皮书
东莞科技创新发展报告（2020~2021）

主　　编／东莞市电子计算中心

出 版 人／王利民
组稿编辑／邓泳红
责任编辑／吴　敏
文稿编辑／吴云苓
责任印制／王京美

出　　版／社会科学文献出版社·皮书出版分社（010）59367127
　　　　　地址：北京市北三环中路甲 29 号院华龙大厦　邮编：100029
　　　　　网址：www.ssap.com.cn
发　　行／市场营销中心（010）59367081　59367083
印　　装／天津千鹤文化传播有限公司

规　　格／开本：787mm×1092mm　1/16
　　　　　印张：20.5　字数：302 千字
版　　次／2021 年 8 月第 1 版　2021 年 8 月第 1 次印刷
书　　号／ISBN 978 - 7 - 5201 - 8785 - 5
定　　价／198.00 元

本书如有印装质量问题，请与读者服务中心（010 - 59367028）联系

编委会名单

名誉主编　肖铮勇　王　洁

主　　编　邹润榕

副 主 编　陈奕毅　杨俊成　刘小龙　赵　明　张江清
　　　　　曹莉莎

编委成员　杨　凯　孔建忠　张　媛　王倩茜　杨锐勇
　　　　　唐魏芳　阮　奇　肖竣仁　李昀铮　邱奕明
　　　　　孔桂枝　蹇　玮　尹振钟　邓盛贵　黄校林
　　　　　刘　俊　付海红

编撰机构简介

东莞市电子计算中心是归口于东莞市科学技术局的事业单位，经东莞市机构编制委员会批准备案，加挂东莞市科技发展研究中心、东莞生产力促进中心、东莞市名校研究生培育发展中心牌子，实施"四块牌子、一套人员"的管理模式。东莞市电子计算中心自2013年开展科技发展与产业研究工作以来，先后完成了东莞市"十三五"全面实施创新驱动发展战略研究、东莞市"十四五"科技创新战略研究、东莞市科学与技术发展"十四五"规划、广深港澳科技创新走廊（东莞段）科技产业创新规划、2013—2020年东莞市科技发展报告等30余项课题研究，承接"东莞创新型城市建设实施路径与创新政策研究""广东省科技金融服务中心东莞分中心建设""创新型一线城市理论与实践研究"等国家、省、市科技项目近20项，其中"区域创新评价的研究与应用"等4项研究获得省、市科技进步奖。

主编简介

邹润榕　东莞市电子计算中心（东莞市科技发展研究中心、东莞生产力促进中心）副主任、副研究员，高级经济师、管理咨询师（MC）、国际注册管理咨询师（CMC）。东莞市第十六届人大代表、民建东莞市参政议政专家委员会主任、中国科学学与科技政策研究会会员、广东省社会责任研究会理事，主要研究方向包括科技创新管理、产业经济、区域经济、创业管理等。作为项目主要完成人先后完成"东莞市中小企业科技创新综合服务平台""东莞创新型城市建设实施路径与创新政策研究""东莞市新动能产业培育研究"等4项国家级、8项省级和7项市级科研课题研究与建设实施。作为主要完成人先后完成"东莞市科学与技术发展'十四五'规划"等市级及高新区专题研究30余项。作为主要起草人完成了《科技项目监理服务规范》（DB44/T 1124 – 2013）和《科技企业虚拟孵化服务规范》（DB44/T 2107 – 2018）等3项广东省地方标准。"区域创新评价的研究与应用"获东莞市科技进步一等奖。公开发表论文《重大科技项目监理的实践与思考》《新型研发机构的协同创新机制研究》等。作为副主编或编委公开出版《东莞科技金融发展报告（2018）》《东莞科技金融发展报告（2019 – 2020）》《东莞智能制造产业应用与发展报告（2018）》3本著作。

摘　要

　　《东莞蓝皮书：东莞科技创新发展报告》是东莞市电子计算中心（东莞市科技发展研究中心、东莞生产力促进中心、东莞市名校研究生培育发展中心）推出的东莞市科技创新发展系列年度报告。

　　迈入"十四五"规划开局之年，中国将进入新的发展阶段。习近平总书记提出，以科技创新催生新发展动能。在新发展格局下，东莞面临粤港澳大湾区建设、深圳建设中国特色社会主义先行示范区和东莞建设省制造业供给侧结构性改革创新实验区"三区叠加"的重大历史发展机遇。本书从湾区都市建设、科技创新发展、新动能培育和治理体系现代化等创新维度和崭新视角出发，展现东莞科技创新发展全景，全方位回顾和梳理东莞在建设国家创新型城市和打造大湾区先进制造业中心过程中的改革举措与创新经验，为实现科技自立自强国家战略体现东莞新担当和新作为。

　　全书共分五个篇章。一是总报告，全面梳理东莞以建设国家创新型城市为机遇，围绕补齐源头创新短板、加强全链条谋划、全面整合创新要素、推进项目管理改革等领域，发挥产业优势，走特色创新道路的思路和方法。二是区域发展篇，围绕科技创新全生态，以松山湖科学城为核心，以高科技产业廊道和原始创新策源廊道为支撑，构建"一城两廊多节点"的全市科技创新空间布局。三是科技创新篇，依托建设粤港澳大湾区综合性国家科学中心的强大创新动能，探索推进核心技术攻关新型举国体制的东莞路径。从构建全方位孵化育成体系、深化立体式产学研合作、创新多层次科技金融等方面着手，推动科技成果进入东莞经济主战场。四是新动能培育篇，立足培育发展新动能目标，分析探讨东莞建设战略性新兴产业基地、构建现代产业体系、培育创新型企业梯队的具体对策与措施。五是创新治理篇，从政策体系、人才集聚、创业活力、创新生态等方面对东莞科技创新治理进行阐述和分析，对东莞营造最优科技创新生态进行展望与思考。

科技创新发展是一个不断尝试摸索、自我迭代、砥砺奋进的过程。本书对东莞市以科技创新壮大产业实力、以新动能推动企业优化、以创新生态引领人才集聚等创新举措进行客观翔实的总结与剖析，可为东莞建设大湾区科技创新高地提供坚实支撑，为有关部门制定科技创新发展政策提供决策参考，为大湾区其他兄弟城市提供经验借鉴。

关键词： 科技创新　科技金融　新动能培育　治理体系现代化

Abstract

Blue Book of Dongguan: *Annual Report on the Development of Sci-tech Innovation in Dongguan* is a series of annual reports on Dongguan's science and technology innovation and development launched by Dongguan Electronic Computing Center (Dongguan Science and Technology Development Research Center, Dongguan Productivity Promotion Center, Dongguan University Graduate Student Cultivation and Development Center).

In the first year of the 14th Five-Year Plan, China is going to enter a new stage of development. General Secretary Xi Jinping has called for action to make scientific and technological innovation generating new growth drivers. Under the new development situation, Dongguan is facing with a significant historical development opportunity of "three districts superimposition" which includes the construction of Guangdong-Hong Kong-Macao Greater Bay Area, the construction of demonstration pilot zone for socialism with Chinese characteristics in Shenzhen and the construction of provincial innovation experimental zone in manufacturing Supply-side Structural Reform. The book, starting from a innovating dimension and a new viewpoint which are about urban construction in Greater Bay Area, development of science and technology innovation, the cultivation of new drivers of growth and modernization of the governance system, comprehensively presents the panorama of Dongguan's scientific and technological innovation and development, comprehensively reviews and summarizes the reform measures and innovative experience in the process of building Dongguan into a national innovation-oriented city and an advanced manufacturing center in the Greater Bay Area, and reflects the new responsibilities and new actions of Dongguan for realizing the national strategy of self-reliance and self-improvement in science and technology.

The book is divided into five chapters. The first is the General Report, which comprehensively summarizes the ideas and methods that Dongguan makes building a national innovation-oriented city as an opportunity, giving a full play to industrial advantages and take the path of innovation with distinctive features in areas such as bridging the innovation shortcoming at the source, strengthening the whole chain planning, comprehensively integrating the innovation elements, and promoting the reform of project management. The second part is the Regional Development Reports, focusing on the whole ecology of scientific and technological innovation and the construction of the spatial layout of scientific and technological innovation of the whole city in "one city, two corridors and many nodes" with the core named Songshan Lake Science City and Dongguan Shenzhen-Hong Kong's main new linear corridor and high-tech industrial corridor as the support. The third part is the Sci-tech Innovation Reports. Relying on the strong innovation momentum of building a comprehensive national science center in the Guangdong-Hong Kong-Macao Greater Bay Area, Dongguan government will explore the path of Dongguan to promote a new national system for tackling key issues in core technologies. Starting from constructing an all-round incubation system, deepening the three-dimensional industry-university-research cooperation, innovating the multi-level science and technology finance and other aspects, Dongguan government has promoted scientific and technological achievements into the main battlefield of Dongguan economy. The fourth part is the Cultivation of New Drivers of Growth Reports. Based on the goal of cultivating and developing new drivers of growth, this book analyzes and discusses the specific countermeasures and measures for Dongguan to build a strategic emerging industrial base, a modern industrial system and cultivate innovative enterprise echelon. The fifth part is the Innovation Governance Reports. This book analyzes the science and technology innovation governance of Dongguan from the policy system, talents-gathering, entrepreneurial vitality, innovation ecology and other aspects, prospecting and thinking about how can Dongguan create the optimal science and technology innovation ecology.

Scientific and technological innovation and development is a process of constant trial and error, self-iteration and perseverance. This book objectively, detailly summarizes and analyzes that the innovation measures of making science and technology innovation to grow industrial strength, making new drivers of growth to promote enterprise optimization and making innovation ecology to lead talents-gathering in Dongguan city. This can provide the solid support for Dongguan to build science and technology innovation highland in the Greater Bay Area, providing decision-making reference for the relevant departments to formulate the development of science and technology innovation policy and providing the experience for reference for other brother cities in the Greater Bay Area.

Keywords: Technology Innovation; Technology Finance; Foster New Growth Drivers; Modernized Governance System

目 录

Ⅰ 总报告

Ⅱ 区域发展篇

Ⅲ 科技创新篇

Ⅳ　新动能培育篇

Ⅴ　创新治理篇

皮书数据库阅读**使用指南**

CONTENTS

I General Report

II Regional Development Reports

Ⅲ   Sci-tech Innovation Reports

Ⅳ   Cultivation of New Drivers of Growth Reports

V　Innovation Governance Reports

总 报 告

General Report

B.1

东莞创建国家创新型城市发展
报告（2021）

本报告系统梳理了东莞市推进国家创新型城市建设的主要做
法，总结了举全市之力打造国家战略平台、构筑全链条创新
体系、构筑企业梯队培育体系、构筑多元科技投入体系、构
建以重大平台与企业为主的引才聚才体系等具有东莞特色的
国家创新型城市建设路径。还构建了创新型城市的评价指标
体系，并将东莞与部分领先城市的科技创新情况进行了系统
的评估，分析东莞科技创新体系建设的成效与存在的薄弱环
节；分析了新阶段东莞科技创新面临的形势，认为东莞集聚
高端创新资源大有可为，科技产业补短与赶超窗口开启，国

---

*　邹润榕，东莞市电子计算中心副主任、副研究员，高级经济师，研究方向为科技发展与科技
政策；陈奕毅，东莞市电子计算中心发展研究部部长，注册会计师、经济师，研究方向为科
技政策、科技创新管理、区域产业经济。

际形势变化深刻影响东莞产业格局，并提出了相应的工作措施与建议。

关键词： 国家创新型城市　创新型城市评价指标体系　科技创新

一　东莞创建国家创新型城市主要做法

东莞市举全市之力参与粤港澳大湾区国际科技创新中心建设，以建设国家创新型城市为总抓手，以松山湖科学城为主阵地，全面谋划创新体系建设，构建"源头创新—技术创新—成果转化—企业培育"的全链条创新生态体系，形成了东莞特色的创新型城市建设经验。

（一）市委、市政府高度重视，举全市之力打造国家战略平台

一是举全市之力建设综合性国家科学中心先行启动区。东莞市紧扣国家科技战略布局，持续加强创新谋划、集中优势资源，以松山湖高新区及周边"一园三镇"为主体规划建设 90.52 平方公里松山湖科学城。2020年松山湖科学城——深圳光明科学城连片地区获批大湾区综合性国家科学中心先行启动区，成为承接国家科技战略的新平台。围绕综合性国家科学中心的建设，东莞市委、市政府专门出台了《关于加快推进大湾区综合性国家科学中心先行启动区（松山湖科学城）建设的若干意见》，明确举全市之力将松山湖科学城建设成为具有全球影响力的原始创新高地。在松山湖科学城加快中国散裂中子源、南方先进光源、阿秒先进设施等一批大科学装置建设，打造世界一流的大科技基础设施集群；高标准建设松山湖材料实验室、华为运动健康科学实验室等一批国家级、省级重点科研平台，努力构建具有国际竞争力的实验室体系；加快大湾区大学、香港城市大学（东莞）的建设进程，促进一流研究型大学建设取得新进展。二是举全市之力构建创新体系。市委、市政府以全链条的思维去谋划创新，推动创新

战略从过去以技术创新为主向以源头创新牵引转变，更加注重前沿部署，从源头去谋划创新，强化源头支撑能力；引导过去零散化创新向系统化创新转变，构建起以"源头创新—技术创新—成果转化—企业培育"为核心的完整科技创新生态链，形成各创新链条之间功能有所区分、又彼此联系协同的发展态势。三是举全市之力引进战略科技力量。市委、市政府高度重视高层次人才的引进和培育，依托散裂中子源、松山湖材料实验室、东莞理工学院、新型研发机构等平台载体引进战略科学家、专家学者；同时，东莞与中科院签订全面战略合作协议，依托国家战略科技力量，共建松山湖科学城。

（二）强化科技"顶天""立地"，构筑全链条创新体系

东莞全力构建上能"顶天"、下能"立地"的全链条科技创新体系，在创新链前端积极争取在前沿基础研究、产业共性技术等源头创新领域实现突破；在创新链后端，加速推动科技成果转化，培育高科技企业。一是构建原始创新体系，强化基础前沿研究。持续推进中国散裂中子源建设，围绕材料科学建设世界领先的科研基础设施。加快建设松山湖材料实验室、大湾区大学、香港城市大学（东莞）、东莞理工学院等科研机构，持续强化基础与应用基础研究的智力支撑。二是构建技术创新体系，加强产学研协同创新。与国内知名高校院所共建 33 家新型研发机构，并着力推动新型研发机构提质增效，广东华中科技大学工业技术研究院获批全市唯一的国家重点领域创新团队，清华东莞创新中心是科技部批准的"国家引才引智示范基地"，东莞同济大学研究院项目获国家军民融合委立项等。加强重点领域的研发攻关，面向新一代信息技术、高端装备制造等重点领域梳理"卡脖子"技术目录，建立项目库，组织省市重点领域关键技术研发。三是构建成果转化体系，推动科技与经济融合。积极构建"创业苗圃—众创空间—孵化器—加速器"孵化全链条，重点在广深港澳科技创新走廊沿线布局重大孵化载体。围绕高端人才、海外人才的创新创业需求，建设松山湖国际创新创业社区等新型创新创业载体，在硬件上提供低成本

办公与居住空间,在软件上完善创新创业服务支持,构建科技成果转化的全链条服务体系,着力推动科技成果向现实生产力转化。搭建科技成果转化平台、培育专业队伍,举办技术经理人培训班和 RTTP 培训班,大力培养熟悉专业技术和科技成果转化全流程的科技服务骨干,为科技成果转化提供支持。四是构建企业培育体系,培养产业发展新动能。出台高企"育苗造林""树标提质"行动计划,创新型企业培育办法等系列政策,不断完善创新型企业培育的顶层设计,构建创新型企业梯队培育机制,推动高企高质量发展。

(三)强化企业创新主体地位,构筑梯队培育体系

东莞市狠抓高新技术企业培育工作,国家高新技术企业数量从 2016 年的 2006 家跃升至 2020 年的 6385 家,在全省地级市排名第一,以高新技术企业为基础,构建了创新型企业培育梯队。一是积极培育龙头科技型企业。服务华为、vivo、OPPO 等在产业链占据核心地位的大型企业,积极支持 vivo 承担"面向商用的 5G 终端设备研发"广东省重大科技专项,积极解决华为技术合同登记认定中的问题,采纳简化认定程序,为企业一次减免税额 1620 万元。提供土地给华为建设人才安居房,给 vivo、OPPO 建设总部基地及步步高实验学校。二是培育百强创新型企业。针对百强创新型企业,重点瞄准科创板,全力推进百强企业与资本市场有效对接。目前全市有 35 家高企上市,上市高企占全市上市企业的 81.39%,其中 6 家科技企业在科创板上市,是企业上市的主力军。三是完善孵化育成链条,培育科技型中小企业。积极开展国家、省、市孵化载体申报动员工作,全市建有科技企业孵化器 118 家,其中国家级孵化器达 23 家。推动专业产业基地建设,涌现了松山湖国际机器人产业基地等一批新型载体,培育了李群自动化、优超精密、云鲸智能等一大批高成长性企业。

(四)构筑以重大平台和企业为主的引才聚才体系

东莞市依托重大科技创新平台以及强大的产业配套优势吸引各类创新人

才，取得显著成效。① 目前，全市人才总量235.2万人，高层次人才15.6万人，有力支撑了科技创新与产业进步。一是依托国家战略平台吸引人才。充分发挥综合性国家科学中心先行启动区的国家科技战略平台作用，以重大项目为载体吸引高层次人才。散裂中子源常驻400名中科院高端科研人才。服务全球各地科研团队实施课题395项；松山湖材料实验室科研人员达846名；科研成果连续两年分别进入中国十大科学进展与十大重大技术进展；东莞理工学院建设广纳博士人才700余人，其中超过10%的高层次人才在企业服务的第一线。二是依托龙头企业会聚高端人才。华为松山湖基地启动以来，累计进驻3万余名研发人才，带动相关供应链企业引进大批研发人才。东莞引进的广东省"珠江人才计划"创新科研团队有62%选择落户企业或者创办企业，超过八成领军人才在莞自主创办企业。三是依托研究生联合培养计划引才留才。深入推进名校研究生联合培养（实践）工作，三年来累计吸引近2000名知名高校研究生在莞联合培养（实践），为散裂中子源、松山湖材料实验室等科研机构以及一批重点企业提供了稳定的基础研发人才供给渠道。

（五）多措并举，构筑多元化科技创新投入体系

东莞市调整和优化财政科技投入结构，引导全社会加大科技投入力度。② 2019年全社会研发投入强度达到3.06%，位列全省第三。一是市财政集中投入建设重大科技平台。三年来，东莞调整财政投入结构，集中市级财政科技资源推进散裂中子源、南方光源、散裂中子源（二期）、松山湖材料实验室等源头创新重大创新平台的建设，2020年财政科技投入达39.79亿元，占全市财政投入的4.7%。二是着力引导企业成为科技创新投入的主

---

① 本部分数据来自《东莞全市人才总量已超235.2万人，创新创业氛围日益浓厚》，《南方都市报》2020年12月11日，https://www.163.com/dy/article/FTIDOQD705129QAF.htmll。
② 本部分数据来自《关于东莞市2020年预算执行情况和2021年预算草案的报告》，东莞市人民政府门户网，2021年2月25日，http://www.dg.gov.cn/sjfb/sjjd/content/post_3467809.html。

力。通过切实落实高企优惠税率、研发费用加计扣除等税收优惠政策及研发投入后资助等方式，全力引导企业加大研发投入力度，2019年企业研发投入约占全市的94.89%，其中，2019年华为、欧珀、维沃三家企业的研发投入占全市研发投入的39.4%。三是全力推动科技金融政策向科技创新倾斜。实施科技金融产业"三融合"信贷政策，设立银行信贷风险补偿资金池和贷款贴息专项资金，引导银行金融资本加大对高新技术企业的信贷支持，2020年全年引导银行为科技企业提供信用贷款超过170亿元。构建市级政府投资基金体系，设立8只市场化、专业化运作的政府投资基金，投资覆盖创新创业、中小企业发展、产业转型升级发展等领域，募资总规模28.09亿元。此外，松山湖高新区还出资设立了松山湖天使投资基金，由东莞科创集团负责运作，基金总规模达10亿元。四是着力推动重点企业登陆资本市场。以开展推动企业上市发展三年行动"鲲鹏计划"为契机，进一步完善支持企业上市的机制，继续发挥市发展利用资本市场工作领导小组成员单位及镇街（园区）的统筹联动作用，优化企业上市后备梯队建设，2021年以来东莞市新增上市企业5家，境内外上市企业总数达到63家，A股上市企业数在广东省地级市排名第1，资本市场"东莞板块"正加速扩容提质。

二 东莞创新型城市建设指标评价

（一）东莞创新型城市建设评价指标体系构建

1. 基本思路

按照科学性、系统性、导向性的原则，在深入研究目前国内创新型城市相关评价指标体系的基础上，充分借鉴中国科学技术信息研究所《国家创新型城市创新能力评价指标体系》的设计原则，结合东莞国家创新型城市建设四大体系的顶层设计，构建东莞市创新型城市建设评价指标体系。评价指标体系包含创新基础与创新特色两大部分。创新基础是创新型城市建设具备的基础条件，体现对城市创新的共性要求，下设创新资源与投入、创新产出与绩效两个二级指标。创新特色指创新型城市建设具备的特色禀赋，按照东莞市建设国家创新型城市的顶层指导文件①中明确的四大体系要求提出的四大体系设计，下设源头创新、技术创新、成果转化、企业培育4个二级指标。这样设计的目的在于通过横向、纵向对比，更加快速便捷地研究东莞创新型城市建设的优势与劣势。

2. 评价指标体系

表1 东莞市创新型城市建设指标评价体系

一级指标	二级指标	三级指标
创新基础	创新资源与投入	全社会R&D经费支出占地区GDP的比重(%)
		地方财政科技支出占地方财政支出的比重(%)
		每万名从业人员中R&D人员折合全时工作量(人年)
		地方财政教育支出占地方财政支出的比重(%)
		每万人普通高等学校在校学生数(人)
	创新产出与绩效	每万人口发明专利拥有量(件)
		高技术产品出口额占出口总额的比重(%)
		高技术制造业增加值占工业增加值比重(%)
		人均GDP(元)
		全员劳动生产率(元/人)
创新特色	源头创新	基础研究经费占R&D经费内部支出的比重(%)
		普通高等学校数量(家)
		国家重点实验室数量(家)
	技术创新	国家工程技术研究中心数量(个)
		规模以上工业企业办研发机构的比例(%)
		规模以上工业企业R&D经费支出占主营业务收入比重(%)
	成果转化	技术合同成交额占地区GDP的比重(%)
		国家技术转移示范机构数量(家)
		国家级科技企业孵化器数量(家)
	企业培育	高新技术企业数量(家)
		高技术企业主营业务收入占规上工业企业主营业务收入比重(%)
		科创板上市企业数量(家)

① 《东莞市人民政府关于贯彻落实粤港澳大湾区发展战略 全面建设国家创新型城市的实施意见》(东府〔2019〕24号)，2019年3月22日。

3. 评价指标体系说明

为确保评价指标体系的科学性，在指标编制过程中将本指标体系与目前国内具有较大影响力的 13 套创新型城市相关评价指标体系①进行了对比研究，其中大部分详细指标出现次数超过 50%，其中全社会 R&D 经费内部支出占地区 GDP 的比重、每万人口发明专利拥有量出现次数为 13 次，地方财政科技支出占地方财政支出的比重为 11 次，技术合同成交额占地区 GDP 的比重出现 10 次，高新技术企业数量、规模以上工业企业 R&D 经费支出占主营业务收入比重、全员劳动生产率、每万名就业人员中 R&D 人员折合全时工作量为 9 次（见图 1）。

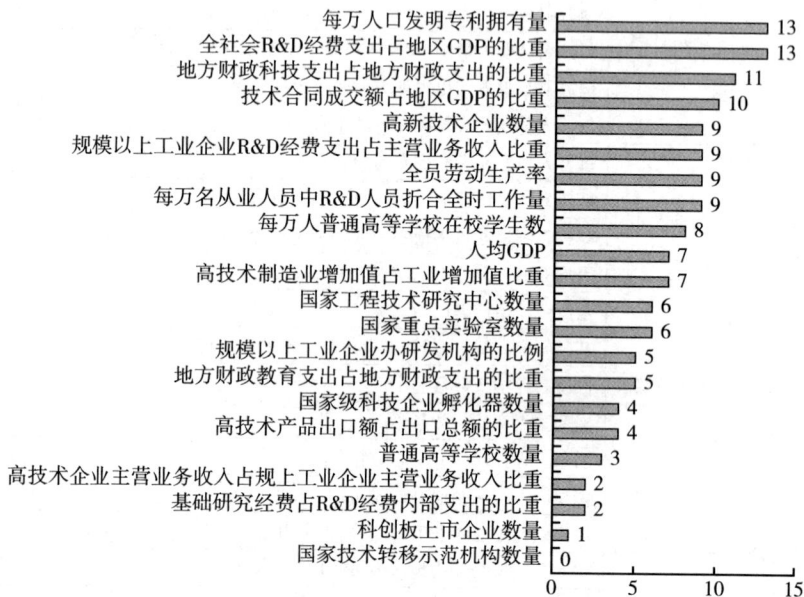

图 1　与 13 套已有研究指标体系中细分指标出现次数对比情况

---

① 13 套指标体系具体为：科技部创新型城市建设监测评价指标体系，中信所国家创新型城市评价指标体系，江苏省、浙江省、宁波市倡导的创新型城市建设绩效考评指标体系，基于创新过程视角的创新型城市评价指标体系的 8 篇文献提出的指标体系。

（二）评价结果

根据上述指标体系，以2018年深圳、广州、东莞、佛山、苏州、无锡、宁波这7个城市的数据①开展横向测算，得出以下关于东莞创新型城市建设综合评价结论。

1.东莞创新综合实力位列第三梯队

从创新型城市建设评价综合得分数据对比来看，7个城市平均分为72.69分，以此为标准可以划分为三个梯队。第一梯队得分都在平均分以上，有深圳、广州、苏州3个城市，第二梯队得分在平均分左右，有无锡1个城市，第三梯队得分在平均分以下，有东莞、佛山、宁波3个城市。深圳、广州和苏州是国内创新驱动发展的标杆城市，无锡、东莞、佛山、宁波等城市推动创新驱动发展各具特色。从评价指标体系对比来看，东莞已基本完成创新驱动发展的整体布局，全社会研发投入显著提升，创新发展的势头良好。从横向来看，东莞在多数绝对值指标和个别比例类指标上与深圳、广州等一线城市有明显的差距，一些指标仍有较大的提升空间。从整体发展角

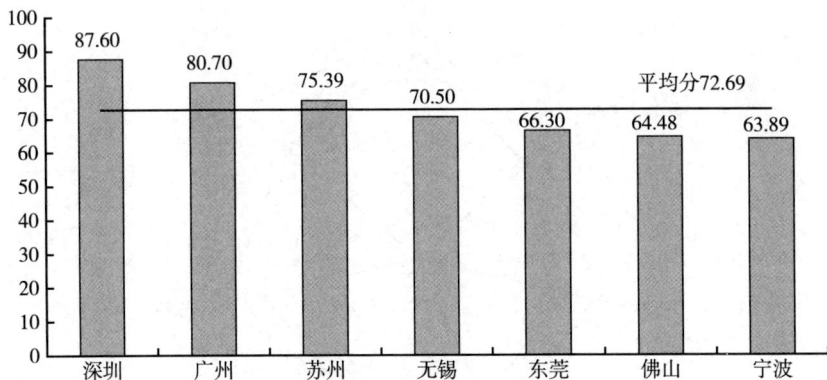

图2　7个城市创新型城市建设评价综合得分

---

① 基础数据来源于各市2019年统计年鉴、2018年国民经济和社会发展统计公报等。

度来看，东莞大力推进创新驱动发展战略，迈入了创新型一线城市行列，但是随着粤港澳大湾区、长三角区域一体化、深圳建设中国特色社会主义先行示范区、广州推动"四个出新出彩"等国家和省重大战略推进，东莞与深圳、广州、苏州等城市的创新发展综合实力差距有进一步拉大的趋势，仍需加快追赶的步伐，针对性地发展与提升。

2. 创新投入不平衡，转化产出依然不足

从图3可以看出，东莞创新资源与投入指标得分（68.21）略高于无锡（66.17），但在创新产出与绩效方面（70.31）明显落后于无锡（84.73），这说明了在创新资源"投入—产出"方面，东莞仍处于较为粗放的阶段，缺乏高效率的创新资源配置机制，导致创新产出和集约效益低下。一方面，创新资源投入分布不均衡。东莞地方财政教育支出占地方财政支出的比重得分排名第一，但全社会R&D经费支出占地区GDP比重和地方财政科技支出占地方财政支出的比重都排名第五，每万名从业人员中R&D人员折合全时工作量和每万人普通高等学校在校学生数更是排名第七和第六。另一方面，创新产出水平低。东莞经济结构是以外向型经济为主，高技术产品出口额占

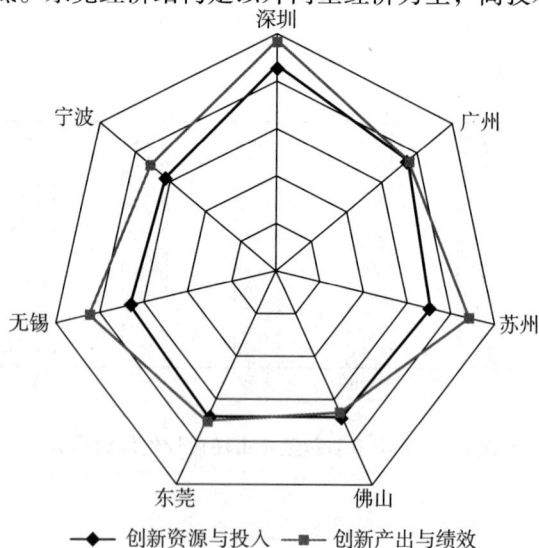

图3 创新资源与投入、创新产出与绩效二级指标得分对比情况

出口总额比重排名第三，仅次于苏州和深圳，远高于广州、佛山和宁波。但是，每万人口发明专利拥有量排名第六，人均 GDP、全员劳动生产率指标都为最后一名。这表明东莞创新产出过于集中在成果产品，而在发明专利、规上高新技术企业体量以及经济效率方面存在明显短板，创新产出与绩效缺乏多样性。

3. 源头创新基础薄弱，差距明显

"十三五"期间，东莞大力补齐源头创新短板，大科学装置散裂中子源正式投入运行，松山湖材料实验室、粤港澳中子散射技术联合实验室等平台相继启动建设，在基础研究平台和人才培养载体等方面，东莞的基础短板仍旧明显。比如，在普通高等学校数量方面，东莞只有 9 家，而广州有 82 家、苏州有 26 家；基础研究经费占 R&D 经费内部支出的比重，东莞只有 0.38%，而广州这一比例高达 12.11%、苏州达 2.66%，差距十分明显，直接导致东莞在科研平台、人才培养等源头创新的基础要素方面落后，创新基础起点较低。7 个城市"源头创新"各三级指标得分对比情况如图 4 所示。

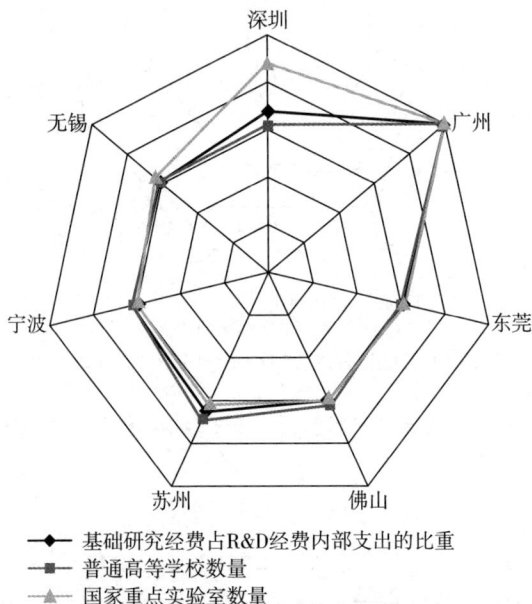

- ◆— 基础研究经费占 R&D 经费内部支出的比重
- ■— 普通高等学校数量
- ▲— 国家重点实验室数量

图 4　7 个城市"源头创新"各三级指标得分对比情况

4. 技术创新平台覆盖面广，经费投入偏低

企业已经成为东莞创新发展的主体，东莞不断加大力度推进企业研发体系建设，规模以上工业企业建设研发机构的比例指标排名第三，仅次于深圳、佛山，与佛山仅相差0.37分。但是，东莞外资企业较多，大部分以生产制造和对外贸易为主，整体来看企业创新投入意愿不强，创新投入不足的问题较为突出。规模以上工业企业R&D经费支出占主营业务收入比重指标排名第六，只比佛山高0.08分，远低于其他城市。从侧面反映出，东莞企业创新平台建设态势良好，各类科技研发投入偏低，研发平台质量和技术创新发展水平有待进一步提升。7个城市"技术创新"各三级指标得分对比情况如图5所示。

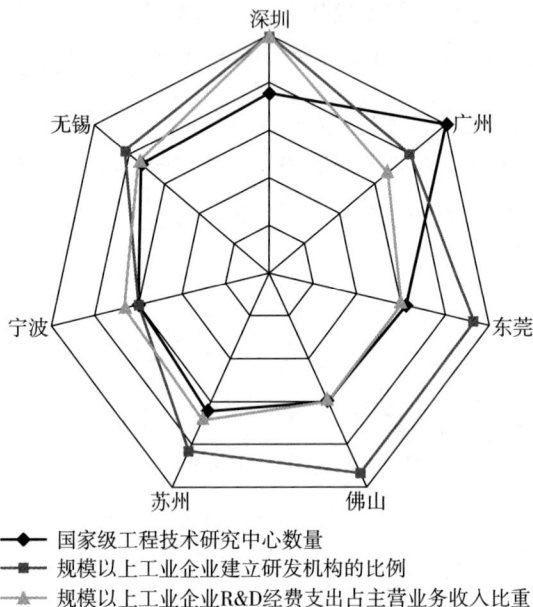

- ◆ 国家级工程技术研究中心数量
- ■ 规模以上工业企业建立研发机构的比例
- ▲ 规模以上工业企业R&D经费支出占主营业务收入比重

图5 7个城市"技术创新"各三级指标得分对比情况

5. 成果转化水平与创新驱动发展需求不匹配

在科技成果转化方面，东莞制定出台《东莞市促进科技成果转化若干政策措施》，实施孵化器筑巢育凤行动计划，积极参与珠三角国家科技成果转移转化示范区建设。但是，东莞整体成果转化水平与其他城市仍存在不小

差距。在国家技术转移示范机构数量相同的情况下，东莞技术合同成交额占地区 GDP 的比重和国家级科技企业孵化器数量指标得分低于无锡（见图6）。这表明在技术市场方面，东莞技术转移效率不高，技术要素市场化配置效率低，技术市场发展环境有待优化；在孵化器方面，虽然数量不断增多，但是存在不少问题，运营成本较高，专业化水平参差不齐，平台缺乏多样性，研发与投产统筹困难，导致成功认定国家级科技企业孵化器不多，未能满足科技成果产品化和孵化企业的全周期需求，"苗圃—孵化器—加速器"的全链条孵化育成体系仍存在较大短板。

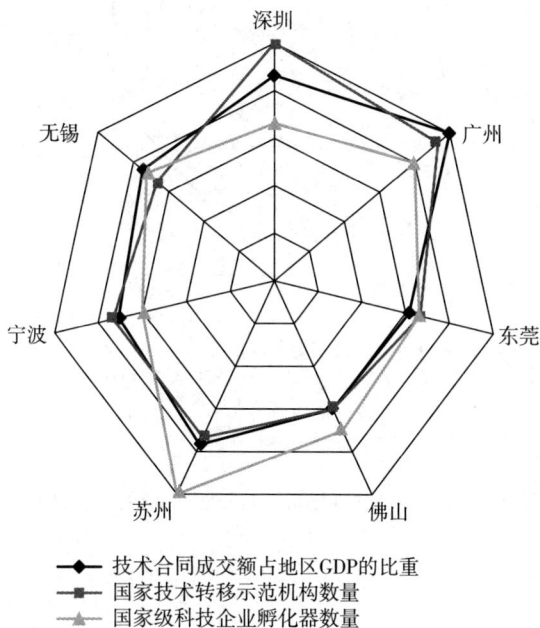

图6 7个城市"成果转化"各三级指标得分对比情况

6. 科技企业培育质量有待提升

东莞围绕推动高新技术企业发展方面制定落实了一系列配套的工作方案和政策措施，大力实施高新技术企业"育苗造林"行动计划，推动高新技术企业数量快速增长。在高新技术企业数量和高技术企业主营业务收入占规上工业企业主营业务收入比重两个指标上，东莞得分都略高于苏州。但是，东莞科创板上市企业数量指标得分远远低于苏州（见图7）。东莞只有1家，苏州有13家，说明东莞高新技术企业多为中小型企业，大型骨干科技企业仍较少，科技经济实力还有很大提升空间。

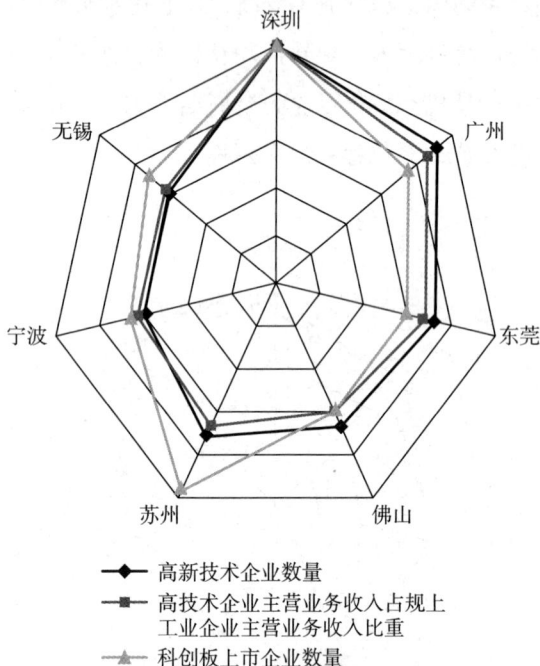

图7 7个城市"企业培育"各三级指标得分对比情况

三　新阶段东莞科技创新面临的机遇与挑战

（一）集聚高端创新资源大有可为

1. 松山湖科学城引领东莞融入全球创新网络

"十四五"时期，东莞将以全市之力全面推进综合性国家科学中心先行启动区（松山湖科学城）建设，散裂中子源二期、南方先进光源预研平台、先进阿秒激光装置等一批国家重大科技基础设施将陆续启动建设，大湾区大学、香港城市大学（东莞）、东莞理工学院高水平理工科大学示范校等一批高水平的研究型高校也已启动建设，相关科研活动与招生工作正在有序推进。到"十四五"末期，松山湖科学城将拥有以中国散裂中子源、南方先进光源预研平台、先进阿秒激光装置等国家重大科技基础设施为核心的大科学装置集群，将拥有世界上材料科学研究领域最齐全、先进的科研基础条件，将对全球从事相关科研工作的优秀科学家产生强大吸引力。围绕大科学装置集群建设，东莞积极拥抱"科技大款"，举全市之力引进国家战略科技力量在莞布局，全面强化与中国科学院的战略合作，将共建一批高水平科研机构。随着松山湖科学城建设的持续推进，东莞对全球科学家与高层次创新人才的聚集能力将越来越突出。事实上，随着中国散裂中子源于2018年投入运行，截至2020年已完成了研究课题近400项，吸引全球一批科学家尤其是港澳科学家团队在莞从事基础研究工作。可以预见，随着一批重大科技创新平台的建设，越来越多的全球优秀科学家与创新团队将在莞从事相关科研工作，并引领东莞全面融入全球科技创新网络，成为全球创新网络的一个新兴节点。

2. 高端人才培育与高等教育事业跨越式发展

"十四五"时期，东莞高等教育与高端人才培育工作将面临历史性机遇。首先，高水平研究型大学建设将实现零的突破。目前大湾区大学、香港城市大学（东莞）两所高水平研究型大学已经启动校园建设，人才招聘与科研活动正在有序推进，预计2022年香港城市大学（东莞）将开始招录研究生进行培养，2023年大湾区大学将进行本科与研究生两个培养层级的招生。东莞高等教育与高端科研机构的短板将得到极大弥补。其次，东莞理工学院高水平理工科大学示范校建设深入推进。目前东莞理工学院已获得计算机科学技术、资源与环境和机械三个硕士学位点，2020年宣布招生计划总数209人，较2019年增加130人，学科建设取得长足发展，高端人才培养能力大幅提升。最后，东莞积极建设东莞市名校研究生培育发展中心，推进国内外高校到东莞市开展研究生培养（实践）活动。目前已经与国内外39

所高校和 19 家新型研发机构签订了研究生联合培养合作意向书，当前在莞进行联合培养（实践）的研究生累计接近 2000 人，预计"十四五"时期在莞进行联合培养（实践）的全国研究生累计将超过 5000 人，将为东莞产业体系输送一批中坚力量。

（二）科技产业补短与赶超窗口开启

1. 新一代信息技术迎来国产替代机遇

美国对中国技术封锁叠加此次疫情导致全球产业链被动中断，使我国进口替代型行业持续保持快速发展的势头。近年来，我国芯片设计、芯片代工、射频天线、摄像头 CMOS 等新一代信息技术相继突破国际封锁，华为 P40 已几乎全国产化，P40 领先的影像、续航、无线充电等功能也再次说明本土产业链具有较强发展潜力，按照当前发展势头，机身材料、射频、阻容器件等领域有望全部实现国产替代。手机产业是东莞的主导产业和优势产业，东莞拥有华为、欧珀、维沃等行业龙头领军型企业，在手机机身材料、阻容器件等领域有较好的基础，有望突破国外技术封锁，培育一批新一代信息技术细分领域"隐形冠军"，实现强链和补链。

东莞的 5G 通信基础设施国产替代也具有竞争优势。华为在东莞布局无线基站平台，并联合东莞的生益科技、利扬芯片、铭普光磁等企业提前布局 5G 相关技术，培育了一大批 5G 产业链及配套企业。据不完全统计，东莞 5G 产业链及配套企业达 122 家，涉及芯片、光器件、光纤光缆、射频器件、电子材料器件、天线、配套设备、终端配套企业等多个产业链环节。目前，5G 通信基础设施建设全国项目已经启动，中国移动 2020 年 5G 基站建设无线设备招标已完成，华为公司以 214.11 亿元大单拿下最大份额，中标基站数量为 132787 站，中标份额为 58%。东莞的 5G 产业链及配套企业有望在 5G 通信基础设施建设过程中抢占更大市场份额，实现国产替代。此外，华为等企业正不断在 5G 基站核心芯片上发力，东莞有机会引进相关芯片领域的设计和制造企业，弥补在高端芯片领域的不足。

2. 生物医药产业正处于爆发增长期

疫情蔓延将有力推进医疗器械等一批新兴产业加速发展。全球抗击疫情极大提升了国内生物药物产业的市场需求，相关产业正处于爆发增长期并将在未来几年保持持续快速的增长。目前东莞企业正借助完备的产业配套，在口罩机、防护服、体温检测仪器等防疫物资生产上开足马力，生物检测、医疗器械等行业迅速增长。此外，疫情充分暴露了我国在生物与医学科研中存在的不足，为此广东省已发布了《关于促进生物医药创新发展的若干政策措施》，支持引进和培育高水平生物医药研发平台。东莞拥有 8 家三级甲等医院，以及与中科院合作的良好基础，可以紧抓机遇在此基础上发展高等级生物安全实验室。

3. 新材料产业将迎来国际产业转移机遇

东莞是电子信息产业大市，但是电子信息产业优势主要集中在中下游，上游的高端电子材料仍然为国外厂商所垄断。日本是全球电子材料的主要生产国之一，在半导体材料、碳纤维、显示材料等高端材料方面拥有显著优势。据国际半导体产业协会（SEMI）数据，日本在全球半导体材料市场份额为 52%，生产半导体必备的 19 种材料生产都离不开日本企业。韩国作为全球第三大电子产品生产国，对电子材料有巨大的需求。2020 年 3 月，新一轮日韩磋商仍然未能就出口管制等争端取得突破，再加上近期日本全国进入紧急状态，韩国大概率可能转向中国进口电子材料，东莞可引进北京科华、晶瑞股份、南大光电、中巨芯、北京波米科技等国内在高端电子材料领域取得突破的企业，以实现半导体用光刻胶、高纯气态氟化氢、氟化聚酰亚胺等高端电子材料国产替代。此外，日本相关企业为继续占领韩国市场，也极有可能在中国境内设厂。可引进光罩、光刻胶、靶材料等领域信越化学、JSR、日矿金属等电子材料企业来东莞设厂，以保证电子信息产业链的安全与稳定。

4. 人工智能加速向其他行业全面渗透

新冠肺炎疫情给人工智能带来了重要的发展机遇。疫情发生以来，人工智能在疫情监测分析、人员物资管控、人体测温、医疗辅助、教育和在线办公、大数据智能分析等方面充分发挥作用，不仅进一步扩大了机器人在制造业领域的推广和应用，而且大幅推进人工智能的应用从制造业领域向服务业领域迈进。东莞的人工智能产业相对成熟，在企业培育、设备制造和应用场景方面都有深厚的基础，长盈精密、劲胜智能等企业在人工智能应用上拥有丰富经验；拓斯达、三姆森、盟拓智能、奥普特等企业掌握机器人本体、图像识别、算法等方面的核心技术；广东智能机器人研究院、松山湖国际机器人产业基地等一批创新创业平台集研发、投资、服务、孵化于一体，形成了成熟的机器人企业成长路径。其中，松山湖国际机器人产业基地入选全国创业孵化示范基地，成为全国机器人企业创业孵化标杆。可以看出，东莞进一步推进人工智能在服务领域应用、发展服务机器人已经具备了较为完善的技术、服务以及产业链配套。东莞有望在全国率先形成成熟的产业链，把握智能机器人的发展机遇。

（三）国际形势变化深刻影响东莞产业格局

2018年以来的中美贸易摩擦对产业影响日益显现，叠加新冠肺炎疫情全球大流行，2020年东莞产业发展格局受到国际形势变化的深刻影响。东莞是全国第四大外贸百强城市，2020年进出口总额达1.33万亿元，同比下降3.8%，外贸依存度137.85%，仍处于较高水平，其中出口总额8281.55亿元，占全市规上工业企业总产值的比重达37.6%。[①] 整体上看，国际市场为东莞的工业体系直接贡献了超过1/3的营业收入，东莞的产业体系已经深度融入了全球产业链分工，国际形势的变化对东莞产业体系的影响将比对国内其他城市更加深远。东莞是全球著名的电子信息产业基地，既从其他国家大量进口电子材料、有机化合物、半导体器件等关键材料和零部件，也向全球市场提供大量的电子终端产品。长期以来，东莞产业体系"一业独大"，电子信息产业尤其是智能终端产品及其产业链是东莞产业体系的核心支柱。

---

① 《"双循环"下35城外贸依存度盘点：东莞最高，内陆城市异军突起》，腾讯网，2021年5月10日，https://new.qq.com/omn/20210510/20210510A0CSNQ00.html。

2020 年，龙头企业受到美国政府的定向技术封锁，叠加疫情导致的市场需求下降，东莞智能终端产品出货量仅为 3.16 亿台，同比下降 17%。终端产品产值下降并向产业链上游传导，导致 2020 年东莞电子元器件产业实现增加值同比下降 30%，大大拖累全市工业的增长。"十四五"时期，整合国内产业链体系，促进科研机构创新能力与市场资源有效融合，高效推进产业核心关键"卡脖子"技术攻关，实现科技自立自强，从根本上摆脱发达国家的技术封锁，是东莞产业体系面临的重大挑战。

四 建设具有国际影响力的创新型城市

（一）全力建设综合性国家科学中心先行启动区（松山湖科学城）

坚持"四个面向"，对标全球主要科学中心和创新高地，携手深圳共建大湾区综合性国家科学中心先行启动区，加快集聚高端创新资源，源源不断提供高水平科技，建设具有重要影响力的原始创新策源地，推动创新成为东莞的价值追求、主流精神和城市标志。

1. 建设国际一流的重大科技基础设施集群

加快推动与中国科学院合作共建松山湖科学城，争取更多国家战略科技力量在东莞布局。加快推进中国散裂中子源二期、南方先进光源预研平台和先进阿秒激光装置等重大科技基础设施建设，争取材料制备与加工极限环境设施、材料科学用户实验设施、新一代信息技术（5G）研究设施、未来信息科学探索设施等新一批专业领域研究设施落地，打造高度集聚、世界先进的科技基础设施集群。充分发挥好重大科技基础设施作用，支持高等院校、科研机构、企业依托重大科技基础设施，开展重大科学问题前瞻研究、前沿技术预见研究、基本原理探索和技术概念验证等活动，突破一批核心关键技术和颠覆性技术，推动"跟随创新"转向"引领创新"。

2. 建设高水平大学和科研机构

以国际化视野、双一流标准和创新的体制机制筹建大湾区大学，打造以理工科为特色、在前沿研究领域具有重要影响力的研究型大学。加快推进香港城市大学（东莞）建设，引进国际领先的优质教学与研究体系，推动粤港办学资源、创新要素的自由流动和集聚，建设全球一流的研究型大学。大力引进国内外一流大学在莞建设研究生院，支持在莞高等院校成立微电子学院、增设半导体相关专业。加快推进东莞材料基因高等理工研究院、广东省智能机器人研究院、东莞新能源研究院、东莞人工智能产业技术研究院等建设。加大与国内外一流科研机构的合作力度，鼓励科研机构、高校和企业联合建设一批一流的科研机构或实验室平台。

3.布局面向产业的前沿基础研究平台

优化基础力量布局，聚焦基础研究的前沿科学交叉领域，在材料科学、信息科学、生命科学等领域，布局建设材料基因组研究平台、中子治疗技术探索设施、原子运动规律及化学变化过程可视化平台、量子计算核心材料与器件平台等前沿交叉研究平台，夯实前沿技术突破的物质技术基础，带动前瞻性、战略性、颠覆性技术创新。加快推进松山湖材料实验室建设发展，聚焦材料科学领域重大前沿问题，超前布局一批前沿研究课题，强化基础研究与应用基础研究能力，争取研究纳入国家实验室序列。加快粤港澳中子散射科学技术联合实验室等高水平实验室建设，围绕半导体、人工智能、应用终端、分子生物学等领域探索建设若干国家重点实验室、省级实验室。加快建设东莞大科学智能计算数据中心、东莞市科研仪器设备共享平台等一批科技基础支撑服务平台，满足重大科技基础设施、实验室、研究平台、大学与科研机构、创新型企业进行计算、分析、测试的使用需求。推动前沿基础研究平台与重大科技基础设施共同打造交叉融合、紧密协作、相互支撑的创新内核，为产业关键技术突破提供支撑，催生更多从"0"到"1"的重大创新成果。

（二）优化创新结构，加大全社会科技投入

提升财政科技资金投入占比。参考广州、佛山等城市财政科技投入标准，提升年度财政科技投入金额，使财政科技投入占比不低于全省平均水

平，并逐年加大财政科技投入力度，确保财政科技投入只增不减。加大基础和应用基础研究投入。研究制定强化基础和应用基础研究的政策，通过加大财政资金中的基础和应用基础研究部分，以及引导企业投入资金参与基础和应用基础研究，逐步加大全社会基础和应用基础研究投入，争取基础和应用基础研究投入占全社会研发投入比重达到主要创新国家和地区水平（10%以上）。激励企业扩大研发投入规模。建立专业服务机构，协助企业完善研发体系，支持企业建立高水平研发机构。落实国家知识产权保护措施，提升企业侵权成本；采取综合措施，倒逼企业加大研发投入构建技术竞争新优势。

（三）融入国内大循环，培育壮大经济增长新动能

1. 大力实施进口替代战略，发展价值链高端产业

充分发挥国内市场环境优势，广泛吸引国内外资金、技术、人才等资源，选择电子信息、装备制造、生物医药等东莞具有基础的价值链高端产业中正在突破或已经突破"卡脖子"技术的企业或项目，引进并支持其在东莞发展，如电子材料、工业设计软件、OLED 屏幕、被动元器件、射频器件、减速器、伺服系统、控制器等。完善和提升自身的产业结构和技术水平，实现产业链关键环节进口替代。

2. 培育壮大新兴产业和未来产业

依托散裂中子源和松山湖材料实验室，建设散裂中子源新材料研发孵化基地、松山湖材料实验室科技成果产业化中试孵化园区等新兴产业和未来产业培育基地，发展先进金属材料、先进陶瓷材料、医用高分子材料、纳米电子材料等新材料产业。发展人工智能产业集群，依托松山湖国际机器人基地等，围绕人工智能产品核心零部件、嵌入式软件和系统集成产品，布局人工智能研究院、产业基金、中试孵化基地等机构，引进人工智能产业链核心企业。建立鸿蒙软件园，围绕鸿蒙系统建立集软件开发培训、创业指导、风险投资、企业孵化于一体的综合性软件园区。紧抓贸易数字化转型机遇，融入国内大循环。借助东莞与阿里巴巴、拼多多、京东等各大电商平台合作机

遇，设立东莞高新技术产品专区，结合东莞具有优势的智能终端产品、服务机器人等高新技术产品，打造东莞高技术产业品牌。

3. 聚焦七大战略性新兴产业基地建设

组建战略性新兴产业基地技术委员会，把握产业技术发展大势与方向。物色若干大院大所、创新团队共同组建战略性新兴产业基地技术委员会，共同打造高水平的产业综合赋能平台，合力导入创新团队和高成长型企业，在新材料、新能源、生物医药等领域加快招引培育一批千亿级、百亿级规模的产业新立柱，努力营造更具创造力、孵化力的产业生态体系，切实强化全市七大战略性新兴产业基地对东莞战略性新兴产业集群发展的场效应。加大对战略性新兴产业基地的各项支持力度。优先满足产业基地的用地需求，每年新增建设用地指标优先向产业基地倾斜，对于产业支柱型龙头企业项目的连片大规模用地需求，探索更宽松的供地、用地政策。加大财政支持力度，优化重大基础设施市镇出资结构，进一步加大市镇两级财政对产业基地基础设施的支持力度。加大专项债支持力度，将产业基地内的基础设施项目优先纳入专项债支持项目范围。

区域发展篇

Regional Development Reports

B.2

松山湖科学城建设路径研究

王倩茜　孔建忠*

摘　要： 《粤港澳大湾区发展规划纲要》明确提出，建设具有全球影
响力的国际科技创新中心。松山湖科学城已被纳入大湾区综
合性国家科学中心先行启动区建设，是新时期东莞参与粤港
澳大湾区国际科技创新中心建设的重要战略平台。东莞提出
要举全市之力、聚八方之智落实国家战略部署，建设具有全
球影响力的科技创新高地。但松山湖科学城的建设仍存在与
深圳光明科学城协同能力弱，原始创新能力不足，成果转化
能力不强，产业集聚特色不明显等问题，建议围绕"建平
台、优环境、聚人才"三个方面，将松山湖科学城打造成为
科技人才向往的创新之城。

* 王倩茜，松山湖党政办政策研究科副科长，研究方向为科技发展与科技政策；孔建忠，东莞
市电子计算中心助理研究员，中级经济师，研究方向为科技创新与产业发展。

关键词： 松山湖科学城 综合性国家科学中心 先行启动区

建设粤港澳大湾区综合性国家科学中心是全面贯彻落实中央"双区"①建设战略，坚持创新驱动发展，全面塑造发展新优势的主要任务和关键举措。从 2017 年底率先提出依托全球第四台、我国首台脉冲式散裂中子源以及松山湖国家高新区创新集聚的比较优势建设科学城的设想，到 2020 年 7月正式被纳入大湾区综合性国家科学中心先行启动区建设，东莞一直主动谋划、高位推进、全力建设，把松山湖科学城作为东莞主动参与"双区"建设战略的关键抓手，以及构建新发展动能推动东莞经济体系优化升级的核心力量。当前，松山湖科学城规划面积 90.52 平方公里，涵盖了松山湖、大朗、大岭山、黄江等 1 园 3 镇具有战略价值的相关区域，自然条件优美，已建成中国散裂中子源、3 所高校以及 32 家与北大、清华等国内著名高校联合共建的研发机构，拥有华为终端、生益科技、华贝电子、蓝思科技、歌尔声学等一批科技型行业龙头企业，吸引了 300 余家高新技术企业和近 3 万名优秀工程师在科学城内创新创业。

一 基本情况

（一）高位统筹，举全市之力建设大湾区综合性国家科学中心先行启动区（松山湖科学城）

抓好大湾区综合性国家科学中心先行启动区建设，是东莞在新历史时期融入和服务国家战略大局的使命。为确保建设工作的有力推进，东莞调动一切可以调动的资源，以过硬的责任担当，从体制机制上为科学城建设提供强大保障。一是构建了统筹有力的工作机制。成立了以市长为组长的东莞市推

---

① "双区"是指粤港澳大湾区和中国特色社会主义先行示范区。

进大湾区综合性国家科学中心先行启动区（松山湖科学城）建设工作领导小组，领导小组下设办公室、土地整备、空间规划与建设、综合推进、发展规划、科学功能、产业发展等工作专班，形成了由松山湖高新区管委会负主责，各专班牵头市直部门协同发力的"1+1+6"工作机制，充分调动了全市各部门的主动性和积极性。二是给予了坚强有力的政策和财政资金保障。以市委、市政府名义出台了《关于加快推进大湾区综合性国家科学中心先行启动区（松山湖科学城）建设的若干意见》，重点围绕原始创新策源地、新兴产业发源地、创新人才集聚地、知识产权示范地、科学人文宜居地等九大方面给予33条政策支持，以超常规力度推动松山湖科学城建设进入快车道。进一步加大财政投入力度，科学城相关科研设施和基础设施建设的地方承担部分全额由市财政负担，并对基础研究、应用研究方面给予稳定的财政投入支持，解决科学城建设的后顾之忧。三是院市合作共建战略取得了里程碑式进展。在东莞市的积极争取与多番拜访沟通下，2020年11月，中科院与东莞签署了共同建设综合性国家科学中心先行启动区（松山湖科学城）合作协议，意味着东莞正式与中科院确立战略伙伴关系，科学城建设将得到长期稳定的战略加持和顶级科技支援。四是顶层规划基本成形。《松山湖科学城科学功能规划》《松山湖科学城发展总体规划》《松山湖科学城空间总体规划纲要》等顶层设计已经确立，规划引领科学城发展的局面逐步形成。

（二）高点建设，重大科技基础设施的集中度显示度已初步形成

《大湾区综合性国家科学中心先行启动区建设方案》中明确，光明科学城—松山湖科学城片区是大湾区综合性国家科学中心先行启动区的主体，是重大设施平台等创新资源的集中承载区。围绕"集中承载"的核心定位，东莞在松山湖集中布局重大科技基础设施、前沿科学交叉研究平台、大学和科研院所，目前已建有1家省实验室、1家粤港澳联合实验室、68家市级以上重点实验室（含1家国家级）、141家市级以上工程技术研究中心（含1家国家级）、30家新型研发机构，科研机构集群效应初显。一是大科学装置陆续建成落地。散裂中子源束流功率提前一年半达到100kW的工程设计目

标，实验效率和数据质量显著提升，首期 3 台谱仪运作良好，完成 352 项课题，二期项目正在申请立项，国家高能物理科学数据中心大湾区分中心揭牌成立。散裂中子源二期、先进阿秒激光设施和南方先进光源关键技术预研项目均被中科院推荐纳入国家重大科技基础设施"十四五"规划。大科学装置正呈集中布局和加快建设态势。二是努力构建一流实验室体系。投资 120 亿元高标准建设松山湖材料实验室，目前已引进 24 个创新样板工厂团队，成立 22 家产业化公司，建成"松湖之材"产业育成中心，科技成果转化落地更加有力。与华为、国家体育总局等共同打造了集检测、认证、服务等于一体的运动健康产业科技创新平台"华为运动健康科学实验室"。正积极谋划粤港澳中子散射科学技术联合实验室等高精尖实验室建设，不断吸引国际一流实验室来莞落户。三是一流大学建设取得新进展。大湾区大学（松山湖校区）已明确选址，届时将聚焦人才综合能力培养、技术原始创新能力提升、多学科交叉融合课程开发和办学体制机制的创新，建设引领未来科技发展、产业升级和社会进步的新型研究型大学。香港城市大学（东莞）项目正在开展设计及推进土地整备。东莞理工学院建设新型高水平理工科大学示范校取得新进展，以研究生教育为牵引的国际合作创新区奠基，工程科学学科首次进入 ESI 全球排名前 1%，交叉学科研究中心、国际微电子学院等正式挂牌。四是以产出重大创新成果、高端创新人才为导向的科研机构作用显现。北大光电研究院、清华创新中心、华中科大工业技术研究院、国际机器人研究院等 23 家省级新型研发机构占了全市总量的 88%。各类科研机构共引进超过 2500 名人才，其中 75% 为技术研发人员，近 30% 为教授、研究员等高端人才，超过 120 人为长江学者、国家杰青等高层次人才；近三年各类科研机构累计获得国家级科研项目 26 个，成果转化和技术服务收入超 16 亿元；近三年在孵企业数量超 1200 家，在孵企业共获得风险投资资金超 5.6 亿元。① 各类科研机构在基础与应用基础研究、核心技术攻关、提升区域科技创新能力、孵化高成长性科技企业等方面都起到了重要推动作用。

---

① 数据为综合整理松山湖高新区工作报告等信息所得。

（三）高效运营，在信息、生命、新材料等领域的战略必争方向初步形成独特优势

建设综合性国家科学中心，就是要通过大设施、大平台聚集大学者，承担大任务，最终产出大成果。目前在成果产出方面已初见成效。一是基础研究取得新突破。松山湖材料实验室建设以来共获批国家、省级各类项目40余项，包括国家自然科学基金、国家重点研发计划、广东省重点研发计划等，项目资助经费超过2.4亿元，发表高水平论文超过330篇，其中在世界顶级学术期刊《自然》上发表7篇。汪卫华院士团队的研究成果"基于材料基因工程研制出高温块体金属玻璃"入选科技部高技术研究发展中心（基础研究管理中心）发布的"2019年中国科学十大进展"。陈小龙团队的"KxFe2Se2超导体的发现"论文入选美国《物理评论B》，被评为里程碑式论文。材料基因高等理工研究院与上海电气中央研究院共同承担了航空发动机和燃气轮机"两机"国家重大科技专项，填补了国内空白。广东复安科技发展有限公司与复旦大学合作，打通了科研、测评和企业产业化环节，共同申建"光子安全国家技术创新中心"填补了国内信息安全领域关键核心技术上的空白。二是成果转化取得新成绩。中国散裂中子源相关技术催生了首个产业化项目——我国首台自主研发加速器硼中子俘获治疗（BNCT）实验装置。松山湖材料实验室已孵化了19家产业化公司，注册资本总计超过1亿元，其中多孔陶瓷及其复合材料技术产业化团队项目还获得了央视新闻联播的关注，预计5年内可实现销售收入超5亿元。东莞机器人智能装备创新型产业集群企业超420家，仅2020年就新增企业40家，实现工业总产值40.7亿元。三是交流合作达到新高度。粤港澳院士峰会、首届中国·松山湖新材料高峰论坛、岭南科学论坛·湾区创新论坛等具有广泛影响力的活动在松山湖举办。中科院科技服务网络计划（STS计划）东莞专项收到近百份项目建议书，30个团队通过答辩评审，14个项目获得立项。松山湖材料实验室充分利用自身平台优势和材料科学资源集聚优势，与中国航发集团共建联合工程中心，与航天五院钱学森实验室共同探索太空实验合作，与华南师

范大学成立材料学科与工程联合实验室中心，与香港理工大学联合培养（已有 6 名博士生入学）。四是英才会聚形成新高峰。松山湖科学城通过造环境、建平台、搭舞台，积极招引各类优秀人才，目前已累计吸引各类国家级人才 68 名，占全市 89.5%；其中双聘院士 16 名，占全市 100%；省市创新创业领军人才 102 名，占全市 87.18%；省创新科研团队 27 个，占全市 71.05%。科学城的知名度和影响力不断提高，已然成为高端人才干事创业、思想交流碰撞的向往地。[①]

（四）高颜值规划，未来范式的科学家园已具雏形

松山湖科学城地处莞深交界，位于广深港澳科技创新走廊中心位置，周边机场、高铁、高速等交通网络密集，教育资源丰富，科学城内生态环境十分优越——8 平方公里的湖面、6.5 平方公里的湿地、14 平方公里的生态绿地、超过 300 公里的生态绿道等，与具有全球影响力和高端人才期待相匹配的城市基础条件已具备。一是抓紧打造极具辨识度的核心区。围绕松山湖中心区的城市功能定位、空间格局塑造、土地开发运营、智慧城市系统、环境景观打造等城市建设要素与目标，组织开展了项目策划并启动了通湖礼廊（示范段）的改造提升。中央创新区城市设计已形成方案，滨湖广场万科里、佳纷天地等商业配套正式开业。科学大道东莞段动工建设，科学岛、未来学校、悦榕庄、中子源路、屏安路、荔华东路等一大批城市配套项目正全速谋划、设计和建设。二是创新创业不打烊的氛围正在加速形成。松山湖国际创新创业社区已入驻 9 家新型研发机构、2 家国家级孵化器、400 余家企业，商业区配套整体开业，成为东莞首个集高等学校、科研院所、新型研发机构、孵化器、商住配套、科技服务、国际交流等于一体新型社区样板，成为创新创业的不夜城。粤港澳青年创新创业基地也在稳步推进，基地的科技成果转化项目展示、精品样板车间、港澳青

---

① 本部分资料来源于《松山湖材料实验室 2020 年报》，松山湖材料实验室网站，2021 年 3 月 12 日，http：//www. sslab. org. cn/news/specialdetail？id=210312145011111195184CD5AC。

年人才社区等已正式对外开放。三是土地收储有序推进为松山湖科学城后续发展释放潜能。完成组建松山湖土地储备办公室，集中精英力量攻克土地收储难题。完成科学大道、科普服务单元、香港城市大学（东莞）等重点项目的首期用地保障；联合各方遏止违建抢建行为，减小土地整备阻力；初步形成"试点先行，分期实施"的土地整备策略，加快打通"背山面湖"的创新中轴线。

二　存在问题

建设具有全球影响力的科技创新高地，必须要立足国家战略，用新型举国体制推动综合性国家科学中心（松山湖科学城）的建设。虽然松山湖科学城的"四梁八柱"基本框架已经形成，但还存在以下几个问题。

（一）与深圳光明科学城的协同联动不够，缺乏高层级的议事协调机构

根据《大湾区综合性国家科学中心先行启动区建设方案》，深圳光明科学城与东莞松山湖科学城是先行启动区，共同建设大湾区综合性国家科学中心。这就决定了两个科学城必须有机联系、联动发展。但目前从国家和省级层面都缺乏相应的议事协调机构，导致在统筹方面力度不够，双方各自为政，不能有效发挥科技创新资源的乘数效应。

（二）具有世界水平的科技创新人才仍比较缺乏

松山湖缺乏高校，在人才培养方面先天不足，后天虽然通过各种方式不断引进高层次人才，但在数量和水平方面同北京、上海、合肥甚至广州、深圳等差距甚大，在诸多学科、技术领域都存在非常大的人才缺口。

（三）原始创新能力不足

虽然园区已经集聚了散裂中子源、材料实验室等大装置、大平台，但较

多地是倾向于应用基础研究领域，同样是由于高校的缺乏，松山湖在基础研究领域的原始策源能力不足。此外，在科技项目扶持方面，松山湖投入基础研究方面的资金远比不上国内先进城市的平均水平。

（四）科技成果转移转化能力不强

从目前松山湖的专利申请量来看，虽然每年的增速较快，但发明专利不多，且技术合同成交额较低，专利转化率不高，存在不少"僵尸专利"。

（五）产业集聚特色不明显

虽然松山湖在信息、生命、新材料等领域形成了一定优势，但仍存在细分领域定位不够清晰，产业基地的集中度显示度不够，与周边镇的功能定位大同小异，产业特色不突出、带动作用不强等问题。

三　路径探讨

综合性国家科学中心，承担的是国家战略、肩负的是国家使命，是"科研皇冠上的明珠"。建设大湾区综合性国家科学中心，是广东省建设具有全球影响力的科技创新中心、建设更高水平科技创新强省的战略关键。对东莞而言，承接综合性国家科学中心先行启动区建设任务，既是通过松山湖的创新蝶变推动东莞跨越中等收入陷阱实现高质量发展的现实需要，更是在广东实现新发展阶段总定位总目标中承担更大责任、发挥更大作用的使命使然。

未来的松山湖将是一个集聚高端科研平台、高端科研人才的科技新城，是一个不断孕育新经济新业态、聚集高精尖企业和极具经济活力的产业新城，是一个科技共山水一色的人文智慧新城。松山湖科学城与光明科学城环抱的"巍峨山"将成为与"硅谷"齐名的科技创新高地，成为全球顶尖创新创业人才向往的圣地，是粤港澳大湾区最耀眼的明星。站在前所未有的战略高点，可以从"建平台、优环境、聚人才"三大方面加快建设综合性国家科学中心先行启动区。①建平台，即围绕"基础研究＋技术攻关＋成果转化＋产业发展"的综合科研体系，建设一批重大科技基础设施、研究设施、交叉研究平台、中试验证和成果转化平台、一流大学等，加快提升松山湖科学城的集中度和显示度。②优环境。既要打造人才、企业干事创业的环境，又要打造与松山湖科学城相匹配的配套环境。既要围绕创新链条打造创新体系，加快推动科技成果转化为现实生产力，加快培育一批引领型的未来企业，又要加快高标准建设与科技创新和高端人才需求相匹配的城市功能配套，加强高品质衣食住行娱等民生服务供给。③聚人才。人才是科学城发展增速提档的关键，建平台、优环境最终就是为了人才引得进、留得住、用得好。既要为人才追求人生梦想和实现人生价值提供广阔舞台，又要为人才扎根发展创造公平公正的政策环境、考评机制和培养机制，以及让人才无后顾之忧的公共服务和生活配套。

（一）牢牢抓住"双区驱动效应"不断增强的机遇，推动与广深港澳的协同联动

以共建大湾区综合性国家科学中心先行启动区为牵引，推动松山湖科学城与光明科学城实现一体化发展，与光明科学城建立常态化的沟通协调机制，共同推动两地科学城的规划衔接，探索重大科技基础设施、中试验服务平台的共建共用共管，共同谋划开展重大科研文化交流活动以及重大科学技术联合攻关等，共促科技成果转移转化，形成产业发展优势互补，放大创新集聚效应。积极对接广州科技教育医疗优势资源，推动科学城教育文化和医疗卫生水平再上台阶。深化与港澳创业孵化、科技金融、成果转化等领域合作，提升港澳青年创新创业基地等交流合作平台的水平。将科学城打造成为粤港澳大湾区协同创新的枢纽。

（二）充分用好国家级战略伙伴的科技力量提升原始创新和产业创新能力

借助与中科院共建综合性国家科学中心的契机，创新院地合作的体制机

制，面向产业需求，建立从基础研究到成果转化的全链条科技服务体系。与中科院相关部门一同组建高端智库。聚焦材料科学、生命科学、信息科学，依托散裂中子源、南方先进光源、先进阿秒激光设施三大科学装置布局建设其拓展衍生的 6 个专业研究设施和 3 个前沿科学交叉研究平台，打造大科学装置集群。开展一系列有全球影响力的学术交流活动。对接"率先行动计划"和"STS—东莞专项"，争取中科院"卡脖子"科研任务在东莞实施，吸引和支持中科院系研究机构优质科研成果率先在莞转移转化。

（三）以关键核心技术和产业化关键环节的攻关打造具有国际竞争力的产业生态

聚焦材料、信息、生命等重点产业领域亟须突破的核心技术、关键工艺和装备，完善产业工程化、检验检测和成果转化平台体系，打通科技成果到产业应用的"最后一公里"。编制产业链和供应链的全景图谱，引进一批补链、强链、延链的优质项目，增强产业链供应链的自主可控能力。鼓励头部企业牵头组建创新联合体开展技术攻关。利用好国内市场升级对电子信息、生物医药、先进材料等的旺盛需求，依托重大科技基础设施和前沿基础研究平台的科技力量，推动东莞制造业智能化升级。支持华为、OPPO、vivo 三大手机品牌打造生态伙伴开放合作平台，培育一批嵌入式软件、新型工业软件、平台化软件等高附加值软件产业，推动头部企业由设备制造商向系统服务商转变。

（四）深化体制机制改革让创新要素自由流动

着力突破制约人才、资本、技术、知识自由流动的制度性障碍，进一步释放创新活动。创新人才选用机制，围绕产业链、创新链布局人才链，鼓励科研机构与企业人才双向流动。探索建立首席科学家制度、科研项目科学家全面负责制、重大科技攻关揭榜悬赏制等，赋予项目负责人更大自主权。创新科研人员支持方式，积极落实粤港澳三地科研资金便捷流动政策。创新科研经费管理机制和科技成果转化保障机制。科学设立早期创业投资基金的投资失败容错机制，为政府引导基金松绑。

（五）打造与世界级称谓相匹配的科学人文宜居地

积极融入大湾区"一小时"交通生活圈，加快完善科学城内部交通微循环，全力实现与大湾区轨道网络、高速公路等的连通，提升交通便利化水平。以"在公园里面建城市，把森林搬到城市来"的理念，将一流的生态环境、低密度的城市风貌作为松山湖吸引高端科技资源、永葆城市魅力的核心价值，建设一批国际化创新型文化设施，重点推动松山湖中心区及南部中央创新区的形象打造。推动科技对城市发展各领域的渗透，加快全域感知、万物互联的智能化基础设施体系建设。加强优质教育、医疗、住房资源的供给和生态宜居环境的建设，推动未来学校、大湾区大学、香港城市大学（东莞）等一批优质教育项目加快建设，打造一批人才社区，满足高端人才对高品质生活的期待。

B.3
东莞市加速创新强镇建设的思考与建议

陈奕毅　孔桂枝*

摘　要：　创新强镇的建设，将推动东莞市科技创新体系建设，通过强化镇街创新能力，激发镇街创新活力，实现创新产业升级转型，进一步加快国家创新型城市建设的进程。东莞市在创新强镇的建设中通过政策体系完善、产业创新载体建设、创新企业梯级培育、传统产业创新发展以及全服务链条配套等进行突破，做出示范和成效，支持国家创新型城市建设。本报告对东莞创新强镇建设基本情况和成效进行分析，从科技、产业、产学研、机制、空间和环境等维度，对加速创新强镇建设提出思考和建议。

关键词：　创新强镇　产业集群　东莞

一　东莞市创新强镇建设基本情况

（一）工作基础

2019年4月，东莞市举行全市科技创新暨全面推进国家创新型城市建

---

* 陈奕毅，东莞市电子计算中心发展研究部部长，注册会计师、经济师，研究方向为科技政策、科技创新管理、区域产业经济；孔桂枝，投研分析人员，研究方向为科技产业创新及区域布局。

设工作大会，为构建源头创新、技术创新、成果转化、企业培育等多层次的功能完备、协同高效、开放融合的区域创新体系，深入推进创新强镇建设打下良好的工作基础。

1. 形成了创新推动机制

2019 年，东莞市出台了《东莞市人民政府关于贯彻落实粤港澳大湾区发展战略 全面建设国家创新型城市的实施意见》，制定 11 项配套措施，认定创新强镇建设单位 15 个，以镇街投入建设为主，市财政补助及政策、服务倾斜为辅，每年安排一定财政资金支持创新强镇建设，每个创新强镇资助金额不超过 500 万元，从改革体制、激励创新、降低成本、吸纳资源、拓空间等方面优化科技创新政策环境，推进创新强镇建设，提升东莞市基层创新能力。

2. 构建了创新政策体系

东莞市出台了《东莞市创新强镇建设实施办法》，明确提出创新强镇建设计划，进一步完善镇街基层科技创新体系，强化建设国家创新型城市的系统支撑。政策创新突破点主要有六点：一是制定科技创新发展规划和扶持政策；二是推动新兴产业集聚；三是推进科技成果转化落地；四是集聚创新创业人才；五是搭建科技创新平台载体；六是加强创新型企业培育；七是完善创新驱动发展工作机制。

（二）资源优势

1. 人才科研优势

"十三五"期间，东莞人才总量大幅提升。其中，每年人口净流入保持在 10 万人以上，5 年增加户籍人口 69 万人，132 万人次完成学历技能素质提升。最新数据显示，人才总量超 235 万人，有超过 50 位院士常年在东莞开展科研活动，引进国家高层次人才 60 名、省创新科研团队 38 个，引进数量居全省地级市第一。[1]"十四五"期间，东莞将谱写好"引进来、留得住、

---

[1]《东莞组织工作会议暨老干部工作会议召开》，东莞时间网，2021 年 3 月 4 日，http：// news. timedg. com/2021 −03/04/21180790. shtml。

发展好"人才三部曲，涵养人才"蓄水池"，激活产业发展"新动能"，打
造更有温度、更有吸引力的人才高地。

2. 区位比较优势

东莞位于大湾区的地理几何中心，与粤港澳大湾区其他城市距离相近。
在珠江两岸"A"字形空间架构上，"A"字中间一横，就是虎门大桥、南
沙大桥及正在规划建设的狮子洋通道。此外，佛莞惠、穗深城际在东莞十字
交会，是大湾区的地理交通中心。

3. 产业基础优势①

东莞制造业实力雄厚，产业体系齐全，是全球最大的制造业基地之一，
制造业总产值占规模以上工业总产值的 90% 以上。2020 年全市生产总值达
9650.2 亿元，规上工业增加值达 4145.7 亿元；固定资产投资总额 2405.1 亿
元，比上年增长 13.0%，增速分别高于全国、全省 10.1 个和 5.8 个百分点。
东莞工业门类齐全，拥有涉及 30 余个行业和 6 万余种产品的制造业体系，
规上工业企业超过 1 万家，居全省第一；其中电子信息制造业主导特色突
出，包括上游硬件厂商、中游方案提供商和生产制造商以及下游品牌终端厂
商等环节，形成了世界上最完整的电子信息产业链，是全球重要的电子信息
制造业基地。

4. 创新环境优势

东莞拥有雄厚的工业基础、国际化市场各类人才和充足的资本，且位于
香港、深圳和广州之间，具有地理邻近效应，更容易获得香港信息贸易服
务、深圳研发技术和广州人才服务外溢。目前已拥有华为、OPPO、vivo、紫
光等重大项目，项目建设带动了一批制造业企业转型升级，逐步形成了电
子、智能制造等高新技术产业集群。在创新资源配置方面，穗莞深港四地轨
道交通无缝对接，能够联合建设关键技术创新平台，探索建立科技基础设
施、大型科研仪器和专利信息共享机制，推动地区研发、应用以及成果转化

---

① 本部分数据来源于《2021 年东莞市政府工作报告》，东莞市人民政府网站，2021 年 3 月 1
日，http://www.dg.gov.cn/gkmlpt/content/3/3469/post_ 3469380. html#694。

协作。在人才机制方面，大力引进国内外科技人才和高水平创新团队，建立健全的人才双向流动机制，充分激发了人才活力。

二 创新强镇建设目标

经过三年创新培育，创新强镇财政科技投入不低于全市镇街平均水平。加快战略性新兴产业发展，不断优化产业结构转型升级，加大引入新兴产业高科技项目，瞄准深港及松山湖高端项目外溢，加快形成产业聚集。推动镇街着力培育发展高新技术企业，推动高新技术企业提质增效，加快构建以地方龙头企业为中坚、科技中小微企业为后备的企业梯队结构，通过对其实施精准服务，促进具有高效益的企业成为瞪羚百强企业。鼓励企业申报国家省市重大科技项目，支持镇街重点企业围绕产业关键技术开展技术攻关。

（一）建设创新示范引领高地

加快推进创新强镇体制改革，构建适应功能定位和创新驱动的管理模式，制定支持创新强镇发展的政策措施，加快布局一批技术研究院、科技产业园、技术服务中心等创新载体。争取在培育期内培育 1~2 个具有地方特色的产业集群，打造重点新兴产业产值不少于 5 亿元的高新技术产业聚集区。

（二）强化企业创新主体地位

培育百强创新企业不少于 1 家或瞪羚创新企业不少于 10 家，全市高新技术企业数量不少于 1050 家，重点开展百强创新型企业及瞪羚企业培育，并推动高新技术企业形成发展梯队。通过政策修订完善高新技术企业扶持政策，引导创新强镇科技型企业积极申报并认定国家高新技术企业。落实专人跟踪，从技术、人才、项目资源等方面重点培育，加强引导高新技术企业做大做强。

（三）积极搭建科技创新平台载体

利用"三旧"改造方式推动科技孵化器、加速器建设。推动创新要素不断聚集。把科技孵化器作为集聚培育创新型中小科技企业的重要载体，构建"创业苗圃+孵化器+加速器"的孵化培育体系。

（四）鼓励企业技术创新

完善财政引导企业加大技术创新投入激励机制，全面落实企业研发费用统计制度改革，鼓励规上工业企业自建研发机构以及一般企业联合高校科研院所共建研发机构。争取各创新强镇规上工业企业建研发机构的比例达40%。

（五）完善创新驱动发展工作机制

健全创新强镇建设工作的各项制度，完善由创新强镇主要领导牵头、有关部门参加的科技创新协调机制，加强顶层设计和总体统筹。进一步完善系列创新驱动政策，全方位支持和推进创新驱动发展工作；每年安排专项资金，对技改技创、科技创新等方面进行配套奖励，激励企业转型升级；进一步充实基层创新驱动工作队伍，增加创新办人员配备，提升科技创新治理水平。

三 加速创新强镇建设的对策建议

（一）用新技术、新业态推动制造业向高端智能化发展

制造业是创新强镇建设的基础。推动创新强镇制造业转型升级，加快制造业高端化进程、品牌化建设、绿色化转型，进一步提升企业盈利能力和综合竞争力。一是推动制造业信息化发展，加快生产智能化。世界新一代信息技术高速发展，全球信息化、智能化水平显著提高，推动着传统生产方式向智能化、定制化、高端化转变。二是推动定制化生产方式的普及。以新一代信息技术的普及，带动制造企业组织流程和管理模式的创新，推动内部组织扁平化和资源配置全球化，以众创、众包、众筹、线上线下互动等手段，汇

聚全球创新资源。三是加速生产制造和服务环境的融合。随着制造业和服务业加速融合，服务化成为引领制造业升级和发展的重要力量，推动制造企业从单一产品向整体解决方案商转变，把产业价值链由生产端转向设计端、服务端，推动企业全生命周期的管理，以及总集成商的转变。四是加快生产过程绿色化。以"绿色制造"的清洁生产作为节能环保、新能源、再制造等产业发展的本质，解决制造业发展与资源环境的矛盾，实现资源能源高效利用和环境保护，并使之成为塑造制造业竞争力的重要手段。

（二）打造主导产业集群，形成创新集聚高地效应

依托东莞产业优势集群，大力发展具有核心技术、市场前景的战略性新兴产业，促进东莞市产业结构优化，提升产业链现代化水平。重点发展新一代信息技术、高端装备制造、新材料、新能源、生物医药、集成电路和数字经济等七大战略性新兴产业。新一代信息技术领域，主要支持步步高研发生产项目、OPPO长安研发中心、清溪奋达智慧、宏远国际人工智能（AI）产业中心，在智能终端、电声及人工智能技术领域形成新一代信息技术产业集群。高端装备制造领域，主要支持京东都市科技创新中心、生益电子（四期）5G应用领域高速高密印制电路板矿产升级项目、大族科技制造项目等智能化制造、智能化改造等技术，重点发展高档数控机床与数控系统、机器人、增材制造装备等重点技术领域，并形成高端装备制造产业集群。新材料领域，主要支持广东旺盈环保包装实业有限公司高端绿色环保智能一体化包装产业项目、石排锦达集团工业总部项目、艾米新材（东莞）有限公司新能源汽车电池隔膜项目等包装、塑胶、电池材料等领域项目，重点支持高分子新材料、增材制造专用材料、电子功能材料等技术领域，并形成国内知名产业基地。新能源领域，主要支持金霸王（中国）有限公司厂房及配套项目、塘厦东益新能源汽车产业项目、东莞维科电池有限公司聚合物电芯生产线智能化技术改造及产业化项目等新能源电池、汽车等相关领域项目，大力支持强镇推动项目示范，形成产业上下游协调发展。生物医药领域，主要支持东莞市寮步全乐医疗器械、东莞东阳光药物研发有限公司厂区等项目，争

取打造化学院、生物制药、生物医药工程等产业集群。数字经济领域，主要支持东一电子商务产业项目、东城东莞跨境贸易电子商务中心园区项目等，鼓励形成覆盖数字经济创新全链条的国际创新合作网络，打造新兴产业集聚发展新引擎。

（三）建立产学研合作关系，加速科技成果项目转化

各创新主体协助体系是创新型城市建设的关键。在东莞的创新型城市建设工作中，各个创新强镇需要建立和优化镇内产学研合作体系，以企业创新为主体，市场资源配置引导的产学研技术创新转化体系为长期任务，强化政府引导作用，加强科技体制改革，制定高效灵活的政策体系，落实企业优惠措施，加快东莞市各创新强镇形成长效稳定的产学研合作体系。产学研合作体系建设主要集中在以下几方面的工作。一是组织机制。明确组织架构内部成员之间的分工和协调关系，赋予相应职权和职责，建设灵活高效的组织制度。二是融资机制。政府牵头推动科研经费筹集渠道改革，让企业、科研机构从多渠道筹集合作研究资金，拓宽科技机构经费来源为研究带来便利，增强企业和科研机构的活力，分散风险。三是协调机制。明确产学研过程中各组成单位的优劣势，针对高校和科研机构掌握的前沿科技资讯，以及企业对市场的敏感度，将各自掌握的优势有机结合，提升研发的有效性。四是风险和利益协调机制。科技成果转化效益很高，但风险也很大，需要采用股份制、技术入股等方式明确利益和风险分配分担方式，以降低企业科研风险。五是沟通机制。良好的沟通机制在产学研过程中至关重要，每个项目在研发生产中只要出现一个环节沟通问题，必然导致整个科研项目运作困难，因此，在产学研项目设立前必须优先建立一个通畅的沟通渠道以确保项目顺利运作。

（四）推动创新强镇科技成果转化机制建立

创新强镇建设围绕战略性新兴产业发展需求，着力加快高端电子信息、高端装备制造、新材料、生物医药等公共研发平台建设，推动重点实

验室、工程技术研究中心、产业技术研究院分层次建设和稳步发展，推动建设一批集技术攻关、成果转化、项目孵化等于一体的成果机制体系。机制的建立可从以下几方面入手。一是构建成果转化驱动体系。推动科技市场的建设，促进高校与科研院所的常态化交流和多元化合作，逐步完善科技市场体系，完成对科技成果的二次转化。在项目研发维护前期，提供资金、设备等支持，搭建研发平台对项目进行深入研究。以高校作为核心的人才培养基地，以创业中心为平台重点开展科技探索，促进跨学科人才的培养，构建完善的科技教育体系。在人才发展过程中，以完善创新中心的功能为首要任务，以实现企业与科研成果对接，全面支持东莞市创新强镇建设。坚持国际化市场运作的标准，实现对各类资源的有效整合，为科技成果转化提供有效支撑。二是确立成果转化战略目标。通过成立科技成果转化基地，创建成果转化战略示范，与城市工程相结合，发挥产城融合效益。构建"众创空间—孵化器—加速器—科技园"的创新孵化体系，引导社会上各类人才自主创业，各部门强化咨询、服务等功能，为创新强镇建设奠定良好的发展基础。东莞市政府应该完善企业融资体系，加大政府引导力度，解决企业在成果转化过程中的资金周转问题，同时整合社会资本及金融资本，引进投资保险制度，打造全方位投资保护制度，降低最终经济风险。三是完善科技成果转化政策保障。借鉴广州、深圳等先进城市的成功经验，市级部门制定完善成果转化配套体系，明确成果转化的工作流程，提高转化收益奖励给科研人员的比例。各创新强镇主体完善奖惩方式，通过奖励补贴等方式完善成果转化体系。在政策制定过程中，考虑对全成果转化过程体系进行优化，通过产业创新联盟，实现东莞市六大片区资源共享，通过政策引导，提高科技成果转化效益，实现社会资源合理配置。四是营造良好的文化氛围，提供科学的激励手段，探索科技成果转化体制改革的政策协调容错机制。

（五）优化产业空间，提供产业集聚条件

按照"产城融合、以城为主"的定位要求，大力推动如东城区黄旗南片区、塘厦镇东莞先进陶瓷与复合材料研究院、万江龙湾片区等规划建设，优化资源配置，导入重点新兴产业，打造高端生态科创区。抓住广深港澳科技创新走廊建设机遇，密切跟进已被纳入广深科技创新走廊规划重点建设项目，打造创新走廊"关键节点"。依托市级层面"拓空间"相关政策文件及工作部署，各创新强镇联合东莞市"拓空间"总指挥部共同推进东城牛山旧工业园区片区改造项目、桑园社区第三工业园新兴产业更新项目、寮步镇横坑万荣工业区工改工项目、虎门镇北栅高速出入口周边环境提升"三旧"改造项目、长安镇乌沙社区蔡屋产城融合项目等20余个产业"拓空间"试点项目，综合盘活提升新兴产业发展承载空间，以向存量要空间为指导思路，探索"基金＋土地＋运营"的城市更新模式，以政府基金的方式撬动社会资本参与土地集约开发；出台工业经济高质量发展项目利益共享措施，鼓励权属主体开展"工改工"、厂房物业产业升级，① 大力推进城市更新，全力打造生态科创区。加快落实东莞市新型产业用地 M0 相关政策。利用"三旧"改造等资源，加快建设一批科技企业孵化器、加速器、新型研发机构等创新平台，提升区域科技产业创新发展承载能力。以培育高新技术产业、推动产业转型升级为目标，争取将创新平台节点以连片改造为主导方向，探索连片改造试点，引进具备连片开发实力的开发商，率先探索形成连片集聚改造新机制。探索新增建设用地指标分配与"三旧"改造挂钩，将"三旧"改造奖励指标用于连片改造。结合各创新强镇有关部门事权，在规划、国土等方面探索推动机制创新，探索优化涉及创新平台节点的规划调整流程。支持各类科研机构和实体企业通过土地市场取得研发和工业用地，探索产业项目类研发和工业用地通过"带产业项目"挂牌方式出让等多种供地方式，支持各类企业和单位盘活利用自有存量工业、研发用地，根据规划建设研发中心等科研功能平台，转型发展战略性新兴产业、现代服务业等，支持存量工业地下空间开发。

---

① 《拓展发展空间　推动产业集发展》，东方财富网，2019 年 8 月 30 日，http：//finance. eastmoney. com/a/201908301222913850. html。

（六）营造良好环境，激发创新人才集聚

要加强创新文化建设，发挥政府主导作用，建立健全创业支撑、投融资、成果转化等人才服务体系，大力引进各类优秀人才，并提供公共服务和人才工作发展的配套政策，留住人才，具体从以下几点做起。一是充分利用产业集群带动人才集聚，引进产业链科研院所在东莞设立公共研发平台，以高新技术产业园作为人才开发项目主体，创建高新技术人才培育中心，加快人才在各创新强镇集聚。政府加强与投资机构沟通，支持投融资资源与科技项目结合，探索各类人才引进方式，加快项目创新，同时构建创新人才库，为成果创新转化打下基础。二是营造灵活的政策环境。完善创新型科技人才评价、激励和服务保障体系，完善科技人才评价和激励机制，以不同的学科观点，探索以质量、贡献、绩效为导向的科学分类评价指标和流程作为人才评价的途径，开展多维度学科评价，推动职称评审和专业分类改革。通过技术入股、股票期权、现金分红等手段，充分调动人才的积极性。三是营造开放的创新环境。加强舆论宣传，营造良好的创业氛围，开展科技创新创业大赛、创业沙龙等活动，提高社会各界对创新创业的关注度。

参考文献

《东莞组织工作会议暨老干部工作会议召开》，东莞时间网，2021 年 3 月 4 日，http：//news. timedg. com/2021 – 03/04/21180790. shtml。

《拓展发展空间　推动产业集发展》，东方财富网，2019 年 8 月 30 日，http：//finance. eastmoney. com/a/201908301222913850. html。

B.4
建设广深港科技创新走廊的
东莞探索

孔建忠　张　媛*

摘　要：　从最初的广深科技创新走廊、广深港澳科技创新走廊，到现在提出打造广深港、广珠澳科技创新走廊和深港河套、粤澳横琴科技创新极点（"两廊两点"），粤港澳大湾区肩负着新时期建设国际科技创新中心的时代使命和责任担当。作为广深港科技创新走廊的核心节点，东莞目前仍存在原始创新能级有待增强、产业链条有待优化、湾区协同合作有待深化、高端科技服务有待培育等问题。本报告建议在东莞市域内探索构建主创新线性廊道，打造广深高速沿线—高科技产业廊道和莞深高速沿线—原始创新策源廊道，提出具体实施路径，对落实"两廊两点"国家战略具有重要参考意义。

关键词：　广深港科技创新走廊　主创新线性廊道　东莞探索

《中华人民共和国国民经济和社会发展第十四个五年规划和 2035 年远景目标纲要》提出，加强粤港澳产学研协同发展，完善广深港、广珠澳科技创新走廊和深港河套、粤澳横琴科技创新极点"两廊两点"架构

---

* 孔建忠，东莞市电子计算中心助理研究员，中级经济师，研究方向为科技创新与产业发展；张媛，东莞市科学技术局政策法规科科长，研究方向为科技发展与科技政策。

体系，推进综合性国家科学中心建设。①《广东省国民经济和社会发展第十四个五年规划和2035年远景目标纲要》提出，构建"两点""两廊"创新发展格局。② 作为广深港科技创新走廊的重要创新腹地，东莞将迎来重大战略发展机遇。通过谋划建设穗莞深港主创新线性廊道（以下简称"主廊道"），沿着广深高速和莞深高速布局重大创新平台、完善创新协作体系、集聚创新要素资源、提升创新发展能级，探索形成"两廊"建设的东莞方案。

一　发展现状

（一）基本情况

探索建设穗莞深港主创新线性廊道，是东莞深度参与粤港澳大湾区综合性国家科学中心先行启动区以及广深港科技创新走廊的重要抓手。从要素集聚来看，参照美国波士顿128公路模式，主创新线性廊道以广深高速公路和莞深高速公路为纽带，加速推进科技资源和创新要素在沿线集聚，打造广深高速沿线高科技产业廊道和莞深高速沿线主创新线性廊道，为粤港澳大湾区国际科创中心提供先进制造的脊梁支撑。从布局区域来看，广深高速公路沿线覆盖水乡片区、城区片区、滨海湾片区；莞深高速公路沿线覆盖松山湖片区、临深片区，基本上覆盖了东莞市科技创新驱动发展的引领区域。从发展基础来看，每个区域在科技创新或产业发展方面具有特色优势，有条件、有基础、有能力实现相互协同、联动发展。

---

① 《中华人民共和国国民经济和社会发展第十四个五年规划和2035年远景目标纲要》，中国政府网，2021年3月13日，http://www.gov.cn/xinwen/2021-03/13/content_5592681.htm。
② 《广东省人民政府关于印发〈广东省国民经济和社会发展第十四个五年规划和2035年远景目标纲要〉的通知》，广东省人民政府网站，2021年4月25日，http://www.gd.gov.cn/zwgk/wjk/qbwj/yf/content/post_3268751.html。

表1 主廊道涉及片区和镇街基本情况

廊道	区域	核心镇街（园区）	特色优势
广深高速沿线高科技产业廊道	水乡片区	水乡新城、麻涌	东莞数字经济融合发展产业基地 东莞水乡新能源产业基地
	城区片区	东城、南城	东莞国际商务区
	滨海湾片区	滨海湾新区、虎门、长安	粤港澳协同发展先导区
莞深高速沿线主创新线性廊道	松山湖片区	松山湖科学城、大岭山、大朗	综合性国家科学中心先行启动区
	临深片区	凤岗、塘厦	临深新一代电子信息产业基地

资料来源：根据东莞市政府工作报告、相关政策文件综合整理。

（二）产业发展情况

首先，先进制造业实力雄厚。东莞市统计局数据显示，截至2020年末，全市规模以上工业企业总数达到10861家，总量稳居全省第1位、全国第2位。在联合国41个工业大类中，东莞已有34个，形成了涉及6万多种产品的比较完整的制造业体系，其中电子信息产业的综合配套率、自我配套率超过90%。[①] 在先进制造业增加值占规上工业增加值比重方面，主廊道的松山湖、长安、大岭山、东城，分别达到90%（以上）、69%、55%、50%。其次，电子信息产业特色显著。主廊道电子信息产业拥有华为、欧珀、维沃等一批具有全球影响力的知名企业，基本形成上游零部件厂商、中游方案提供商和生产制造、下游品牌终端厂商的各环节协同发展的完整体系。最后，战略性新兴产业加快发展。从高新技术产业发展来看，主廊道主要镇街在新材料、新能源、先进制造与自动化三个领域优势较为突出。其中，麻涌、松山湖、长安、塘厦和凤岗的新材料高企工业总产值均超过100亿元；松山湖、长安和塘厦的先进制造与自动化高企工业总产值均超过150亿元。

---

① 中国国际贸易促进委员会东莞市委员会：《东莞超高产业链配套率成"留企"法宝 多家企业坚定留莞发展决心》，东莞市人民政府网，2021年3月15日，http://www.dg.gov.cn/dgsmch/gkmlpt/content/3/3479/post_3479523.html#1540。

（三）科技创新情况

第一，科研平台高度集聚。以松山湖科学城为核心，主廊道是东莞市科技创新资源的集聚区，拥有中国散裂中子源、松山湖材料实验室、东莞理工学院等大科学装置和高等院所，汇集了29家新型研发机构，占全市的88%，是全市科研院所最为集中的区域。第二，科技项目全面拓展。2020年，东莞市承担和开展的国家、省和市级各类科研项目共257项，全部集中在主廊道区域。其中，中国散裂中子源、松山湖材料实验室和东莞理工学院承担国家自然科学基金项目59项。第三，专业特色人才数量充足。根据《东莞市制造业人才发展状况调研报告》，2019年东莞制造业从业人员总量达422.43万人，其中本科学历人才21.31万人，硕士及以上学历人才1.8万人，大专及以上学历人才占制造业从业人员总量的20.22%，同比提高4.47个百分点。第四，知识产权成效显著。2019年，主廊道主要镇街规上工业企业发明专利申请量达到15705件，占全市的77.4%，其中16项专利获中国专利奖、4项专利获广东专利奖。第五，孵化育成体系逐步完善。主廊道汇聚市级以上孵化器74家，占全市比重达到60.66%。根据2019年火炬中心国家级孵化器评价，主廊道有7家孵化器被评为优秀，占全市88%。第六，科创企业优质高效。2019年主廊道拥有高新技术企业3152家，占全市50.7%。其中，被评选为百强创新型企业和瞪羚企业的数量分别达到20家和23家。主廊道上市企业数量达到28家，占全市境内上市企业的56.82%。

表2　主廊道科创要素基本情况

序号	科创要素	主廊道数量（个、件、家）	占全市比重（%）
1	新型研发机构	29	88
2	科研项目	257	—
3	发明专利申请量	15705	77.4
4	市级以上孵化器	74	60.66
5	科创企业	3152	50.7
6	上市企业	28	56.82

资料来源：根据统计年鉴与统计公报整理。

（四）穗莞深港合作情况

1. 莞穗合作——全面深度合作

2019 年，广州和东莞两地签署了深化重点领域合作协议以及广州经济技术开发区和东莞水乡特色发展经济区深化战略合作框架协议，进一步完善合作机制，在交通基础设施、科技创新、公共服务、社会治理、生态环保等重点领域开展合作，推动两市发展向更高水平推进。广州开发区与东莞水乡特色发展经济区也明确提出，以省改革创新实验区建设为契机，共建粤港澳大湾区内"全面深度合作先导区"。特别是在产业深度合作方面，最典型的案例就是麻涌镇政府与合生创展、珠江投资的三方合作，在麻涌滨江片区与湿地旅游片区进行连片组团式改造，围绕建设麻涌国际科技创新港，进行科学规划与布局，深度挖掘产业科技升级发展空间，打造粤港澳大湾区青年创新创业示范基地和穗莞合作的专业化产城融合中心。

2. 莞深合作——共建国家科学中心和承接资源外溢

东莞与深圳的合作主要体现在共建综合性国家科学中心先行启动区以及临深片区的长安、凤岗、塘厦等承接深圳资源外溢。一是共建综合性国家科学中心先行启动区。国家已明确提出在"光明科学城—松山湖科学城"集中连片区域内建设大湾区综合性国家科学中心先行启动区。当前，东莞正以松山湖科学城建设为核心，重点围绕基础与应用基础研究、关键核心技术、高水平创新平台三大领域，推动全链条成果转移转化和人才集聚高地建设，共同建设综合性国家科学中心先行启动区，为粤港澳大湾区国际科技创新中心建设打下坚实基础。二是承接深圳资源外溢。随着粤港澳大湾区和中国特色社会主义先行示范区建设的加速推进，深圳高端产业外溢进入关键期和窗口期。得益于得天独厚的区位优势和强大完备的产业配套，东莞临深片区成为深圳创新产业外溢的第一衔接地。比如，近年来，从深圳转移到长安的重大项目广东旭宇光电有限公司半导体照明研发生产项目，全面投产后预计年产值达 10 亿元。凤岗承接深圳的重大项目——天安数码城、都市智谷、京东等产业转型升级基地吸引深圳企业超过 442 家。塘厦近年共承接引进深圳企业项目转移近300宗,其中近期签约引进的重大产业类项目就有40余宗。

3. 莞港合作——科研与创新创业合作纵深发展

从中国第一家"三来一补"企业蹒跚起步,利用港资"借船出海",实现农村工业化;到成为世界闻名的"世界工厂""东莞塞车,全球缺货"的外贸奇迹;再到突围国际金融危机,自主创新"造船出海",实现从低端代工厂转型升级为创新要素汇聚的"东莞智造";东莞40多年改革历程与制造业密切相关,也与香港元素密不可分,莞港合作也从经济相融、人文相通向科创协同延伸拓展。一是强化联合办学和科研共享。东莞以东莞理工学院为合作办学高校,以"大学+大学"的模式与香港城市大学合作开办香港城市大学(东莞),目前已正式动工建设,并启动博士生招生工作;松山湖材料实验室与香港理工大学共同开展联合培养博士生工作,目前已招收2020~2021年度6名联合培养生。依托散裂中子源科学中心、香港城市大学、澳门大学、东莞理工学院共同建设粤港澳中子散射科学技术联合实验室,开展中子散射在材料科学中的应用研究。二是大力推进创新创业活动。东莞与香港在创新创业领域合作的典型案例就是建设松山湖国际机器人产业基地和松山湖港澳青创基地。松山湖国际机器人产业基地引进了来自香港等地包括大疆创新、李群自动化等在内的80余支机器人创业团队/公司,联合东莞理工学院、广东工业大学、香港科技大学共同建设粤港机器人学院,目前已招收3届超过400名学生。松山湖港澳青创基地已吸引近70个港澳青年创业项目落地发展,与香港应用科技研究院、香港知识产权交易所签订合作协议,此外还通过"线上+线下"开展常态化港澳人才交流、科技交流、项目路演、社群活动等,吸引带动港澳青年来莞参观学习、开展创新创业合作项目交流。

二　存在短板

(一)原始创新能级有待提升

松山湖科学城是新时期东莞参与粤港澳大湾区国际科技创新中心建设和

代表国家参与国际竞争与合作的重要战略平台，东莞市已相继出台松山湖科学城发展总体规划、科学功能规划和空间总体规划纲要，建设具有全球影响力的原始创新高地。但是，与北京怀柔科学城、上海张江科学城、合肥滨湖科学城以及深圳光明科学城进行横向比较，松山湖科学城在科技创新要素集聚方面，尤其是高端原始创新资源方面，仍存在不小差距。比如，在大科学装置布局上，北京怀柔科学城已建成和在建5个，上海张江科学城已建成和在建14个，合肥滨湖科学城已建成和在建8个，深圳光明科学城虽然起步晚但是发展迅速，目前在建与明确落户的有6个，而松山湖科学城目前仅有散裂中子源建成开放运营，新的大科学装置建设仍有待落实。在高水平科研机构建设上，目前松山湖科学城只有松山湖材料实验室、中子散射技术联合实验室、东莞理工学院等科研院所和平台，无论是在科研主体的数量，还是在科研能力与影响力方面，均与其他科学城存在不小的差距，仍有较大的发展空间。

（二）产业链条有待优化

电子信息产业是主廊道中的核心支柱产业，也是东莞市五大支柱产业之一。但整体而言，电子信息产业仍处于价值链中低端，且面临核心技术欠缺、关键零部件依赖进口等问题，尤其是一些核心关键技术和设备受制于人，"卡脖子"问题日益凸显。2020年，受中美贸易摩擦持续升温和缺乏核心品牌增长拉动作用等综合因素影响，东莞市电子器件制造业增加值同比下降6.9%，电子元件及电子专用材料制造业实现增加值同比下降35.9%，成为拖慢全市工业增长乃至全市经济增长的主要因素。在培育战略性新兴产业方面，产业规模偏小是最主要的短板。以生物医药产业为例，2020年全市医药制造业、医疗仪器及器械制造业实现的增加值总计仅约40亿元，占全市工业增加值的比重不到1%。

（三）湾区协同合作有待深化

莞穗合作方面，历年来东莞与广州之间的合作都存在"貌合神离"的情况，基于全局考量、经济相融、地理区位等多方面因素考虑，广州更多地向珠江西岸延伸发展，东莞则与深圳合作更加密切，因此莞穗合作大多停留在协议层面，实际工作有待进一步推进。莞深合作方面，市场发挥了在资源配置中的决定性作用，深圳产业资源自发外溢至临深片区，但是莞深两地存在营商环境差距，且莞深都以电子信息产业为核心，大力发展战略性新兴产业，产业结构高度相似，只是发展阶段略有不同，两地也尚未建立有效的合作机制，过于同质化的竞争一定程度上制约了两地优势资源的互补和产业协同。莞港合作方面，从"前店后厂"模式蹒跚起步，到如今"湾区模式"腾飞发展，取得了巨大的成功。但是，粤港澳大湾区的优势、特点和难点都在于制度，政治层面存在三套法律体系、三套司法体系；经济层面存在三套货币、三个关税区，客观决定了在大湾区建设中规则衔接是不可避免的难点。目前，莞港两地之间的产业制度和市场规则尚未实现有机衔接，很大程度上限制了人流、物流、资金流、信息流等要素的自由流动。

（四）高端科技服务有待培育

相对于经济发展要求与发展趋势，东莞市科技服务业存在市场化程度低、专业化程度低、国际化程度低、辐射引领能力弱等问题。创新性和基础性科技服务业规模相对较小、发展不充分，科技服务业结构有待调整；科技服务层次较低、同质化现象严重，尤其是在高端技术研发机构、高端技术开发平台、国际科技合作、高端教育培训领域以及科技信息咨询等高端科技服务业领域发展水平不高，科技服务内涵和质量有待深化和提升；科技服务业总体规模偏小，2019 年，全市科学研究与技术服务共有企业单位仅 204 家，实现营业收入 108 亿元，占全市规上服务业企业营收比重仅为 7.99%。

三 建设路径

谋划建设穗莞深港主创新线性廊道，是东莞全面参与建设广深港科技创新走廊的落脚点，也为推动建设粤港澳大湾区国际科技创新中心提供东莞探索。建设主廊道，要充分发挥政府和市场对科技基础的奠定作用，高精尖科研院校的智力支持以及金融资本的助推力作用，以广深高速和莞深高速沿线为主轴整合创新资源，铺开开放的智力共享网络，构筑串联创新要素的高速环线，形成具有东莞特色的高质量创新发展格局。

（一）广深高速沿线——高科技产业廊道

广深高速沿线以科技赋能产业为重点，以推进科技成果转化为主线，以科技服务、孵化培育和港澳元素为特色，充分发挥水乡——特色基地、城区——高端服务、滨海湾——开放合作的独特优势，实现水乡、城区和滨海湾有机串联，打造高科技产业廊道。

1. 数字技术融合发展聚集区——水乡片区

对接广州经济技术开发区、广州科学城、中新知识城，推动数字科技人才交流、科研资金流通、技术转移转化，打造区域协同科技创新共同体。

在《广州经济技术开发区和东莞水乡特色发展经济区深化战略合作框架协议》下，围绕打造粤港澳大湾区全面深度合作先导区的总体目标，立足于东莞数字经济融合发展产业基地的战略定位，主动导入广州人工智能、区块链等新一代通用信息技术资源，实现与东莞制造有机匹配，构建数字技术融合发展聚集区。

一是构建数字经济应用示范场景。从数据的处理分析技术角度来看，数据挖掘和整合的深度和广度不同，其所形成的数据产品的应用范围差异巨大，市场价值也将随着应用范围的不同而呈现相对性等特征。因此，要更深入地推进产业数字化，充分利用广东省建设国家数字经济创新发展试验区的政策红利，探索在东莞港麻涌港区率先试点营造与国际接轨的营商环境和科研环境，完善"新基建"，推动智慧法庭、交通等人工智能示范场景应用试点，探索建立人工智能复杂场景下规则体系；加强与广州人工智能与数字经济试验区对接合作，吸引国际金融、法律、数据服务等高端现代服务业集聚，以区块链、物联网、大数据、云计算等为核心，对原始数据进行深入分析、加工形成数据产品，打造数字经济创新高地。

二是设立数字科技成果转化服务平台。颠覆性数字技能的培育需要以基础性数字技能不断提升作为根基，而基础性数字技能内生发展也会促进基础科学本身的颠覆性创新。基础研究关键在于构建可持续、多元化的投入机制，除了政府投入资金外，还要配套扶持政策鼓励社会资本共同参与。探索在水乡新城设立数字科技成果转化服务平台，打通连接科研成果与市场产品的"最后一公里"，提升数字科技成果的转化效率。围绕创意产生、设计研发、中试验证、中介服务、精准对接、批量投产全产业链环节，利用智能生产线、智能车间和智能工厂等智能化数字化技术，压缩从科研到生产的周期，提升从试验品到市场成品的效果，节约从不对称沟通到精准对接的时间和管理成本，使数字人才专注于科技创新、服务平台专注于市场对接、科技企业专注于产品生产，形成数字经济各司其职、各尽其责的高效闭环生态体系。

三是建立大湾区数字货币研究院。从国际竞争视角来看，数字货币发展将是全球金融科技未来的重要主线之一，积极抢占金融创新发展先机。莞穗联合推进建设大湾区数字货币研究院，通过隐私与匿名、加密算法、区块链等技术，深入研究数字货币发行和业务运行框架、数字货币的关键技术、数字货币发行流通环境等重大课题，提升经济交易活动的便利性和透明度，提高支付清算效率，助推数字金融体系创新。

2. 现代科技服务支撑区——城区片区

先进制造中心的建设离不开科技创新、货品贸易、金融与文化创意等生产性服务业的有力支撑。深港现代生产性服务业的良好成长业态和态势，不仅为东莞提供学习借鉴的样板，更是东莞可吸纳的现代服务业首选。以东莞国际商务区为核心载体，建立东莞承接现代服务业转移试验区，重点推动科技金融、科技保险等现代科技服务业规模持续扩大，打造现代科技服务支撑区，推动特色服务产业集聚发展，形成高端专业服务集聚区品牌效应。

一是打造大湾区工业设计联盟。依托完善的制造产业链条基础，主动将其延伸拓展至研发设计领域，借力香港先进创意设计理念，利用物联网和人工智能等前沿技术丰富创意设计产业内涵，加强与应用科技研究院、"创意香港"办公室等机构对接，组建"大湾区工业设计联盟"，围绕战略性新兴产业发展特色，重点发展以新一代电子信息、智能装备制造为主的工业设计，以产业链、产品链、技术链、商贸链为基础，开展关键环节的设计创新，向制造产业链中高端迈进。

二是建设大湾区高科技支持服务中心。创新香港生产力促进局、职业训练局合作模式，共同设立"高科技支持服务中心"，重点发展检测、法律、会计、审计、信息等高端现代服务业，为科技企业提供设计研发、品牌塑造、融资对接、法律服务、人才引育等一站式服务。以东莞国际商务区建设"香港中心"为契机，结合香港专业人才创业就业特点和需求，搭建一个具有港式元素的高科技专业服务中心，引入香港生产性服务业作为支撑，引进香港的科技人才和科研资源，借力香港"超级联系人"的优势，打造开放共享的高端科技服务业集聚区。

三是建立产业协同创新共同体。鼓励一批实力较强的本土科技服务机构与香港、深圳等城市先进科技服务机构建立长效化合作关系，探索建立先进制造业与生产性服务业相融合的产业创新联盟、政产学研用相促进的产业技术联盟，通过联合开发、品牌共创、专利共享、营销统一等方式，实现战略协同和跨界融合发展。

3. 粤港澳协同发展先导区——滨海湾片区

以滨海湾省级高新技术产业开发区为重点，全方位对接广州南沙、深圳大空港、香港和澳门，积极探索离岸创新、特色金融、高端商贸、专业服务、文化创意等现代服务业深度融合发展，共同培育发展离岸金融、数字贸易、大数据、物联网等新业态，推动形成链条式布局、集聚式发展的粤港澳协同发展新格局，建设成为粤港澳科技创新共同体的示范样板。

一是打造先进制造业离岸创新实验区。探索在滨海湾新区设立面向先进制造业的离岸创新实验区，试点实施双向离岸管理的制度突破，吸纳港澳乃至全球高端资源深度参与湾区协同创新。研究设立离岸创新中心，将创新创业政策和服务延伸到海外，对海外人才的离岸创新创业项目进行筛选、评价、服务，逐步引进国际人才。探索建立与世界接轨的柔性人才引进机制，试行"区内注册＋海内外经营"的新模式，打造高起点、开放式、全要素的空间载体，构建具有引才聚智、孵化培育、专业配套等一体功能的国际化创业平台，推进在岸与离岸互相协调，引导海外优质人才和创新资源在滨海湾新区集聚发展。

二是争取纳入自由贸易试验区新片区。主动探索以科技成果交易与转化为特色突破口，积极争取国家和省有关部门支持，将滨海湾新区纳入国家自由贸易区扩区范围，在科技成果确权、估值、流通等方面先行先试，打造成为大湾区科技成果展示与交易中心。在滨海湾片区建立与港澳在创新政策沟通、创新设施联通、创新资本融通等方面的对接机制，引进港澳领先金融机构、高端服务机构及科技金融创新人才，强化与港澳高端科技服务业的交流与合作。搭建金融大数据平台，推动大湾区内金融数据的充分共享和深度使用。推动大湾区内的银行、证券、信托、金融科技企业等单位在特区内发起成立实体性质的金融科技创新联盟，集聚金融科技企业和研究机构，开展区块链、云计算、大数据等金融科技关键技术研发，推动金融科技产业发展。积极争取国家支持开展加工贸易离岸金融结算和国际电子商务结算试点。探索制定高新技术企业"白名单"，在境外上市、资金跨境使用等方面给予充分授权。

三是建设港澳特色人才服务生态。以滨海湾新区青年创新创业城为核心，打造港澳元素专业人才服务中心。从引进人才、服务人才、留住人才、发展人才的人才服务全链条上下功夫，精准匹配港澳青年创业就业特点和需求，高标准建设湾区1号港澳专业服务中心，加强与香港职业训练局、香港生产力促进局、香港雇员再培训局、台商育苗教育基金会等机构合作，促进莞港职业教育体系学历互认，定制化培养智能制造、人工智能等技能型人才。加快人才管理体制机制改革，进一步扩大与港澳专业资格互认范围，率先试点允许具有港澳执业资格的金融、建筑、规划等重点紧缺领域的专业人才，经备案后在规定范围开展业务，将港澳专业技术人才纳入本地职称评价范围，拓展港澳会计师、医生、律师、建筑师等各领域专业服务人士的就业和执业空间。

（二）莞深高速沿线——原始创新策源廊道

莞深高速沿线以打造原始创新高地为重点，以源头创新为引领，以大科学装置、科研平台、高等院所为特色，充分发挥松山湖——原始创新、临深片区——转化应用的独特优势，大力推动基础研究与应用基础研究、中试验证等创新链关键工作，打造原始创新策源廊道。

1. 大湾区综合性国家科学中心先行启动区——松山湖片区

围绕科技创新全生态，着力强化重大创新平台和科学装置建设，稳步提升高等院校和科研院所创新能力，积极推动创新主体发展壮大，建设具有全球影响力的大湾区科技创新高地。

一是加快建设一批高水平科研机构。东莞要举全市之力争取南方光源、先进阿秒激光装置等国家重大科技基础设施尽快落地。推动松山湖材料实验室高质量发展，提升材料制备与表征平台、微加工器件平台、中子科学平台、材料计算与数据库平台等公共技术平台的支撑与服务能力，支持建设粤港澳大湾区电镜中心、粤港澳交叉科学中心等科研与学术平台。全力推动香港城市大学（东莞）、大湾区大学（松山湖校区）等高校加快建设，从根本上补足松山湖科学城高端创新人才培育能力不足的短板。充分发挥散裂中子源等大科学装置以及松山湖材料实验室等高水平科研机构的集聚创新优势，引进一批世界500强、国际领先机构、行业龙头企业等优质资源，建设面向产业的高水平研发机构。依托龙头企业建设行业创新联合体，针对行业关键共性技术问题开展定向攻关，集中攻克一批行业"卡脖子"技术难题。

二是完善科技成果转化体系布局。建设一批科技成果转化基地，在团泊洼—象山、大岭山—犀牛陂、黄江南等重点区域建设一批中试验证与成果转化基地，包括专业加速器、共享中试厂房、龙头科技企业的研发试产园区等，推动成果转化按产业主题适度集群化发展。高位推动生命科学与生物技术产业基地建设，对生命科学与生物技术产业链、创新链进行全链条深入研究，绘制产业发展图谱与产业招商图谱，结合东莞产业基础重点选择高端医疗器械、生物技术等优势领域开展部署。争取引进中科院深圳先进技术研究院生物医药与技术研究所，推动一大批已进入临床或产业化阶段的科技成果在产业基地内转化，力争产业基地建设早出成效。

三是激发体制机制改革活力。探索推动建立国家、省、市三级联动支持的大湾区综合性国家科学中心先行启动区（松山湖科学城）建设领导机制，努力争取中央有关部委以及中国科学院等国家创新资源倾斜，在重大科技基础设施规划与建设、国家技术创新中心、国家重点研发计划、中科院弘光专项、中科院科技服务网络计划等领域来莞落地一批重大项目。全力争取省政府对松山湖科学城建设的大力支持，在土地空间指标、专项建设资金扶持、能耗指标等方面给予充分保障。优化管理组织架构，探索以法定机构的形式推进松山湖科学城管理局改革，赋予科学城管理局相关市级经济社会管理权限，在人员管理、薪酬待遇、内部机构设置等方面充分放权，充分激发体制机制潜力与活力，以市场化的高效率推进松山湖科学城各项工作加速。

2. 莞深深度融合发展示范区——临深片区

充分发挥东南临深片各镇街紧临深圳的区位优势，争取率先有条件复制深圳先行示范区综合改革政策红利，主动承接综合性国家科学中心科技成果落地转化，加快推进临深新一代电子信息产业基地规划建设，全面对接和融入深圳中国特色社会主义先行示范区建设，激发高质量发展新动能，打造莞深深度融合发展示范区。

一是主动承接综合性国家科学中心科技成果落地转化。深化与松山湖材料实验室合作，推动东莞先进陶瓷与复合材料研究院和塘厦—松山湖材料实验室科技成果转化基地建设，从资金、用地、政策各方面支持科技成果转化落地，培育打造新材料产业集群。积极引进高端科研机构共建中试验证与产业化基地。以塘厦镇林村地块旧改为契机，积极推动引进中科院深圳先进技术研究院和半导体研究所等高水平科研机构建设中科先进科创产业园，通过构建"研究院＋产业生态圈"模式，助力塘厦打造集成电路和半导体材料创新产业基地。

二是建设高端产业承载示范平台。建设临深新一代信息技术产业基地，加快推进基地基础设施建设，面向新一代信息技术发展需求，高标准、高规格建设产业承载空间，在投融资、用地、招商、审批等方面开展制度集成创新，争取学习复制推广深圳先行示范区的国际化营商环境，推动成为全市战略性新兴产业基地建设的示范。推进凤岗人工智能小镇建设，围绕京东智谷、天安数码城等重大产业平台，依托与京东集团、天安数码集团的战略合作，引进京东智慧物流装备基地、京东无人系统研发中心、无人系统智慧物流平台、科技金融服务平台等电商产业链上游重点项目，以及深圳、香港地区的人工智能初创企业，通过打造丰富的人工智能应用场景，构筑人工智能小镇特色产业生态圈。建立市镇园区三级联动招商机制。强化对重点园区的招商支持，探索构建"市级部门项目推荐＋镇政府资金与政策引导＋重点园区供给低成本空间"的三级联动招商机制，支持重大科技项目、先进技术成果、高端创新创业团队等创新资源在重大园区落地。积极面向深圳与香港高科技产业开展定向、精准招商，市镇协同主动"走出去"，在深圳、香港开展重点园区的推介活动。

三是探索推进莞深"飞地园区"试点。在塘厦或凤岗镇选择具有较大空间发展潜力的适当区域，探索与深圳共建新兴产业集聚区，重点围绕数字经济、智能制造等新兴领域推进实现现代产业链梯队布局，积极探索以"主园区＋分园区""总部＋基地""研发＋生产"等多种模式推进莞深产业链协同发展，实现莞深产业错位互补、携手壮大。在管理机制方面，通过政府合作共建或引导大型国有企业操盘模式，划定合作范围，由深圳牵头做好产业规划、招商和运营维护工作；在利益共享方面，充分尊重双方利益诉求，建立合理的成本分担和利益共享机制，明确 GDP、税收、产值、能耗和土地收益分配等合作共享的体制机制，充分巩固和激发双方的合作潜力。

参考文献

《中华人民共和国国民经济和社会发展第十四个五年规划和2035年远景目标纲要》，中国政府网，2021 年 3 月 13 日，http：//www. gov. cn/xinwen/2021-03/13/content_ 5592681. htm。

《广东省人民政府关于印发〈广东省国民经济和社会发展第十四个五年规划和 2035 年远景目标纲要〉的通知》，广东省人民政府网站，2021 年 4 月 25 日，http：// www. gd. gov. cn/zwgk/wjk/qbwj/yf/content/post_ 3268751. html。

中国国际贸易促进委员会东莞市委员会：《东莞超高产业链配套率成"留企"法宝 多家企业坚定留莞发展决心》，东莞市人民政府网，2021 年 3 月 15 日，http：// www. dg. cn/dgsmch/gkmlpt/content/3/3479/post_ 3479523. html#1540。

科技创新篇

Sci-tech Innovation Reports

B.5
先进制造业城市基础研究平台
建设与发展

——以东莞市为例

杨　凯　　邹润榕*

摘　要：　基础研究是制造业突破现有的技术发展瓶颈，开发新一代产品，实现从"跟跑"向"领跑"地位转变的关键。东莞目前正在补齐基础研究短板，建设了散裂中子源、松山湖材料实验室等基础研究平台，并推进大湾区综合性国家科学中心先行启动区建设。本报告梳理了东莞建设散裂中子源、松山材料实验室、高水平大学等基础研究平台的过程，分析了其对产业的支撑作用，总结了北京、上海、合肥等城市基础研究平台的建设经验，并建议东莞引进企业参与基础研究平台建

* 杨凯，东莞市电子计算中心中级经济师，研究方向为科技发展与科技政策；邹润榕，东莞市电子计算中心副主任、副研究员，高级经济师，研究方向为科技发展与科技政策。

设，加快建立基础研究人才梯队，加大基础研究投入力度。

关键词： 基础研究　大科学装置　实验室

东莞市以制造业立市，高新技术企业相对较多，高校和科研院所相对较少，是典型的先进制造业城市。作为粤港澳大湾区的重要城市之一，东莞市积极参与国际科技创新中心和综合性国家科学中心建设。目前，东莞市已经启动建设了散裂中子源大科学装置和松山湖材料实验室，成为综合性国家科学中心先行启动区之一。未来，东莞将全力建设松山湖科学城，成为综合性国家科学中心的重要组成部分。

一　东莞基础研究平台建设现状

（一）大科学装置夯实基础研究硬实力

改革开放以来，东莞以"三来一补"为切入点迅速发展外向型经济，吸引外来投资，大规模开展基础设施建设，经济总量飞速提升，成功走出了一条农业县快速工业化、城市化的独特道路，形成了经济发展的"东莞模式"。但是，随着传统发展模式的潜力释放殆尽，"三来一补"发展模式中"两头在外、大进大出"带来的弊端开始逐步显露，经济发展过度依赖于外来资本、地缘优势和廉价劳动力，缺乏品牌、产品开发能力不强、自主创新能力弱等随着经济的发展显得越来越突出。到 2006 年东莞外资企业占全市工业产值超过 60%，外来工业劳动力占比超过 90%，研发经费投入强度不足 0.5%，授权发明专利数量占全省比重不足 2%，加工制造业的技术 90%以上是依靠国外。[①] 东莞经济发展进入了迫切需要转型发展的关键期。

---

① 数据为综合整理东莞市统计年鉴和广东省统计年鉴等信息所得。

作为制造业大市，东莞选择了依靠科技创新推动产业转型升级，从劳动密集型产业向技术密集型产业转型的发展道路。2005年7月，东莞召开实施"四项工程"工作会议，提出实施"科技东莞"工程。随后东莞科技创新迅速活跃起来，召开全市科学技术奖励大会、成立广东电子工业研究院、建立"东莞长安模具特色产业基地"、确立50亿元科技中小型企业的贷款合作目标、启动科技部火炬创新试验城市工作等一系列科技创新的措施开始实施。

2006年初，东莞提出"科技东莞"工程不足一年的时间，中国散裂中子源在珠三角选址建设。当时，广东省的基础研发力量相对薄弱，大部分城市都缺乏对于大科学装置的深刻认识，也没有关于基础研究的相关规划和政策措施。但是，广东省还是意识到散裂中子源大科学装置对城市综合竞争力带来的深远影响，争取把中国散裂中子源项目落地广东促进珠三角科学研究的发展。经过中科院团队实地考察，综合各方面的条件，中国散裂中子源项目最终选择落地东莞。

面对中国散裂中子源项目在东莞建设的历史性机遇，东莞给予全力支持和配合，从2006年选址到2018年验收的12年间，省市共提供建设资金5亿元，项目建成后东莞市财政还分三年提供1.5亿元运营经费。此外，东莞还从装置用地、职工宿舍、公共设施配套等方面全方位给予支持。

到2018年，中国散裂中子源完成一期建设并正式通过国家验收，建成一台8千万电子伏特负氢离子直线加速器、一台16亿电子伏特快循环同步加速器、一个靶站，以及一期三台供科学实验用的中子散射谱仪，能够为物质科学、生命科学、资源环境、新能源等领域基础研究和高新技术开发提供强有力的研究平台。依托散裂中子源东莞不仅具备了材料科学研究的物质基础，而且形成了材料科研资源的"向心力"，吸引北京、上海、香港等多地科研团队在此开展科学实验，至今散裂中子源服务的用户已经超过2000位，完成的课题已经超过400项。随着，东莞产业转型升级，创新驱动发展战略的深入实施，以及粤港澳大湾区国际科技创新中心的全面建设等，基础研究和应用基础研究环节的重要地位也愈发突出，中国散裂中子源也越来越被摆在更为重要的位置。

（二）广东省实验室提升基础研究软实力

大科学装置建设完成后东莞的基础科研条件将会得到极大改善，对科技人才、团队和项目的吸引力也将会极大提升。但是，东莞市缺乏基础科研平台，基础科研资源引得来，却留不住。2017 年首批广东省实验室启动建设为东莞市解决这一问题提供了巨大的机遇。东莞市凭借散裂中子源等科研基础条件，以及与中科院的合作基础，获批建设材料科学与技术广东省实验室，成为全省首批 4 家省实验室之一。东莞市委、市政府高度重视省实验室建设，以中科院物理所为理事长单位，中科院高能所和东莞市人民政府为副理事长单位，共同建设松山湖材料实验室作为省实验室。实验室邀请中科院院士、中科院原副院长、北京大学原校长担任实验室理事长，实验室计划用地 1200 亩，初步经费预算超 50 亿元。

松山湖材料实验室建设前沿科学研究、公共技术平台和大科学装置、创新样板工厂、粤港澳交叉科学中心等四大核心板块，布局金属材料、陶瓷材料、能源材料、低维材料、先进半导体、新型功率器件、先进制造和装备、超导核信息材料、高分子材料、生物医学材料等十大研究方向，形成前沿基础研究、应用基础研究、产业技术研究、产业转化的全链条创新模式。

成立三年以来，松山湖材料实验室在科学技术创新、科技成果转化、创新人才培养上均取得突出成绩。在科学技术创新方面，实验室建立了前沿科学研究课题组 13 个（见表 1），创新样板工厂团队 25 个（见表 2），获得国家和省级科研项目 75 项，发表高水平论文 962 篇，其中 Nature 正刊 7 篇，"基于材料基因工程研制出高温块体金属玻璃"入选"2019 年中国科学十大进展"。在科技成果转化方面，实验室以创新样板工厂推进产业技术研究成果进行小试、中试孵化，以松山湖之材产业育成中心，搭建众创空间—孵化器—加速器，为项目提供成果转化的物理空间和孵化服务，以松山湖（东莞）材料科技发展有限公司发起广东粤科新材料投资基金，为项目孵化提供资金服务。在创新人才培养方面，实验室集聚院士、海外高层次人才、工程师等共计 798 人，与北京大学等全国 18 所高校开展研究生联合培养合作，全年联合培养研究生 144 人。

表 1　松山湖材料实验室前沿科学研究课题组

序号	名称
1	非晶材料课题组
2	二维材料课题组
3	生物界面课题组
4	新能源及光/电催化材料课题组
5	实用超导薄膜研究课题组
6	先进陶瓷材料课题组
7	半导体材料表面界面及器件应用课题组
8	硅基异质外延技术课题组
9	能源材料与光电科学课题组
10	新型光电功能材料与器件课题组
11	先进钢铁材料课题组
12	高熵合金材料及应用课题组
13	二维超晶格模拟与计算课题组

资料来源:《松山湖材料实验室 2020 年报》。

表 2　松山湖材料实验室创新样板工厂团队

序号	批次	名称
1		锂离子电池材料团队
2		光子制造团队
3		多孔陶瓷及其复合材料团队
4		SiC 及相关材料团队
5	第一批	新型纤维团队
6		柔性及锌基电池团队
7		轻元素先进材料与器件团队
8		高效晶硅电池团队
9		第三代半导体材料和器件团队
10		精密仪器研发队
11		透明陶瓷团队
12		光电子材料与器件团队
13		SiC 半导体器件团队
14	第二批	绿色非晶合金团队
15		骨水泥材料团队
16		等离子体放电团队
17		仿生控冰冷冻保存材料团队
18		微生物复合材料团队

序号	批次	名称
19	第三批	硅基砷化镓及光电器件团队
20		非晶智芯团队
21		功能性新型心血管支架研发团队
22		航空发动机叶片精密加工团队
23		SiC 模块封装团队
24		新型高性能铝合金材料联合工程中心
25		气体净化材料团队

资料来源:《松山湖材料实验室 2020 年报》。

(三)高水平大学提升高校基础科研能力

积极推进高水平理工科大学建设。为弥补广东省在科教资源方面的不足,为实施创新驱动发展战略提供人才支撑,广东省委、省政府做出加强理工科大学和理工类学科建设的重要决策部署,东莞理工学院被选为 7 所省市共建高水平理工科大学之一。东莞理工学院高水平理工科大学建设以"支撑引领制造业创新发展"为历史使命,全面提升学校综合实力。一是学校全国综合排名大幅提升。东莞理工学院全国综合排名从 2015 年的 344 名提升至 2021 年的 149 名,排名上升了 195 名,并且连续三年位居全国应用型大学第一。[①] 二是高层次人才快速集聚。自高水平理工科大学建设以来,学校持续引进博士及以上海内外高层次人才,集聚了多达 700 人的教学科研队伍。推进人才成长与发展,学校实施"领航计划""登高计划""致远计划"等三大计划,鼓励人才建立科技创新团队,推进人才持续成长与发展。三是持续提升学科教育质量。东莞理工学院培育省级、国家级一流本科专业建设点 9 个、硕士学位授权点 3 个,与龙头企业、地方政府等探索产教融合新模式,建立了西门子智能制造学院、华为信息与网络技术学院等 9 个现代

---

① 《提升 34 名,挤进全国前 150 强! 东莞理工学院排名再创新高》,知东莞,2021 年 3 月 26 日,http://webzdg.sun0769.com/web/news/content/173910。

产业学院，成为东莞市人才输出的主要源头。四是产业支撑与服务能力显著增强。学院以支撑制造业创新发展为方向，精准对接和服务企业、园区和镇街，以科技特派员为抓手，与21个镇街建立战略合作关系，完成科技成果转化项目107个，承担企业委托技术开发等项目943个。

建设以理工科为主的大湾区大学。大湾区大学定位为以理工科为主的研究型大学，建设滨海湾校区和松山湖校区两个校区，计划初始投资超过100亿元。大湾区大学充分发挥大湾区大科学装置、科研机构、龙头企业集聚优势，建立"学校+大科学装置（科研机构）+龙头科技企业"的"科教产业合作共同体"，并重点聚焦物质科学、先进工程、生命科学、新一代信息技术、理学、金融等六个方向，为大湾区科技和产业发展提供高端人才。目前，大湾区大学已经正式揭牌动工，预计于2023年正式建成，并开始招生。

联合举办香港城市大学（东莞）。香港城市大学（东莞）由东莞市委、市政府支持，东莞理工学院和香港城市大学为办学主体，采取"大学+大学"方式举办具有独立法人资格的办学机构"香港城市大学（东莞）"。学校定位为全球一流的高水平研究型大学，占地面积约523亩，计划招收本科、硕士和博士研究生共计6000人。目前，香港城市大学（东莞）已经正式揭牌动工，预计于2023年正式建成，并开始招生。

二　基础研究平台对东莞制造业的引领与支撑作用

（一）大科学装置引领产业前沿科技

1. 大科研装置产业化模式

张玲玲等人的研究提出了大科学装置产业化的4种模式：一是高校和企业产学研合作模式，由高校科研人员利用大科学装置进行科学实验活动，并将实验成果交由企业进行产业化；二是以大型龙头企业为主导模式，其内部科研人员根据企业需求利用大科学装置进行科学实验活动；三是以大科学装置为主导模式，大科学装置自主进行科技成果转移转化；四是以高校和科研院所为主导模式，其科研人员根据研发需求进行科学实验，并将成果进行科技成果转移转化。

从东莞的大科学装置上看，短期内东莞的大科学装置主要用于基础与应用基础研究，用户以高校和科研机构为主，仅有极少数大型龙头企业具有独立使用大科学装置的科研实力，大多数企业采用高校与企业合作的模式使用大科学装置，如东莞材料基因高等理工研究院与中广核集团、广东韶钢集团等企业合作，成为依托散裂中子源的先进制造业服务平台。长期来看，随着企业研发实力的增强，以及大科学装置和高校、科研院所技术成果的积累，东莞将形成高校和企业产学研合作模式、以大型龙头企业为主导模式、以大科学装置为主导模式、以高校和科研院所为主导模式共存的产业化形式。

2. 大科学装置技术的产业应用

散裂中子源的建设使东莞在加速器和中子技术方面具有得天独厚的优势。基于这一优势，东莞本土生物医药龙头企业东阳光和散裂中子源项目团队合作，开展加速器硼中子俘获治疗项目，成功研制出我国首台具有完全自主知识产权的加速器硼中子俘获治疗实验装置。

加速器硼中子俘获治疗项目（BNCT）是散裂中子源实施的首个产业化项目。项目采用我国掌握全部核心技术的 BNCT 装置，对癌症患者进行中子照射，从而"杀死"被硼"标记"的癌细胞而尽量不损伤周围的细胞组织。目前，BNCT 首台实验装置已经通过专家验收，中科院高能所正在与东莞市人民医院开展第二台 BNCT 临床设备的设计与研制，预计第二台 BNCT 临床设备在 4 年内完成临床实验，届时将极大推动东莞生物医药产业发展。此外，BNCT 装置的生产对于高精密加工、特种设备等方面的要求较高，为机电行业、医疗器械产业发展带来机遇。

（二）松山湖材料实验室渐成创新策源地

松山湖材料实验室作为广东省实验室，自成立之初就肩负"加快科技成果转移转化，壮大战略性新兴产业，支撑区域经济社会高质量发展"的重要使命。在其四大核心板块设计中，创新样板工厂是这一使命的最直观体现，创新样板工厂是实验室科技成果转化的载体和服务平台，主要任务是推进产业技术研究成果进行小试、中试孵化。截至2020年底，创新样板工厂拥有锂离子电池材料团队等25个，注册成立产业化公司25家，其中超过14个团队已经与下游应用企业建立合作关系，进入产业化阶段（见表3）。

围绕科技成果转化和材料科技相关产业集聚，松山湖材料实验室成立松山湖（东莞）材料科技发展有限公司，一方面开展知识产权转化工作，并为实验室项目引入、科技成果转化提供尽职调查等服务，另一方面与广东省粤科母基金投资管理公司合作，联合多家机构发起广东粤科新材料投资基金，投资实验室产业化项目及新材料领域的优质企业。

围绕实验室的创新型企业对载体、技术和服务的需求，实验室成立松湖之才产业育成中心，依托实验室科研设备、创新人才、投资基金、政策优势等条件提供全业态的产业载体和国际领先的产业配套服务。截至2020年12月，育成中心协助10个创新样板工厂团队设立6个持股平台、11个产业化公司。

深入镇街和企业开展科技成果转化和产学研合作。在与镇街合作方面，松山湖材料实验室与塘厦镇开展深入合作，建立了东莞先进陶瓷与复合材料研究院和松山湖材料实验室—塘厦镇科技成果转化基地，引进多孔陶瓷及复合材料团队、透明陶瓷材料团队、轻元素材料团队，成立12家产业化公司，推进实验室技术成果向镇街辐射。在与企业合作方面，松山湖材料实验室采取实地走访企业、与企业开展座谈会等方式，深入挖掘企业创新需求，与东莞市长联新材料科技股份有限公司、广东天和新材料科技有限公司、东莞市山力高分子材料科研有限公司等多家企业达成合作意向。

表3　松山湖材料实验室团队产业化进展情况

序号	团队	公司	产业化进展
1	SiC半导体器件团队	东莞清芯半导体科技有限公司	
2	精密仪器研发团队	东莞市卓聚科技有限公司	2020年签订订单额700多万元
3	光电子材料与器件团队	东莞市中科原子精密制造科技有限公司	已与两家上市公司达成合作意向，提供产品配套及相关服务

序号	团队	公司	产业化进展
4	透明陶瓷团队	中科皓玥(东莞)半导体科技有限公司	已获得订单金额1400多万元,实现销售额720多万元
5		中科皓烨(东莞)材料科技有限公司	
6		中科皓奇(东莞)传感技术有限公司	
7	光子制造团队	广东中科微精光子制造科技有限公司	可为国内外客户提供包括设备、工艺和服务在内的整套激光精细加工智能化解决方案,2020年实现销售额5000万元
8	多孔陶瓷及其复合材料团队	中科卓异复合材料(东莞)有限公司	油田水套炉燃烧系统在胜利油田河采油厂得到大量应用;流槽加热器在韶关冶炼厂、乳源东阳光优艾希杰精箔有限公司应用;复合材料制砂机衬板在中泰混凝土发展有限公司试用
9		中科卓异环境科技(东莞)有限公司	
10	新型纤维团队	松湖神健科技(东莞)有限公司	正在同企业合作开发空气过滤、水过滤等环保产品
11	轻元素先进材料与器件团队	中科晶益(东莞)材料科技有限责任公司	
12	柔性及锌基电池团队	东莞大锌能源有限公司	柔性电池正在与客户合作打样开发第一代全柔性电子产品;锌基储能电池已向下游公司送样并获得积极反馈
13	绿色非晶合金团队	格纳金属材料(东莞)有限公司	营业额及已签订合同超过100万元
14	第三代半导体材料与器件团队	中紫半导体科技(东莞)有限公司	已与北京大学东莞光电研究院、东莞超耀等企业签订陶瓷基板合同;高功率深紫外LED集成光源正以知识产权作价入股形式与广东省倍德安光电科技有限公司开展合作
15	高效晶硅电池团队	广东中科普瑞科技有限公司	
16	骨水泥材料团队	中科硅骨(东莞)医疗器械有限公司	

续表

序号	团队	公司	产业化进展
17	SiC 模块封装团队	东莞森迈兰电子科技有限公司	
18	微生物复合材料团队	广东昊天复合材料科技有限公司	参与《东莞新基河管道破损污水溢流应急修复》,并顺利验收
19	锂离子电池材料团队	东莞市嘉锂材料科技有限公司	已进行 5 家以上电芯企业客户送样,并收到部分客户反馈报告
20		东莞市红石科技有限公司	
21	SiC 及相关材料团队	东莞市中科汇珠半导体有限公司	
22	航空发动机叶片精密加工团队	广东经纬新材料科技有限公司	与湖南湘投金天科技集团有限公司、新乡航空工业(集团)有限公司、苏州热工研究所有限公司开展合作
23	硅基砷化镓及光电子器件团队	东莞思异半导体科技有限公司	开始接收硅基砷化镓外延片的供货订单
24	仿生控冰冷冻保存材料团队	君创永晟(东莞)生物科技有限公司	
25	等离子体放电团队	新铂科技(东莞)有限公司	
26	非晶智芯团队		与广东慕思床垫集团公司、昇威电子科技股份有限公司、创四方传感器股份有限公司等多家企业在传感器、编码器等方面达成合作共识

资料来源:《松山湖材料实验室 2020 年报》。

(三)高水平理工大学服务产业一线

目前,东莞市推进高水平大学的科技成果转化工作,主要以东莞理工学院为主。东莞理工学院作为一所长期扎根在制造业城市的高校,一直以来积极深入产业开展成果转化。

一是建设大学科技园。大学科技园的建设是东莞理工学院高水平理工科大学建设的重要任务之一。2017 年 5 月，东莞理工学院在松山湖国际创新创业社区建立东莞理工学院大学科技园，作为学校科技成果转化的重要载体，充分发挥学校的人才和学科优势，实现产学研深度融合。2018 年东莞理工学院大学科技园被广东省教育厅和广东省科技厅联合认定为"国家大学科技园培育单位"，东莞市出台《关于加快推动东莞理工学院大学科技园建设发展的实施意见》，力争在 2021 年将东莞理工学院大学科技园建设成为国家级大学科技园。

二是深入镇街输出科技成果。东莞理工学院大学科技园以松山湖国际创新创业社区为主园区，先后在东城、黄江、凤岗、塘厦、长安等镇街布局分园区，形成"1＋N"的建设模式，更为贴近地方产业，便于学院科技成果输出。

三是组织科技创新服务小分队深入产业一线。学院以中青年教师、技术人员为骨干，选拔高层次人才深入企业、园区、专业镇开展技术服务、成果转化等活动。科技创新服务小分队既把学院的科技成果和技术实力应用到了产业一线，也将产业一线对技术和人才的需求带回学院，极大地促进了学院与区域产业的深度融合。

三　其他城市基础研究平台建设经验

为此，课题组将对比研究北京、上海、合肥三大城市基础研究平台建设情况，这对东莞市综合性国家科学中心建设具有指导意义。

（一）布局大科学装置

大科学装置对于科学技术的突破具有重要的支撑作用，是建成综合性国家科学中心的重要基础。目前，北京、上海、合肥都在争相建设大科学装置，增强综合性国家科学中心实力。

北京是大科学装置最多的城市，已经建成北京正负电子对撞机、遥感卫星地面站、大面积天区多目标光纤光谱天文望远镜、中国地壳运动观测网络等大科学装置，正在建设综合极端条件实验室、地球系统数值模拟装置、高能同步辐射光源、空间环境地基综合监测网、多模态跨尺度生物医学成像设施等 5 个大科学装置。从建设单位看，北京的大科学装置主要是中科院研究所。北京市科研院所和科研人员众多，对大科学装置的需求迫切，大科学装置尚在进行设备安装调试，就有科研人员迫不及待地主动进驻。目前，在怀柔的科研人员超过 5000 人，到 2025 年将会超过 1 万人。

上海已建成大科学装置 7 个，正在建设的大科学装置有 7 个。已建成的大科学装置是上海光源、上海超级计算中心、国家蛋白质科学研究（上海）设施、神光Ⅱ高功率激光装置、国家肝癌科学中心、上海超强超短激光实验装置、X 射线自由电子激光试验装置等；正在建设的大科学装置是上海软 X 射线自由电子激光用户装置、上海光源线站工程（光源二期）、硬 X 射线自由电子激光装置、活细胞结构与功能成像等线站工程、转化医学国家重大科技基础设施（上海）、国家海洋科学观测网、高效低碳燃气轮机试验装置等。建成后，上海张江科学城将成为全球规模最大、种类最全、综合能力最强的光子大科学设施集群。

合肥已建成的大科学装置有全超导托卡马克、合肥同步辐射光源、稳态强磁场装置等 3 个，正在建设或预研的大科学装置有聚变堆主机关键系统综合研究设施、合肥先进光源（HALS）及先进光源集群、大气环境立体探测实验研究设施、未来网络试验设施（合肥分中心）、高精度地基授时系统（合肥一级核心站）等 5 个。

（二）争取国家实验室

国家实验室是国家战略科技力量，代表我国在相关领域的最高研究院水平。《国民经济和社会发展第十四个五年规划和 2035 年远景目标纲要》指出，要聚焦量子信息、光子与微纳子、网络通信、人工智能、生物医药、现代能源系统等重大创新领域组建一批国家实验室。我国国家实验室发展将迎来重大突破，综合性国家科学中心将成为建设国家实验室的主要力量。

北京是我国国家实验室最多的城市，拥有 9 个国家实验室和国家研究中心，分别是正负电子对撞机国家实验室、北京串列加速器核物理国家实验室、北京凝聚态物理国家研究中心、北京信息科学与技术国家研究中心、北京分子科学国家研究中心、重大疾病研究国家实验室（筹）、蛋白质科学国家实验室（筹）、航空科学与技术国家实验室（筹）、现代农业国家实验室（筹）。目前，北京怀柔科学城正在按照国家实验室要求建设物质科学实验室和空间科学实验室。

上海已建成的国家实验室是船舶与海洋工程国家实验室（筹）。上海正在积极建设生物医药和脑科学、人工智能、光子与微纳电子等领域的国家实验室。其中，张江实验室已正式成立，主要负责重大科技任务攻关和大型科技基础设施建设，形成跨学科、综合性、多功能的国家实验室。

合肥已建成 3 个国家实验室和国家研究中心，分别是同步辐射国家实验室、合肥微尺度物质科学国家研究中心、磁约束核聚变国家实验室（筹）。合肥正在建设的国家实验室是量子信息科学国家实验室，安徽省将其列为全省科技创新"一号工程"，目前已经正式启动建设。

（三）建设高水平大学

人才是第一资源，是综合性国家科学中心得以建成、运营和发展的最基本保障。高水平大学是人才资源最为富集的区域，建设高水平大学和科研院所对综合性国家科学中心发展至关重要。

北京是高校最为集中的区域，拥有 116 所高校。其中一流大学 8 所，分别是北京大学、清华大学、中国人民大学、北京师范大学、北京航空航天大学、北京理工大学、中国农业大学、中央民族大学。北京每年招收的博士生多达 2.5 万人，约占全国的 1/4，是全国人才资源最为丰富的区域。未来，北京要率先建成一流大学群，为北京和全国发展提供智力支撑。

上海拥有高校 64 所,其中一流大学 4 所,分别是复旦大学、同济大学、上海交通大学、华东师范大学。上海市有重点高校(双一流、985 和211)数量 17 所,在全国排名第二,仅次于北京市,每年毕业博士生数高达 5500 人。

合肥拥有高校 54 所,其中,重点大学 3 所,分别是中国科学技术大学、安徽大学和合肥工业大学。中国科学技术大学是合肥唯一的一流高校,也是合肥市的大科学装置、国家实验室等基础研究平台的重要承建单位。

四 东莞市基础研究平台建设路径

东莞市基础研究平台建设路径为:重大科技基础设施→基础与应用基础研究平台→科技成果转化。具体是以重大科技基础设施为基础,通过重大科技基础设施集聚科技资源,建设基础与应用基础研究平台,形成基础与应用基础研究能力,承接国际国内重大科研项目,产生重大科研成果,并利用东莞市强大制造业体系推进科技成果转化(见图 1)。

根据《关于加快推进综合性国家科学中心(松山湖科学城)建设的若干意见》,对松山湖科学城科研平台建设进行了全面部署(见图 1)。在大科学装置建设方面,东莞将建设散裂中子源大科学装置、南方先进光源、先进阿秒激光设施等大科学装置,以及中子治疗技术探索设施、大科学智能计算数据中心、大湾区电镜中心、材料科学用户实验室设施等前沿基础研究平台,其中散裂中子源二期工程和先进光源研究测试平台已经列入市重大建设项目和市重大预备项目(见表 4)。在基础与应用基础研究平台方面,将会建设松山湖材料实验室、广东省智能机器人研究院、东莞松山湖国际机器人研究院、东莞材料基因高等理工研究院、东莞新能源研究院等。在高水平大学方面,将会支持东莞理工学院、香港城市大学(东莞)、大湾区大学、广东医科大学等高校建设。在科技成果转化方面,将会建设中试验证平台、粤港澳大湾区科技成果转化中心、东莞国际技术转移中心等。

表4 东莞大科学装置建设计划

单位：亿元

序号	项目名称	项目单位	建设内容	建设期限	投资额
1	散裂中子源二期工程	散裂中子源科学中心	散裂中子源二期工程主要建设11台中子散射谱仪和实验终端,配置先进的实验辅助设施,同时升级加速器束流功率到500kW;升级靶站,满足500kW束流功率运行的要求;改造和建设配套的通用设施和土建工程	2022～2028年	30
2	先进光源研究测试平台	中科院高能所/散裂中子源科学中心	本项目将建设先进光源研究测试平台,总建筑面积33600平方米,包括综合实验楼、光学测试大厅、超导高频测试大厅、低温厅和高精度测量大厅等,购置科研设备仪器274台套	2019～2021年	5.9

资料来源:《东莞市2021年重大建设项目计划》《东莞市2021年重大预备项目计划》。

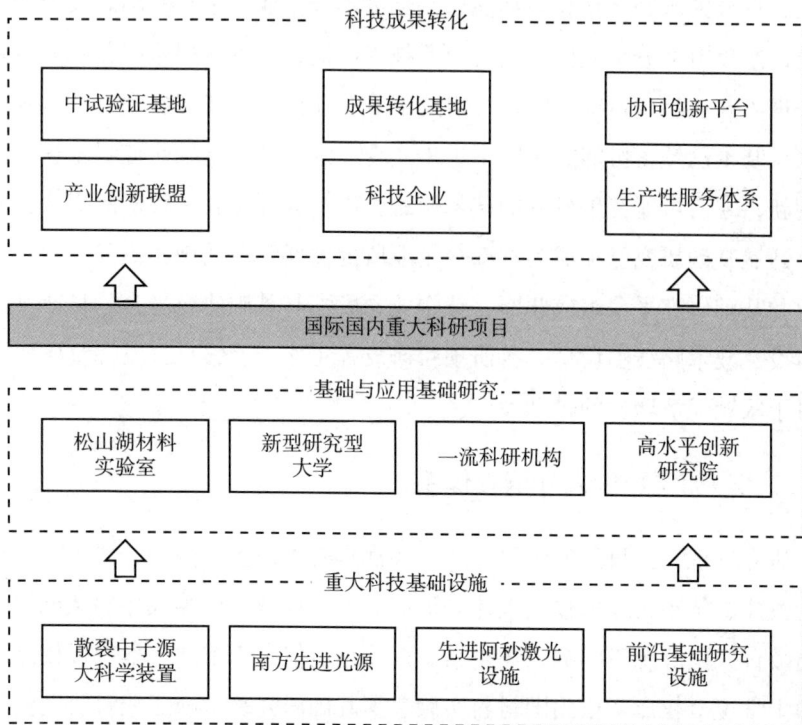

图1 东莞市松山湖科学城科研平台

五 东莞市基础研究平台建设建议

（一）推进基础研究平台建设主体多元化

东莞市基础研究平台建设模式目前主要是央地共建模式，主要由中科院作为基础研究平台的建设者和组织者，地方政府在财政、土地和配套设施上给予支持。这种建设模式给予地方财政较大的压力，而且由于建设单位和运营单位缺乏对地方技术需求的了解，在建成后也一般难以在短期内对当地经济起到带动作用。

东莞由于缺乏本土化的基础研究机构，在基础研究平台建设和运营中必然离不开中科院的大力支持。但是，大科学装置要发挥其对地方经济的带动作用、形成区域经济增长新动能也必然离不开企业的参与。随着长期的产业升级，东莞市部分企业已经接近行业技术前沿，实现从跟跑向并跑和领跑转变，进入开展基础研究的阶段。对这部分企业而言，要突破现有的技术发展瓶颈，基本已经不可能靠技术引进来实现。唯有开展基础研究，推进前沿技术创新，才有可能突破发展的技术瓶颈，以及为开发新一代产品提供技术储备，开展基础研究已经成为这部分企业所处发展阶段的现实需要。由这部分企业和基础研究平台组成联盟，让企业深度参与基础研究平台的科研基础条件建设、技术路线图设计、科研项目研发等工作，能够充分发挥基础研究平台对于区域经济增长的带动效应。

（二）加快建设人才培养体系

研究发现，中科院的各研究所一般都具有由硕士、博士、博士后、青年拔尖人才、领军人才、顶尖人才等形成的人才梯队，此类人才梯队能够通过学历教育产生源源不断的人才供给。东莞目前仅有3个硕士学位授权点，缺乏博士学位授权点。松山湖材料实验室等基础研究平台缺乏能够协助资深科研人员开展科研工作的硕士和博士。

一是推进高水平大学加强学科建设。持续支持东莞理工学院开展高水平理工科大学建设，推进学校省级和国家级重点学科达到一半以上，增加学校硕士学位授权点和博士学位授权点。推进大湾区大学联合松山湖材料实验室、大科学装置，增强科研和师资力量，提高本科、硕士和博士研究生教育质量。鼓励香港城市大学（东莞）在东莞市开展研究生培养工作。二是持续开展研究生联合培养工作。持续支持东莞市名校研究生培育发展中心壮大规模，与更多高校和企业建立合作关系，开展来莞实践、"东莞专项"等多种形式的研究生联合培养工作，完善线上线下研究生教育体系，吸引更多研究生来莞开展联合培养（实践）实践。三是完善东莞人才引进政策。持续推进"十百千万百万"人才工程，加快引进国际一流水平的战略科学家团队，扩大博士专业人才、重点领域的领军人才、硕士研究生以上学历和中级以上职称的创新人才的引进规模。同时，扩大特色人才范围，将医疗卫生、法律、教育、金融等领域高层次人才也纳入特色人才引进的范围。

（三）加大基础研究投入力度

欧美发达国家基础研究和应用研究等原始性创新研发的经费投入占R&D比重一般超过30%，2018年我国仅有16.7%，广东省仅有12.8%，而东莞这一比重仅为8.9%，低于全省水平，可见东莞市基础研究投入水平不足。基础研究是一项需要不断投入的事业，且见效慢、风险高，在以制造业为主的东莞，单靠企业很难承担基础研究的重任。

一是政府应加大基础研究支持力度。围绕新材料、生物医药等关系东莞市长远发展，且企业力量难以承担基础研究重任的产业，政府在基础研究领域给予稳定的支持，并在政策中明确R&D经费及基础研究经费的投资规模和投资目标，使重点领域的基础研究活动持续稳定的发展。二是政府应鼓励企业开展基础研究活动。围绕有能力开展基础研究的大型龙头企业，鼓励其加大基础研究投入，通过成立专项基金等方式，参与大科学装置、松山湖材料实验室等基础研究平台的科学实验，政府可适当减免企业基础研究领域的相关税费，并在申请和实施省级、国家级重点领域研发计划、技术创新中心等重大科技项目中予以支持。

参考文献

张玲玲、赵道真、张秋柳：《依托大科学装置的产业化模式及其对策研究——以散裂中子源为例》，《科技进步与对策》2017 年第 19 期。

陈馨旖、黄振羽：《大科学装置建设的参与主体演化》，《中国科学论坛》2019 年第 12 期。

何利松、杨渭蔚：《国内城市重大科技创新载体建设经验及对杭州的启示》，《杭州学刊》2018 年第 2 期。

《国家实验室大 PK，广东胜算几何?》，GBA 湾区资讯站，2020 年 9 月 4 日，https：//mp. weixin. qq. com/s/5Tcp00WWwyNae4RjcPpXXA。

B.6
突破产业关键技术

——东莞市重大科技专项的实践与发展分析

蹇　玮　曹莉莎*

摘　要： 东莞市2009年开始设立市重大科技专项，经过十多年不断发
　　　　展和完善，对关键技术集中攻关、科技人才有效集聚、科技
　　　　赋能经济社会发展起到了明显推动作用。本报告从重大科技
　　　　专项实践角度出发，对东莞市历年重大科技专项开展情况进
　　　　行全面梳理和研究，找准问题和不足，从体制机制、拓宽渠
　　　　道、制定评价指标体系、强化跟踪服务、完善评价机制等维
　　　　度，对未来发展方向进行探析。

关键词： 关键技术　重大科技专项　评价机制

2006 年，为统筹规范国家层面的重大科技研发，我国开始实施国家科
技重大专项，主要目的是完成国家科技攻关任务，通过突破核心技术和集成
有关资源，在预计时间内完成一批重大战略产品、关键共性技术和重大项
目。根据国务院发布的《国家中长期科学和技术发展规划纲要（2006 -
2020 年）》，明确把国家科技重大专项划分为极大规模集成电路制造技术及
成套工艺，核心电子器件、高端通用芯片及基础软件，新一代宽带无线移动
通信，高档数控机床与基础制造技术等共计 16 个主攻方向。

---

* 蹇玮，东莞市电子计算中心主管，研究方向为项目管理与科技咨询；曹莉莎，东莞市电子计
算中心中级经济师，研究方向为科技发展与科技政策。

2008年，广东省开始实施省级重大科技专项。省重大科技专项是指针对广东省重点领域、重点产业的重大科技需求，开展重大关键共性技术攻关、重大成果转化、重大战略产品开发、重大科技示范工程以及科技创新平台的建设。该省级科技专项计划对广东省经济社会发展起到了重大支撑和引领作用，是贯彻落实《珠江三角洲地区改革发展规划纲要（2008－2020年)》和《广东自主创新规划纲要》的重大举措，大力提升了广东省自主创新能力和综合竞争力。

与此同时，为了推进科技东莞工程的落实与实施，东莞市于2009年设立市重大科技专项，并针对科技发展情况，先后数次进行调整优化，极大地推动了东莞市主动攻关突破产业共性技术、会集聚拢各行业高素质优秀人才、全方位高质量发展社会经济。以下将对东莞市历年来的重大科技专项实施情况进行详细梳理和研究，对其实践与发展进行浅析。

一　东莞市重大科技专项实施情况

（一）发展历程

东莞市重大科技专项自2009年设立（其中2011～2013年暂停实施），截至2020年总计立项62项，市财政立项投入3.86亿元，可划分为以下几个阶段。

1. 2009～2010年：实施东莞市重大科技专项，以共性技术研究和应用示范为主

（1）总体情况

根据《国家科技发展中长期规划》、《东莞市科学和技术发展"十一五"规划》和《关于实施科技东莞工程建设创新型城市的意见》（东府〔2006〕72号）的有关规定，2009年，东莞市启动的东莞市重大科技专项这一重大科技计划项目，是主要围绕全市重点领域、重点产业的重大科技需求，开展重大共性技术攻关、重大成果转化、重大战略产品开发、重大

科技示范工程以及东莞市委、市政府确定支持的重大任务，布局实施对东莞市经济社会发展起重大支撑和引领作用的科技专项计划。东莞市重大科技专项开展"重大关键共性技术攻关、重大战略产品开发、重大科技示范工程以及科技创新平台建设"等四项主要任务。2009 年，围绕"高光效 GaN 基 LED 芯片制造关键技术研究与产业化、东莞集成电路设计服务平台建设及绿色电源芯片、卫星导航芯片研发与应用示范、基于云计算的现代信息服务业创新平台建设及示范应用、太阳能并网光伏发电关键技术及应用示范"等立项 4 个项目，立项资助金额达 4800 万元；2010 年，围绕"纯电动汽车集成开发关键技术研究及应用、电动汽车动力电池关键技术研发与产业化、第三代半导体碳化硅外延晶片研发及产业化、半导体照明产品质量检测与评价体系的研究"等 4 个专题立项 4 个项目，立项资助金额达 4800 万元。

（2）组织管理

东莞市重大科技项目的管理流程基本确立，主要包含：项目策划组织（东莞市科学技术局牵头，东莞市财政局、东莞市经信局、东莞市发改局共同组织实施，组建评议咨询专家组，编制年度实施方案与申报指南）—项目评审（委托广东省评估中心组织专家对项目进行论证）—项目立项（上报东莞市政府审批）—签订合同与资金拨付（东莞市科学技术局、东莞市财政局联合下达立项通知，项目资金分两批拨付，项目立项后，项目承担单位投入达标即拨付 70%；项目验收后项目承担单位投入达 100% 即拨付余下的 30%）—项目管理（交由项目承担单位自行管理，并委托第三方机构进行项目监理）—验收与绩效评价（东莞市科学技术局组织专家进行验收，市财政局进行项目绩效抽查）。

（3）主要特点

第一，多部门共同推动实施，获得更多的资源倾斜。东莞市重大科技专项由东莞市科学技术局牵头，东莞市发改局、东莞市经贸局、东莞市财政局参与组织实施。项目的组织进一步强化了政府公共服务的职能，通过政府主动组织方式，有针对性、有计划地推进实施一批产业带动作用明显的重大科技项目，培育产业发展新的增长点，加快了东莞市产业结构升级转型。

第二，支持力度方面注重集中力量，项目管理方面注重全程监管。东莞市重大科技专项的组织实施和管理坚持"重组织、重设计、重管理、重绩效"的原则和"大科技、大开放、大投入、大带动"的思路。在项目申报方面更加注重主动组织，在项目评审方面更加注重综合评议，在支持力度方面更加注重集中力量，在项目管理方面更加注重全程监管。

第三，项目形式上体现核心技术与应用，项目责任上区分牵头与参与。这两年立项的项目，基本以行业龙头或优势企业或本地极具实力的科研院所作为第一承担单位，同时纳入一家或数家技术应用单位，充分发挥核心技术研发与产业化应用结合的作用。

2. 2014～2017年：实施东莞市重大科技项目，以核心技术攻关和成果产业化为主

（1）总体情况

为打造创新型经济强市，发挥科技政策的引导作用，重新出台《东莞市重大科技项目资助办法》（东府办〔2013〕94号）和《东莞市重大科技项目管理办法》（东府办〔2014〕21号）。2014年，围绕"高端智能制造技术与装备、云计算和大数据服务平台及行业应用、新材料、生物医药"等4个专题立项5个项目，立项资助金额达5000万元；2015年，围绕"智能机器人、云计算与大数据管理技术、移动互联网关键技术与器件、新能源汽车、新材料"等5个专题立项6个项目，立项资助金额达4998万元。后期为了加强精细化管理，解决重点产业共性技术瓶颈问题，对原有政策进行了修改完善，修订出台《东莞市科技计划项目资助管理办法（修订）》（东府办〔2016〕18号）。2016年，围绕"机器人、高端新型电子信息、新能源汽车、新材料"等4个专题立项11个项目，立项资助金额达5500万元；2017年，围绕"智能制造和高端装备（机器人）、高端新型电子信息、新能源汽车、新材料与节能环保、生物医药"等5个专题立项11个项目，立项资助金额达5400万元。此阶段累计立项33项，立项资助金额达20898万元。

（2）组织管理

2012 年东莞市财政局牵头制定并出台《中共东莞市委 东莞市人民政府关于调整完善"科技东莞"工程专项资金政策的意见》（东委发〔2012〕16 号），东莞市重大科技项目的财政经费管理随之进行了完善。相比第一阶段的项目，第二阶段项目的审批立项程序、专家评审评估和立项资助程序严格按照"科技东莞"工程专项资金管理有关规定进行了完善规范，流程如下：项目组织（东莞市科学技术局、东莞市财政局、东莞市发改局、东莞市科协参与组织实施）——项目评审（东莞市科协组织专家对项目进行评估评审）——项目立项（上报东莞市政府审批）——签订合同与资金拨付（东莞市科学技术局、东莞市财政局联合下达立项通知，其中 2014～2015 年的项目资金分三批拨付，立项后东莞市财政拨付资助经费总额的 30%，项目经费投入达到 50% 后，东莞市科学技术局出具审核意见后，东莞市财政拨付资助经费总额的 40%，剩余财政资助经费项目验收后按验收结论及投入审计比例拨付；2016～2017 年重大科技项目，东莞市财政经费采用拨贷联动资助方式，资助经费在项目验收后根据验收结论和项目总投入比例拨付资助经费）——项目管理（东莞市科学技术局委托第三方机构对项目资金到位情况、资金使用情况、计划进度执行情况、合同指标完成情况进行管理，对存在的问题提出解决措施）——验收、结题与终止（东莞市科学技术局组织专家进行会议论证）。

（3）主要特点

第一，部门分工进一步明确，职责划分进一步清晰。东莞市科学技术局、东莞市财政局、东莞市发改局、东莞市科协参与组织实施，其中东莞市科学技术局负责发布项目指南、组织申报、形式审查、现场考察、社会公示、监理验收和绩效考核，监理以招标形式遴选专业的第三方服务机构承担；东莞市发改局负责参与确定年度资助专题及方向、审核立项事宜以及项目实施过程中的监督及检查；东莞市科协负责组织专家评估评审；东莞市财政局负责安排专项资助经费的拨付、监督及检查。

第二，聚焦东莞五大领域十大产业，切实发挥科技政策引导作用。东莞市重大科技项目结合东莞市的产业需求，每年度选取高端装备制造、新一代信息技术、新材料、新能源、生命科学和生物技术等各领域中两到三个亟须支持的方向，通过对典型技术的研发，掌握和实现具有自主知识产权的关键技术，形成具有行业特色的规模化应用，快速推动东莞市相关技术的产业化进程。

第三，实施拨贷联动支持计划，推动科技金融产业融合。2015年5月，东莞市科学技术局下发《东莞市科学技术局实施拨贷联动支持计划和重点企业信贷支持计划操作规程》，对2016年起立项的重大科技项目采取"先政府立项、后银行贷款、再财政拨款"的方式进行支持。东莞市科学技术局每年不定期向试点银行（指东莞银行松山湖科技支行和浦发银行松山湖科技支行及东莞市政府批准的其他具备条件的银行）推荐符合条件的项目和企业，相关银行按照"政府推荐、自主审贷、市场运作、风险共担"的基本要求，对推荐的单位进行审批并决议是否发放该笔贷款和给予的额度。

3. 2018年：实施东莞市核心技术攻关项目，聚焦产业核心技术攻关突破

（1）总体情况

为贯彻落实《东莞市推动建设科技产业创新中心走在前列行动计划》（东创新办〔2016〕16号），积极实践创新驱动发展战略要求，加强本地自主创新能力，为东莞市重点产业转型升级和培育战略新兴产业提供强大助力，东莞市政府印发了《东莞市核心技术攻关"攀登计划"实施方案（2017－2020年）》（东府办〔2017〕144号）。2018年，围绕"智能制造和高端装备、高端新型电子信息、云计算与大数据领域、新能源汽车、新材料、生物医药"等6个专题立项21个项目，立项资助金额达8100万元，其中前沿项目9个共1800万元，重点项目12个共6300万元。

（2）组织管理

此阶段项目的组织和管理在第二阶段的基础上再次进行调整优化。一是项目更加聚焦，通过深入调研梳理，制定了《东莞市重点产业核心技术攻

关目录》，并围绕该目录有针对性地组织项目。二是进一步拓宽了项目建议征集范围，扩大至有关市直部门和行业协会。三是增设前沿项目，支持创新平台和龙头企业开展前沿技术研究，绩效方面无须评价经济指标情况。四是增加市镇联动项目，对于镇街重点推荐并承诺给予 1∶0.5 以上配套资助的项目，优先立项。五是加大支持力度，项目一般每项资助 500 万元，对于特别优质且投入较大的项目可适当提高支持额度，最高 2000 万元。六是在资助方式上采取分类管理模式，比如前沿项目采取分期或事前拨付，重点项目采取验收后拨付方式。

（3）主要特点

第一，立足本地产业，做好超前部署。实施东莞市核心技术攻关项目，是为了准确把握国内外新一轮科学技术革新和产业迭代的趋势，针对东莞市规划的重点产业发展的瓶颈和薄弱环节，强化高层战略规划和前瞻性的部署，加强部分已经具有较好创新基础和潜在优势的支柱性重点产业、战略性新兴攻关产业核心环节的技术突围，力争率先突破，赢得战略上的主动，提高东莞市产业的核心竞争力和可持续发展能力，进一步优化产业格局。

第二，突破重点技术，形成若干亮点。围绕东莞市规划的重点产业发展的迫切技术需求，集中现有力量，突出几个重点，整合各类有效资源，主要考虑在智能制造和高端装备、以移动互联与器件为技术核心的高端新型电子信息、云计算与大数据、新能源汽车、新材料、生物医药等六个技术领域，支持引导开发往前沿化、高端化走，实现有效的突破，形成若干亮点项目和优势环节。

第三，注重统筹协调，多方联动协同。一是加强上下间联动，主动与国家、省等对口部门沟通衔接，以便争取到更多的创新资源落户东莞；二是加强横向间协同，建立起由各有关部门、高校、科研机构等共同参与进来的有效协同创新机制，形成强大合力推动东莞市重点产业的核心技术攻关；三是加强市镇间联动，发挥各镇街在使用场地、经费、专业服务等方面的优势，加速重大的、核心的技术攻关项目在东莞市落地实施。

4.2020年起：实施东莞市重点领域研发计划项目，聚焦国家、省、市重点培育发展的产业技术领域

（1）总体情况

为贯彻落实《东莞市人民政府关于贯彻落实粤港澳大湾区发展战略全面建设国家创新型城市的实施意见》（东府〔2019〕24号）以及《东莞市科技计划体系改革方案》（东科〔2020〕28号）有关精神，东莞市科学技术局于2020年5月正式制定出台了《东莞市重点领域研发项目实施办法》（东科〔2020〕44号），并配套形成了可行的项目操作规程，开始组织实施东莞市重点领域研发计划项目，开展在重点领域的核心技术攻关，借此大幅提升东莞市科技支撑能力和技术保障能力。2020年，计划围绕"新一代信息技术、高端装备制造、新材料、新能源、生命科学和生物技术、公共领域"等6个专题进行立项资助。

（2）主要特点

第一，建立项目储备库。东莞市科学技术局建立项目储备库，对征集的技术需求分批委托专业机构或专家评价筛选，符合条件的项目建议纳入储备库。另外，每年通过向省科技厅和向社会征集的方式收集东莞市推荐申报国家项目情况，凡近一年申报国家和省重点领域研发计划并受理的项目自动入库。入库项目优先推荐申报国家、省重点领域研发计划和列入市重点领域研发项目申报指南。项目储备库按年度更新，一般入库项目两年内未获国家、省、市项目立项支持或列入相关申报指南的，移出库。

第二，面向东莞市内市外（含港澳地区）的科技型企业、高等院校、科研机构等单位开放申报。项目申请单位须具有实施项目的必要基础条件、人才储备、仪器设备、资金筹措能力和较为规范的科研管理制度。鼓励企业牵头、产学研联合申报，一般申报联合体不超过4家。科研院所牵头申报的，应具有省级及以上科研平台或本身为省级及以上科研平台，且联合申报单位至少含有1家东莞市内有效高新技术企业。

第三，构建项目风险快速响应机制。一是聘任项目技术专员。监理机构

协助东莞市科学技术局从本地高校院所专家、产业界技术人才中聘任项目技术专员（聘期一般为项目任务书签订日至项目验收结束），对项目技术专员进行统一管理。每名项目技术专员负责监督单个领域的若干项目，负责督促项目技术按计划实施，跟踪掌握项目进展情况并上报监理机构。加强项目服务。二是东莞市科学技术局根据项目需要会同相关单位开展跟踪服务和走访活动，协助解决项目落地实施及成果转化问题。三是镇街（园区）科技主管部门应出台相关政策支持项目研发，并及时回应项目研发的合理诉求。建立项目违规通报制。四是对项目违规行为加大警示与规范化宣传力度，定期监控项目管理违规事项并在项目管理信息系统对所有项目承担单位内部通报，情节严重的纳入科研诚信记录。

（3）主要工作

第一，改革完善东莞市重点领域研发项目组织管理体系。制定《东莞市重点领域研发项目实施办法》《东莞市重点领域研发项目管理工作规程》，对重点领域研发项目管理全流程进行了梳理规范，支持企业用最低成本解决产业"卡脖子"技术问题；建立重点项目库，制定技术目录，组建重点领域研发项目专家咨询委员会并建立了技术专员服务队伍；实行项目变更放权，简化监理流程，实行"只跑一次"无纸化申报管理。

第二，组建东莞市重点领域研发项目专家咨询委员会。为了更好组织东莞市的重点领域研发项目，重点瞄准产业的核心技术和卡脖子技术问题，集中力量办大事，做到有的放矢，精准发力，2020年，东莞市科学技术局组织成立了市重点领域研发项目专家咨询委员会，邀请在粤港澳大湾区相关专业领域有相当的影响力、从事科研活动、熟悉东莞、品信良好的专家参加，坚持市外与市内相结合、学术界与产业界相结合。目前，市重点领域研发项目专家咨询委员会共聘请咨询专家22位。

第三，组织2020年市重点领域研发项目申报。东莞市科学技术局组织受理2020年市项目：2019年5月至2021年1月，面向社会征集了650项技术研发建议，会同第三方专业服务机构筛选建立了含228个项目的"卡脖子"重点项目库和产业创新链目录，并委托省重点领域研发计划专家结合东莞实际编制了指南初稿。经东莞市重点领域研发项目专家咨询委员会完善后于 2020 年 12 月初发布受理。2020 年度项目申报共收到镇街（园区）推荐项目 94 个。

（二）东莞市重大科技专项产出绩效[①]

1. 资金引导效果明显

截至 2020 年，东莞市重大科技项目实际拨付财政资助经费 18088.48 万元，带动项目承担单位自筹资金投入 150975.42 万元，项目承担单位自筹资金为财政经费的 8.34 倍，有力地引导项目承担单位增加 R&D 投入、重视技术研发储备。通过项目实施，共引入科研创新团队 35 个和领军人才 4 人，引导企业培养研究生学历以上人才超 200 名，对加快科技成果转化和产业创新能力建设发挥了巨大的作用。

2. 科研创新成果显著

据初步统计，项目实施期内共实现申请专利 630 件（含发明专利 328件），获得授权专利 261 件（含发明专利 66 件），发表论文 119 篇，制定技术标准 108 项，形成新工艺 30 项，取得新产品 78 件、新材料 24 种、新装备 17 套，登记软件著作权 62 件。有两个项目承担单位（中镓半导体科技有限公司和中图半导体科技有限公司）以参与单位身份获国家技术发明二等奖。

3. 推进企业做大做强

东莞市重大科技专项的实施有效地帮助企业加快发展，有 13 家项目承担单位成功上市。2019 年与 2016 年相比，项目承担单位总体营业收入增加530.52 亿元，净利润增加 57.68 亿元，分别增长了 187.61% 和 172.26%，其中营业收入或净利润增长超过 1 倍的企业有 11 家，超过 40% 的企业有14 家。

[①] 本部分数据为综合整理东莞市统计年鉴、工作总结、企业年报及相关资料信息所得。

二 存在的问题和不足

虽然实施东莞市重大科技专项成效显著，但根据调查、访谈、与其他地市对比，东莞市在项目组织管理和过程管理上依然存在一些不足。

（一）项目扶持重点有待聚焦

项目仍缺乏顶层设计，虽然东莞市重大科技项目具有明确的支持领域和实施类型划分，但在实际操作中，项目指南的凝练收集主要来自有关单位提交的项目建议书和指南编制专家自身的业务积累，高度不够，处于被动状态，未能更好地从全市科技发展规划、产业发展中需要主动组织、主动策划一批东莞缺失的关键环节攻关项目。支持重点不突出，在项目组织上由于没有建立稳定的专家咨询团队，每批指南编写都邀请不同专家，造成项目指南支持内容不突出、不连续，难以做到按照一张目录做到底，造成东莞市重大科技项目扶持重点不够突出。项目申报一般仅限东莞范围内的单位参加，对招引市外高科技项目来莞的作用不明显。

（二）项目管理方式有待优化

项目申报方式存在过于复杂、烦琐等问题，项目申报时，项目申报单位需提交项目情况表、可行性报告、单位资质附件、前期投入审计报告等。据调研，单个项目申报资料平均超过 100 页，平均准备周期为 1 周，而立项率一般在 10% 左右，从而造成项目申报单位效能损失。项目评审方式落后，需专家现场查阅书面材料，并在较短时间内完成大批项目的评审工作，难度大，质量低；同时，由于项目评审专家库中的高层次专家不足，往往难以邀请到相关细分领域的顶尖专家参加，评审结果认受性不高。项目管理过细，项目承担单位行政成本高，项目单位和项目负责人的自主权较小，实施过程中大部分的变更调整事项都需要提交主管部门审批，而且审批程序较长，项目科研人员疲于奔命。项目监理服务水平仍有待提升，项目的监理工作仍以管理为主，在技术研发、管理提升、资本利用等项目急需领域提供全方位、全流程服务的意识和能力有待进一步增强。

（三）项目支持方式有待深化

项目资金分配简单化，项目资金基本采取"一刀切"的共性分配模式，但实际上项目个性化发展需求，对支持模式的需求、实际支持额度也不尽相同。有部分项目本身规模不大，但为了能够顶格拿到财政支持经费而增加不必要的自筹配套经费，导致项目实施过程中实际开支过高或浪费。未能及时解决项目资金紧张问题，出于资金安全和预算考虑，以往项目的资金拨付多以事后资助为主，部分项目承担单位反映财政资金未能及时到位，未能及时或无法解决项目的研发资金不足问题，对中小企业造成较大的资金压力，在一定程度上影响项目的正常进展，也影响了企业研发的积极性。同时，项目支持方式过于单一，基本依赖财政资金，未能与项目相关的技术研发、人才引进、发展空间、应用场景、社会融资、行政审批等服务衔接和联动，缺乏有效"组合拳"，项目不容易形成有市场竞争力的新产品或新产业。

（四）项目验收率有待提高

项目绩效考核指标设置粗糙，影响验收。项目的绩效考核指标由项目承担单位自行提出，在形式审查和论证过程中，如果没有原则性错误，专家一般不会对项目绩效考核指标提出修改意见，导致项目绩效考核指标设置与实际情况存在一定偏差，比如新工艺、经济指标等绩效考核指标存在难以检验的情况，只能由项目承担单位"自圆其说"，影响项目的正常验收。项目变更事项多，影响项目执行进度。由于项目人员变动、预算支出调整等变更比较普遍，按照变更程序，一般由项目承担单位提出，经所在镇街主管部门审核后提交东莞市科学技术局审批，一般需要 1～2 个月，影响项目执行进度。项目谋划不够周详，应对风险能力弱。部分项目对前

景预测过分乐观，对市场风险、研发风险的预警不足，一旦遇到外部重大
环境变化，容易导致项目出现延迟甚至停顿情况，严重影响项目按计划实
施。项目验收标准不够科学，影响项目正常评价。如经济指标要完成较好
方能验收。虽然部分项目技术指标已完全达到要求，但经济指标完成不理
想会导致项目无法通过验收。

三 关于继续实施东莞市重大科技专项的主要思考

（一）继续推进科技体制机制改革创新

根据国家、省、市"十四五"科技创新发展的重大部署，结合当前东
莞市建设综合性国家科学中心的重点任务及科技发展的"十四五"规划，
推动围绕重点领域聚集项目、基地、人才、资金等的一体化配置，将党中央
的部署转化为切实的规划思想和行动。加强莞深主创新线性廊道的规划建
设，围绕"主城区—松山湖—光明科学城—深圳南山—香港"创新廊道，
对上争取省政策支持，对下强化镇街统筹，对内创新机制和优化环境，对外
加强与港深的合作，优化东莞市科技创新的区域布局。优化升级东莞市科技
政策体系。改进科技项目组织管理方式，拓宽资金支出范围，简化资金预算
编制，赋予项目负责人和项目承担单位更大的人、财、物的自主支配权；改
革项目形成机制和评价机制，简化项目申报和过程管理；完善项目绩效评价
制度，提高专项资金的使用效益及配置效率；建立科学规范、激励有效、惩
处有力的科研诚信制度及规则。

（二）充分拓宽产业界参与项目的渠道

面对东莞市行业龙头企业定向收集"卡脖子"项目建议书，在项目凝
练环节充分融入产业界的急切需求，邀请产业界技术专家探讨凝练重大项目
的组织方案和申报指南。

依托东莞市新型研发机构与其所依托大学的专家资源，深入各领域的龙

头企业、创新企业、掌握核心技术的初创企业进行实地调研，联合梳理东莞市重点产业"卡脖子"技术目录、认真筛选推荐重点领域研发计划项目入库、起草重点领域研发项目指南初稿。

与东莞市其他部门形成有效联动。如东莞市科学技术局可以充分利用东莞市工信局的企业信息为项目评价决策提供支撑，邀请东莞市工信局共同参与"卡脖子"技术目录修订、指南制定、项目组织等工作，实现共同支持。

拓宽项目来源。对于可补齐东莞市重点领域的关键技术短板，只要承诺在东莞落地并产业化的东莞市外的龙头企业、科研机构，允许申报项目。

（三）研究制定项目分类评价指标体系

根据国家"三评"改革有关精神，制定针对性的评价模型量化评定项目资助规模与实施期限，避免项目支持的"一刀切"，实现项目的"个性化支持"。

参考先进地区和上级单位的项目评审评价体系，制定出台符合东莞市实际的重点领域研发计划项目评价体系，加强对项目绩效考核指标的指引和评价，在书面评审、答辩评审、现场考察等环节的评价中体现科学规范、务实高效。

对接广东省科技厅专家库等专家智库、结合本地高水平大学重点推荐，继续完善东莞市重点领域研发项目专家咨询委员会并制定委员会管理办法，形成稳定、熟悉东莞技术和产业发展的专家团队，对东莞市重点领域研发项目确定产业技术主攻方向、技术路线和项目指南，以及项目实施等提供高水平咨询意见。

优化项目验收评价体系，坚持以技术指标为主、经济指标为辅，构建标准规范、符合一般科学规律的项目验收评价体系。

（四）继续强化项目的全方位跟踪服务

建立并落实项目跟踪专员制度。组织熟悉科技管理、金融的专业人才担任立项项目的项目专员，每个领域的立项项目聘请若干名项目专员全过程负责，在项目实施过程中负责及时反馈情况给主管部门、提供技术路线建议、对接项目发展资源、提供科技金融资源，促进项目成果转化。

联动镇街加强对项目的综合服务，及时协调解决项目的技术链、人才链、产业链、资金链、市场链建设问题，促进项目尽快落地并实现产业化。

加强参与项目管理的专业服务机构的服务意识。根据东莞市科学技术局要求和市重点领域研发项目相关要求，专业服务机构协助开展项目相关工作，承担具体的项目立项后的管理和监督工作。在此过程中，要不断提高服务意识，变"管理"为"服务"，按照"放管结合"原则，把项目服务放到离项目承担单位最近的地方，为项目更好实施提供最便利、最高效的专业服务。

（五）研究完善项目科技成果评价机制

东莞市重大科技专项作为东莞科技创新成果的重要产出渠道，管理部门应高度重视项目科技成果的整理及评价，同时建立起相应完善的评价机制。

2021年5月21日下午召开的中央全面深化改革委员会第十九次会议，审议并通过了《关于完善科技成果评价机制的指导意见》。会上，习近平总书记指出："加快实现科技自立自强，要用好科技成果评价这个指挥棒，遵循科技创新规律，坚持正确的科技成果评价导向，激发科技人员积极性。"

要坚持以质量、绩效、贡献为核心的评价导向，健全科技成果分类评价体系，针对基础性科研、应用性研究、技术性开发等不同种类的成果形成明确细化的评价标准，全面准确评价科技成果科学、技术、经济、社会、文化等方面的价值。

要加快构建政府、社会组织、企业等共同参与的多元评价体系，积极发展市场化评价，突出企业的创新主体地位，规范第三方评价，充分调动各类评价主体的积极性。

要把握科研渐进性和成果阶段性的特点，加强中长期评价、后评价和成果回溯，健全重大科技项目知识产权管理流程，加强科技成果评价的理论和方法研究，引导科技人员潜心研究、探索创新，杜绝科技成果评价中急功近利、盲目跟风的不良现象。

要加快推动科技成果的转化应用，加快建设高水平技术交易市场，加大金融投资对科技成果转化和产业化的支持，细化完善有利于科技成果转化的职务科技成果评估政策。

（六）努力争取国家和省项目资源落地

东莞市正式启动市重点领域研发项目的组织工作后，加强了广东省重点领域研发计划组织工作的统筹协调，累计获省重点领域研发计划立项24项，立项资助经费15560万元，立项数和立项金额位列全省第三；东莞理工学院牵头的"重大自然灾害监测预警与防范"项目获国家重点研发项目立项，实现了该校在牵头承担国家级重大项目上零的突破。

东莞市应进一步制定争取国家、省创新资源的长期的、分年度的工作目标，形成常态化的、卓有成效的省级科技专项资金对接跟踪机制，积极与国家科技部、省科技厅等有关部门沟通，推介本地有优势的项目，争取其指南起草委员会专家来莞调研，争取国家和省政策上的倾斜，争取更多的创新资源和优质项目资源落地东莞。

参考文献

束国刚：《凝集重燃力量　推进重大专项》，《国家治理》2020年第47期。
徐琛：《国家科技重大专项项目管理标准体系建设方案研究》，《航空标准化与质量》2020年第6期。
原诗萌：《全力破解"卡脖子"问题》，《国资报告》2019年第3期。

B.7
东莞市全方位孵化育成体系构建与发展

邓盛贵　杨俊成*

摘　要： 科技孵化育成体系建设作为实施创新驱动发展战略重要抓
手，东莞市将全方位建设位孵化育成体系，大力促进研发创
新型企业从种子期到成长期的健康快速发展。本报告在全面
分析当前东莞建设孵化育成体系情况的基础上，立足东莞市
情，重点从打造国际化平台载体、发展高质量科技孵化器、
构建高水平技术转移中心，对全方位构建与发展具有东莞特
色的科技孵化育成体系进行思考。从项目来源、运作保障、
硬件配套、软件服务、专项政策五个方面，加快建设松山湖
国际创新创业社区；从认定建设、综合转型、提档升级三个
层次，推进科技企业孵化器高质量发展；从成果转化、技术
转移、完善融资体系等方面，打造高水平技术转移中心。

关键词： 孵化育成体系　国际创新创业社区　技术转移中心

　　近年来，东莞市大力开展科技孵化育成体系建设，取得了一定的成效。在大科学装置方面，布局建设了"国之重器"中国散裂中子源、松山湖材料实验室等重大科研设施；在政策牵引方面，加大众创空间、科技孵化器和加速器奖补力度，实施认定奖补、运营补助、服务补助等多种奖补措施组合

---

* 邓盛贵，东莞市电子计算中心项目主管，工程师，研究方向为科技发展与科技政策；杨俊成，东莞市电子计算中心部长，高级项目管理师，研究方向为项目管理与科技咨询。

模式;在创新创业氛围营造方面,每年持续举办"赢在东莞创新创业大赛",通过项目展示平台和风投机构等多方资源精准对接服务,吸引海内外的创新创业团队和投资机构进驻东莞;在科研资源调配和有效利用方面,打造了东莞科研仪器设备共享平台,促进大型科学仪器设施资源开放共享,不断优化东莞区域创新孵化环境,目前东莞市科研仪器设备共享平台已汇集了中国散裂中子源、松山湖材料实验室、东莞理工学院、广东医科大学,以及众多新型研发机构和龙头企业等49家单位共计3338台科研设备,相关设备的应用涉及电子、化工、机械、医药等行业领域,包括透射式电子显微镜、工业CT、热真空试验系统、MRI核磁共振成像系统等一批高精尖仪器,今后还将有1000余台设备陆续采集和上线。该平台正式采用统一规划、资源共享、市场化运作原则,搭建起政府与企业、科研院所、高等院校之间的桥梁,开展多层次的仪器设备共享服务,为东莞地区乃至粤港澳大湾区的企业提供共享服务。

健全的科技孵化育成体系应形成"创意—孵化—加速—产业化"全链条流程化。为进一步构建全方位科技孵化育成体系,建议东莞市从以下几方面重点推进。

一 加快建设松山湖国际创新创业社区

松山湖作为东莞的国家级高新区,承担着以片区创新带动全市创新的重大科技任务。为了进一步促进东莞高质量发展,东莞将原来的松山湖大学创新城及其周边区域共同打造成为松山湖国际创新创业社区。东莞松山湖国际创新创业社区位于松山湖科学城中心位置,是松山湖高新区创新创业的重点部署区域。近年来,随着华为终端等创新巨头进驻松山湖,以及周边配套的不断完善,松山湖国际创新创业社区的建设和完善显得越来越重要。打造松山湖国际创新创业社区的主要目的是促进松山湖科学城创新创业项目落地和科技成果的快速转化。充分利用华为在松山湖的引领作用,吸引和配合更多的创新人才队伍、启发更高端的创新和创业理念,为企业的发展创新提供顶层设计的方向指引。同时，加快配套生活设施的完善与建设，比如人才住宅、学校、医院公共设施；吸引更多的配套科研机构进驻，比如检测检验、高技术服务机构等，从"生活＋工作＋创业"多维度营造全社区的创新氛围，以吸引市外甚至国外的优质项目进驻和聚集，以"东莞硅谷"为发展方向孵化一大批的科技创新企业。三年内吸引国际科研人才、青年科学家超1000人，引进国内外优质科研项目100个，培育孵化高新技术企业50家，重点扶持1~2家企业在科创板上市。社区建设的主要目标是通过创新氛围和基础配套设施的建设和完善，通过自主培育和吸收引进等方式，打造国际化的创新产业链，并对全市产业的创新升级起到辐射和引领作用。

（一）在项目来源上，加强与东莞重大科研力量的对接

充分发挥东莞市作为现代创新型城市的优势，并借助现有产业的聚集优势，比如华为、生益科技等产业巨头的带动作用，通过政策和相关配套支持吸引更多有潜力的创新研发项目和人才团队选址在社区。一方面，持续举办赢在东莞创新创业大赛等相关活动，并且要加大宣传和推广力度，提高社区的知名度，支持更多的创新研发项目在初创期就可以选择东莞。针对人才团队的甄别和筛选，支持大学或者研究机构老师及其科研团队进驻社区开办企业；同时支持华为等创新研发团队拓展创业计划，提供工商注册、税务登记、知识产权和相关配套政策的支持，促进优质科研项目轻松快速落地。特别地，针对在社区创业的人才团队，比如海外青年科学博士、各类各级创新人才等，放宽落户社区的条件和要求，并提供配套的落户奖励政策。另一方面，大力拓展现有的大科学装置的应用和辐射作用，比如散裂中子源、南方光源等，推动重大科研装置与现有产业的对接应用，在电子、光学、新材料等领域孵化一大批前沿科学研究项目，不断地形成创新产业链条。

（二）在运作保障上，建立强有力的统筹协调机制

加快建立并完善统筹协调机制，在满足各方发展诉求的前提下，从人、财、物等层面解决以往社区多头管理的问题。一是建立现场指挥部。将以往

横向多头管理的模式改为"指挥部+大创城公司"的纵向管理模式,由市科技部门、松山湖和东实集团抽调人员组成现场指挥部,作为加强社区日常问题统筹协调的议事机构,并由东莞市大学创新城建设发展有限公司(简称"大创城公司")为主执行。二是统筹各方专项资金。统筹各部门日常办公经费、社区改造专项经费、科技部门专项政策资金等,一定限额以下的由指挥部自行使用。三是强化市区两级协调。充分发挥指挥部议事协调的职能,推动市区各部门认真履行各自职责,解决社区建设发展中的各类问题。

(三)在硬件配套上,打造与国际接轨的社区环境

社区要坚持"环境留人"的运营理念,吸引国内外的高层次人才扎根东莞。要持续完善社区的现代化基本生活配套设施,坚持走国际化、现代化、潮流化的生活环境路线,比如现代化的健身房、游泳池、书吧、休闲咖啡厅,以及创意设计的"网红打卡地"等,营造一种让现代人向往的环境和生活氛围。同时,在生活环境中充分加入现代科技元素,比如全面覆盖5G网络、智能人脸识别设施、无障碍实景导航、太阳能自动充电设施等,增加生活的科技感。另外,要配套建设学校、医院、休闲广场、生活公寓、酒店等城市设施,疏通生活及出行交通要道,打造高度便利、高度开放的起居生活环境。

(四)在软件服务上,完善创新创业全链条服务配套

建设和完善创新创业的基本服务体系,从入驻考察、工商注册、税务登记、财务审计等方面提供全流程的配套服务。同时,充分共享现有资源,通过东莞市共享仪器平台的开发和使用,支持全市各类主体向社区入驻单位共享创新资源。特别地,社区主管部门要加大监督和管理力度,针对提供配套服务的中介机构要进行严格筛选和审核,确保服务质量和服务的全面性,确保创新研发项目的快速落地和顺利发展。另外,重点打造高层次人才圈层,建设科学家俱乐部、企业家私董会和培育各类社会组织,通过圈层建设进一步聚集高层次人才,提升社区社会价值与经济潜力。

（五）在专项政策上，建立全流程的配套政策

从项目入驻到退出，建立全流程全方位的配套政策，让有限的创新资源聚焦服务高水平项目。一是建立项目/人员准入规则。针对创新创业项目、高成长企业项目和服务平台项目等制定不同的准入规则，针对公租房和人才公寓制定不同的准入条件，按照规范化的评估流程进行准入评估。二是明确项目扶持措施。从场地空间、科技金融、子女入学、医疗社保等方面为入驻项目提供全方位支持。三是建立绩效考核和退出机制。每年对项目实施情况进行绩效考核，考核合格的可以继续入驻，不合格的视情况清退。四是建立完善收益分配机制。充分发挥新型研发机构和大创城公司等已入驻主体的作用，所招引项目具有良好经济社会效益的，给予招引主体一定的绩效奖励。

二 推进科技企业孵化器高质量发展

企业孵化器是培育研发创新项目和企业的重要载体，孵化器的建设和运营对地区经济的发展具有积极的带动作用。企业孵化器为创业者提供良好的创业环境和条件，帮助创业者把发明和成果尽快形成商品进入市场，提供综合服务，帮助新兴的小企业迅速长大形成规模，为社会培养成功的企业和企业家。科技企业孵化器在20世纪50年代发源于美国，是伴随着新技术产业革命的兴起而发展起来的。企业孵化器在推动高新技术产业的发展，孵化和培育中小科技型企业，以及振兴区域经济、培养新的经济增长点等方面发挥了巨大作用，它在将科技资源迅速转变为社会生产力，培育中小科技企业并助其迅速成长，加速地区和国家产业结构调整，发展高新技术产业，改造传统产业，创造新的就业机会等方面已经显现独特的功能与潜力，孵化器也因此在全世界范围内得到了较快的发展。

孵化器建设是促进科技成果转化和高新技术产业化的重要手段，提供优质的孵化体系服务是创业孵化载体建设的核心要素，服务水平的提升并不仅仅是提供办公商务、创业辅导基础服务。应着力提升咨询、知识产权、工商

财税等专业服务，同时加强研发支撑、人才引进、资本对接等增值服务；促进创新与创业的有机结合，积极培育创新型创业；创新盈利模式，提升创业孵化载体营收能力。

近年来，东莞市积极引导科技企业孵化器健康发展，营造良好的创新创业氛围，科技创新体系不断优化。截至 2020 年底，东莞已累计建成天安数码城、中集智谷等 118 家科技企业孵化器，其中国家级科技企业孵化器 25 家、省级科技企业孵化器 42 家；孵化面积 207.7 万平方米，在孵企业 3709 家，累计毕业企业 2147 家。[①] 东莞市出台孵化器建设配套资助政策，资助孵化器及在孵企业超 5000 万元。

为了持续推动东莞市的创新孵化育成体系建设，支撑粤港澳大湾区国际科技创新发展的顺利进行，进一步推进东莞市孵化器建设走向专业化、体系化、国际化，推动企业技术创新和科技成果转化，促进经济社会高质量发展，按照《广东省科学技术厅关于印发〈广东省科技企业孵化载体管理办法〉的通知》（粤科高字〔2020〕114 号）、《东莞市人民政府关于贯彻落实粤港澳大湾区发展战略　全面建设国家创新型城市的实施意见》（东府（2019）24 号）等要求，东莞市可以以孵化器建设、转型、提档等方面作为切入点，进一步推进科技企业孵化器高质量发展。

（一）持续推进科技企业孵化器的认定和建设

持续鼓励有条件的企事业单位和投资机构通过新建、改造等方式投资建设科技企业孵化器，鼓励发展具有东莞各镇或区域特色、资源基础、与地方产业紧密结合的科技企业孵化器。通过提供物理空间和创业辅导、资源对接等孵化服务，促进科技成果转化，提升企业存活率和科技创新的成长性。同时，要继续完善科技企业孵化器的绩效评价考核制度，对于已经认定为市级、省级、国家级的孵化器要持续保持关注和跟踪，多维度综合考虑孵化器所发挥的作用和成效，引导科技企业孵化器发挥更大的作用。

---

① 2020 年东莞市科技企业孵化器统计数据库。

（二）摸索综合孵化器向专业孵化器的转型方法

目前，东莞市大部分孵化器都是综合孵化器，所提供的服务基本上都是物业管理、工商注册、知识产权等基础服务。随着企业的发展壮大，由于缺乏相应的专业技术人才和专业技术平台，孵化器为企业发展所能提供的服务和技术支持会越来越少。做大做强的孵化器基本上都是专业孵化器，专业孵化器能为入孵企业提供相应的技术支撑，有利于企业成长壮大，所以综合孵化器必须要向专业孵化器转型升级。孵化器要根据自身特点及时选定一个专业方向，然后逐步腾笼换鸟，提高在孵企业的关联度；加大专业人才和管理人才的引进力度，不断提高孵化器管理人员专业水平和服务能力。科技管理部门要加大对专业孵化器的支持，在项目申报、资源对接、招商引资和平台建设方面给予优先支持。

（三）推动孵化器园区的提档升级和高质量发展

目前，东莞市孵化器园区建设也存在产业特色不明显，同质化发展现象比较突出的问题，接下来的工作重点应该是打造孵化器园区的自身特色。目前东莞已经根据不同区域早期固有的产业特点，划分成了五个产业创新发展区域，包括深莞新一代电子信息产业基地、东部高端智能制造产业基地、水乡数字经济产业基地、松山湖生物医药产业基地、银瓶智能机器人产业基地。接下来，东莞要在项目引进、服务落地、产业支持等政策和服务上，以最大的力度和最优的条件给予保障，指导孵化器园区在现有基础上科学合理确定自身的产业定位。在产业的选择上，层次要高、潜力要大，要大力引进高技术含量、高附加值、高成长性的项目，严格把关项目准入标准。

三　打造高水平技术转移中心

目前，全国的技术转移中心主要是集中在一线城市，比如北京、上海。东莞作为传统制造业城市，要快速实现创新和转型升级，必须要引入和打造更多的本土技术转移中心。目前东莞现有的大科学装置、材料实验室等科研基础条件已经逐步完善,高水平技术转移中心的建设和运营,开展产业共性技术难题的研究和攻关,对于促进传统产业向自主研发创新的转型升级、促进科技成果的快速转化具备重要意义。

东莞以制造业闻名国内外,随着创新驱动发展战略的有效实施,各大产业都在逐步向自主研发和自主品牌方向发展,前沿关键核心技术的研究和应用方面显得尤为迫切。高水平技术转移中心的建设和运营,将为企业的发展创新提供指引和促进作用,同时有利于前沿科研成果在产业制造应用端的快速转化,对于地区经济发展具有重大意义。目前,东莞在高水平技术转移中心建设方面也初见成效,其中东莞市中俄国际高技术转移中心(简称"中俄中心")成立于2016年7月,是由东莞市科技局、东莞松山湖(生态园)管委会和清华东莞创新中心共建的专门从事中俄两国间国际技术转移服务机构,通过激活俄罗斯的科研优势资源和东莞的技术和生产优势资源,助力东莞产业转型升级。中俄中心在中国东莞及俄罗斯莫斯科设有办事处,并组建了一支高水平技术转移专业团队,专职在两地开展中俄双方信息、技术、产业和资本的对接工作。中俄中心与莫斯科、圣彼得堡、莫斯科州、新西伯利亚、叶卡捷琳堡、喀山、托姆斯克、符拉迪沃斯托克等地区的20多个俄罗斯政府部门、高校、科研院所、协会建立常态联系机制;收集了超过100个高新技术项目,筛选其中10多个项目深入跟进;走访相关组织、企业超过100家次,与约20家次达成长期合作协议;促成东莞理工学院在俄罗斯成立交流中心;助力东莞高技术企业对俄设备和技术输出;促成俄罗斯新技术工程中心公司在东莞成立医用固体激光实验室。另有多个项目进入实质性谈判阶段,有望近期落地。各项工作初显成效,受到社会各方的关注和认同。为推动我国云计算产业发展,2011年11月中科院与东莞市以共建方式成立了中国科学院云计算产业技术创新与育成中心(简称"中科院云计算中心"),主要是依托中国科学院的技术和品牌优势,以市场为纽带,促进技术成果的转移转化及创新团队的引进,推动各项专利成果转化及产业化,推动中科院云计算中心的市场化进程,加快中科院云计算中心产业化进度,充分发挥中科院云计算中心"国家技术转移示范机构"的作用。根据中科院云计算中心网站信息，中科院云计算中心累计服务企业 1.5 万余家，服务合同总额达 6.93 亿元；孵化企业 227 家，发起 6 只基金，规模 10 亿元；先后荣获国家级资质荣誉 22 项、省级 26 项、市级 8 项；带动社会产值 200 亿元，加快和推动了东莞云计算产业聚集成形。由此可见，东莞持续打造高水平技术转移中心，目前已经具备了一定的支撑条件。

一是科学城建设支撑科技成果转化。东莞的研发创新高地松山湖科学城，目前正重点布局国家级大科学装置，形成大科学装置集群、交叉前沿研究平台、重点实验室等研究实体，相继催生了一批有重大影响的原始创新成果，有效推动了技术成果转移转化。建设完善松山湖科学城是促进东莞科技成果转化的重要抓手，目前已经取得一定的成效，其中松山湖材料实验室先进陶瓷与复合材料技术产业化团队项目获市重大科技成果转化团队项目立项；另外，东莞本地龙头企业东阳光药业联合散裂中子源/东莞市人民医院共建肿瘤治疗临床试验基地，成功开发硼中子俘获治疗（BNCT）肿瘤工程样机。接下来，一方面加速将中国散裂中子源、松山湖材料实验室等大科学装置和大型科研平台的成果推向市场，促进现有科技成果与东莞相关产业的有效对接；另一方面全力推动松山湖材料实验室、中国散裂中子源二期、南方先进光源等重点项目建设，不断地完善配套的基础设施，有效促进产业化。

二是产学研协同技术转移成熟。目前，东莞拥有 30 多家新型研发机构，大部分都是国内知名高校在东莞设置的研究机构或者分支机构，包括北京大学东莞光电研究院、东莞清华创新中心、中国科学院云计算产业技术创新与育成中心、广东电子科技大学信息工程研究院、广东华中科技大学工业技术研究院等。上述新型研发机构大部分集中在松山湖高新区，其中 4 家为国家技术转移示范机构，累计培育科技企业 1600 余家。这些新型研发机构，主要是在生物医药、新材料、电子信息、新能源等领域，均已经取得一定的科研成果，并且在逐步地与东莞本地企业对接开展产业化推广应用。其中，松山湖材料实验室的建设和有效运营，已经产生一定的科技成果，目前已经有 18 支科研团队进驻创新样板工厂，有效地推动了科技成果的转化应用。目前，东莞市共有 4200 余家规模以上工业企业进行了研发机构登记备案，规模以上工业企业研发机构建有率达 42%，其中松山湖高新区规模以上工业企业研发机构覆盖率达 62.33%，R&D 投入占比达 9.46%。①

三是成果转化体系日趋完善。首先，技术市场交易活跃。2019 年东莞市技术合同成交 417 项，成交金额达到 222.07 亿元，其中，松山湖高新区贡献 90% 以上。其次，促进社会化技术转移机构集中进驻。大力鼓励扶持专业化技术转移服务机构建设，目前已集聚国家专利技术展示交易中心、东莞市技术与知识产权服务中心、东莞市知识产权交易服务中心、东莞国际技术转移中心、湾区知识产权运营有限公司等专业机构，以及科学家在线、东莞科技在线等科技创新资源网上平台，成立松山湖国际技术经理人实训中心、诺睿创新研究院"工作坊"、（湾区）创新商业化学院、价值评估与商业谈判（CPVA/CSN）实训中心等，为东莞基地注入具有国际视野的、成熟的、开放与复合型培训资源。此外，松山湖园区也已出台支持获国际认可的技术转移相关认证专业人才在园区就业（给予 10 万元奖励）的政策。最后，创新创业技术转移载体齐全。东莞市拥有各类孵化器 122 家，其中国家级孵化器 23 家，仅松山湖高新区就有 14 家，例如东莞松山湖国际机器人产业基地，已孵化企业超过 90 家，其中高新企业 14 家。②

四是构建了完善的多元化投融资体系。东莞市实施科技、金融、产业"三融合"政策引导银行支持科技型企业融资，设立了信贷风险资金池。2019 年全市发放科技信贷贷款 107 亿元，惠及企业 1503 家，全市 20% 以上的高企（1179 家）获得科技贷款。

五是国际技术转移合作频繁。东莞市与俄罗斯、以色列、加拿大等国家建设了多个国际技术转移协作与资源对接平台，成立相应的技术转移中心促进技术产业化。例如，东莞市中俄国际高技术转移中心已完成激光采血、便

① 《从一个口罩看全链条创新体系》，南方＋，2020 年 9 月 28 日，http：//static.nfapp.southcn.com/content/202009/28/c4097691.html。
② 《2019 年东莞市国民经济和社会发展统计公报》，东莞市人民政府门户网站，2020 年 4 月 8 日，http：//www.dg.gov.cn/zjdz/dzgk/shjj/content/mpost_3032557.html。

携式血凝仪等多个项目在东莞的对接落地工作。

六是建设东莞技转人才培养基地。培养一批专业化、高素质的技术转移人才，是支撑高水平技术转移中心建设的重要保障。依托松山湖科技成果转化中心，建设覆盖全市、辐射粤港澳，打造具有湾区特色的技术转移人才网络；形成以技转人才基地为核心，设有多个区域分中心、多家实训基地的"1＋N"技术转移人才培养基地布局。东莞各区域产业特色鲜明、产业基础雄厚、产业和企业转型升级需求强烈，对技术转移的承接能力强，也对技术转移人才提出强烈需求，要持续构建"研究＋培训＋实践＋考试＋认证＋备案＋评价＋激励"技术转移人才培养体系，培育一支对产业贡献度较高、实践参与度较高的技术转移人才队伍，实现累计培养各级技术转移人才不少于1000人次的目标；引育会聚国内外技术转移行业专家，建设一支系统的、具有丰富实践经验的国际化师资队伍。在广东省科技厅的支持、指导和推荐下，依托松山湖科技成果转化中心，开展国家技术转移人才培养基地建设，这是对松山湖高新区积极投入国家珠三角科技成果转移转化示范区建设的认同与肯定，更是对松山湖继续深度参与粤港澳大湾区国际科技创新中心的鼓励与鞭策。

东莞市打造高水平技术转移中心，主要是围绕东莞产业发展需求，充分利用国内外科技创新成果，推动一批高水平技术转移单位集聚东莞，吸引国际先进技术、人才和项目落户东莞，致力于打造面向世界、辐射全国，集聚粤港澳大湾区的国际技术转移枢纽。

B.8
东莞市立体式产学研合作深化与融合

黄校林　刘小龙*

摘　要：　近年来，东莞市大力深化产学研合作，不断加强企业、高等
院校、科研院所在人才培养、科研攻关、科技成果转化及产
业化等方面的合作，推动科技成果转化，加快科技创新步
伐。本报告对东莞深化产学研合作的工作成效和短板不足进
行剖析，从共建科技创新平台、共担科技计划项目、共创科
研成果、共育科技创新人才四个方面思考未来发展方向。展
望未来，东莞将持续进行立体式产学研合作深化与融合，并
始终坚持知行合一、立德树人的理念，坚持"四个坚持"，
积极打造人才培养高地，构建"二三四"产教协同育人模
式，探索"四加强"强化模式，充分利用大湾区、大平台、大
产业的独特优势，合力培养高素质应用型创新人才，打造政
产学研合作新典范。

关键词：　产学研合作　产教融合　协同育人

一　概述

产学研是生产、教学、科研相互合作，充分利用各自资源，在各自优势

---

* 黄校林，东莞市电子计算中心中级信息系统监理师，研究方向为科技发展与科技政策；刘小
龙，东莞市电子计算中心副主任，工程师，研究方向为科技服务与企业创新管理。

上协同与集成，形成教学、研发、生产一体的合作关系，在经营过程中互相支持、互相配合、深度融合，促进技术创新的有效结合。产学研合作的建立，标志着学校、企业、研究机构建立联动机制，本着互惠互利共赢原则，多加强沟通交流，力争在产业孵化、成果转化等方面实现更大突破，促进校企融合发展。具体模式包括技术创新区域联盟、政府合作、公开化创新平台等。其中，技术创新区域联盟是按照资源共享、优势互补的原则，集合众多高技术、有竞争力的企业，形成一个产业技术创新合作关系。政府合作则由政府引导建立地方研究所、地方重点实验室、地方研发技术工程中心等创新机构。公开化创新平台由各机构根据自身资源优势，在公共创新平台提供相应的服务与资源，促进有关联的技术机构聚集。

二　产学研合作目的与意义

产学研合作通过发挥高校科研院所的科技研发、人才智力优势和地方产业经济优势，加强科技交流与合作，实现人才、技术、项目与地方产业资本相结合，为经济社会发展提供更高水平、更高层次的科研成果和创新服务。东莞市深化产学研合作的总体目标是通过产学研合作，抢抓"三区叠加"的重大历史机遇，加快推进学校高层次科研平台建设，促进多学科协同发展，深度融入大湾区先行启动区建设，推动传统产业技术转型升级，加快战略性新兴产业发展，逐步建立以市场为导向、以企业为主体、以高校与科研院所为技术依托、以产业化为目标的产学研合作新机制，不断提高引进—消化—吸收—再创新能力，积极打造高层次人才聚集平台，聚焦学科建设、聚力科技创新，走出一条有东莞特色的自主创新发展路子。

三　发展方向

深化产学研合作主要有四个方向，分别为共建科技创新平台、共担科技计划项目、共创科研成果、共育科技创新人才。

（一）共建科技创新平台

1. 鼓励以企业为主体的产学研合作，建立"开放式产业创新"生态

深入贯彻落实创新驱动发展战略，聚焦产业发展重大需求，持续优化创新资源配置，促进产学研用一体化，以创新带动关键核心技术突破和产业高质量发展。一是打造产学研一体的制造业创新发展载体。目前，已围绕新一代信息技术、高端装备等战略性新兴产业，布局建设多家省级制造业创新中心，为粤港澳大湾区深入开展产学研合作提供平台支撑。二是引导港澳创新机构积极开展科研项目，对港澳地区机构给予政府资金资助支持。推动重大科学基础设施、科普基地向港澳开放。三是深化产学研合作。重点围绕科技创新中心建设，联动实施省市重点研发计划、合作重大项目等。

2. 建立服务大湾区的应用研究及转化平台

贯彻落实《关于贯彻落实粤港澳大湾区发展战略全面建设国际创新型城市的实施意见》（东府〔2019〕24号）以及大湾区综合性国家科学中心先行启动区总体部署，加快建设粤港澳大湾区国际科技创新中心，引导各单位建立研发机构，提高研发水平，以创新平台建设为抓手，下大力气补齐高端创新资源匮乏的短板，大力强化源头创新，促进知识创造，推动科技成果有效向产业转移转化。一是对标最高最好最优建设市实验室，为争取国家实验室在粤布局打下良好基础；二是推荐上报国家级技术创新中心；三是优化布局建设新型研发机构，对吸引创新人才、加快创新发展起到积极引导作用；四是加强科技成果转化，改革创新券模式，吸引港澳服务机构为东莞企业服务。

3. 鼓励设立知识产权交易平台、估值公司、从事知识产权投资的创投公司

努力完善知识产权公共服务平台。一是营造东莞市知识产权运营建设氛围，努力提高全民知识产权保护意识，并建立起多家专业服务机构的知识产权运营骨干网络。二是围绕粤港澳三地知识产权服务融通、保护及运用，推出一系列激励措施，鼓励港澳企业在大湾区落户。此外，港澳知识产权担保融资贷款与内地享受同等待遇。三是支持引导设立重点产业知识产权运营基金。

4. 鼓励"产学旋转门"文化，让教授们多"下海"

在培养人才及高端人才交流上，鼓励大学教授、科学家、企业家及科技人员之间的流转和交叉任职，使科研更好地匹配市场需求。一是加快完善全市创业孵化政策体系。大力支持高校教授和学生创新创业。二是着力打破制约创新发展的体制机制障碍。强化企业家在科技创新中的重要作用，将高新技术企业、新型研发机构的法定代表人或创始人、董事长、总经理等人员作为科技型企业经营管理者，列入认定高层次人才范围。

5. 鼓励国际产学研交流

广东省大力加快国家科研创新中心建设，不断深化科技创新开放合作，以全球视野谋划和推动科技创新。一是深化粤港澳创新合作。充分发挥两地科研力量的优势，促进两地产学研合作和创新规则对接。二是完善多层次国际科技合作机制。积极开展与世界创新型国家、共建"一带一路"国家及"关键小国"的科技交流与创新合作。通过人工智能大会等系列高端交流活动，大力将国际高端资源"引进来"，推动东莞市企业和科研机构"走出去"。

6. 深化联合培养工作机制，推进高层次人才服务向纵深发展，共建科技创新平台

第一，建设广东省研究生联合培养基地。研究生工作站是企业与高校产学研合作的重要平台，也是高校研究生培养的重要创新实践基地。经广东省学位办批准，东莞市名校研究生培养（实践）基地成为广东省研究生联合培养基地（东莞基地），2019～2020年获124个全日制研究生联合培养指标，为松山湖材料实验室18个团队输送了45名研究生，满足了新型研发机构与企业对人才的需求。

第二，深化电子科技大学"东莞专项"服务。"东莞专项"作为校地共建进行研究生培养的积极探索，被电子科技大学纳入高校招生简章，2018～2020年共为东莞输送了124名研究生，成为东莞吸引高层次人才的重要通

道，推动了科研能力在创新中培养，形成"论文写在产品上、研究做在工程中、成果转在企业里"的高层次人才培养新路子，得到学校、企业、研究生的高度认同。电子科技大学对 2018 级联合培养研究生实践企业的调查表明，企业对研究生总体表现的满意度为 100%。

第三，持续推进研究生联合培养（实践）工作站建设。研究生是国家培养和造就的优秀专业人才，研究生联合培养（实践）工作站建设，更能发挥培养和引进青年优秀科研人才、促进产学研合作、推动产业发展作用。东莞市历来高度重视研究生实践工作，不断优化研究生培养扶持政策，加大扶持力度、完善扶持措施。2020 年共有 10 家企业成功通过研究生联合培养（实践）工作站认定，研究生联合培养（实践）工作站总数达到 36 家。研究生联合培养（实践）工作站建设，推动企业建立研究生联合培养长效机制，为科研创新人才的引进和培养奠定了坚实基础。同时，将加快全国专业学位研究生联合培养开放基地建设，打造高水平的研究生培养公共平台。大力争取全国工程教指委的支持，建设全国专业学位研究生联合培养开放基地，形成品牌示范效应，带动更多高水平的高校院所与东莞市建立研究生联合培养（实践）合作，争取更多研究生联合培养指标，打造高层次人才发展新格局。

（二）共担科技计划项目

1. 科技计划体系

2020 年突如其来的新冠肺炎疫情，给东莞制造业造成了冲击，也催生了很多产学研合作的新需求。越来越多的莞企认识到，想要在疫情影响下继续发展，就必须向科技借力。为了应对疫情冲击，拥抱新蓝海，东莞科技体系本身也在不断持续改进。

《东莞市科技计划体系改革方案》首次对东莞科技计划进行全面梳理和系统重构。自 2006 年启动"科技东莞"工程以来，东莞组织了一批科技计划项目，但随着社会发展，原有的计划呈现系统布局不足、整体布局不足、联动协同不足、项目管理不足等弊端，亟待创新重构。根据改革方案，改革后的"十四五"科技计划体系布局为"一个方案、六大专项、二十一类科技计划项目",其中一个方案是指东莞市科技计划体系改革方案,六大专项包括源头创新专项、平台载体专项、科技人才专项、技术创新专项、企业培育专项和成果转化专项。

与过去不同,新的科技计划体系突出系统性和整体性。东莞从建设国家创新型城市顶层设计的角度,针对长期以来存在的科技资源碎片化问题,营造基础研究—应用研究—技术创新—成果转化全链条创新、全科技创新要素的科研氛围;针对创新服务平台、技术人员、企业生产能力、技术发展、科研成果落地等要素进行建设。新的科技计划体系还突出东莞特色,充分发挥散裂中子源等大科学装置和松山湖材料实验室等重大公共创新平台优势,依托中科院等国家级大院大所,提升东莞科技创新层级,积极参与综合性国家科学中心建设。

2. 科技项目新支点

传统产业遇困,外贸出口下滑,疫情倒逼着东莞制造业培植新的增长支点。而这些新支点,也正是产学研合作的新高地。在口罩机、核酸检测、体温测量等领域,疫情催生了很多新的需求,东莞企业与科研院所抱团合作,向"疫"而生。广东省智能机器人研究院的工程师们连夜攻关,研究设计出高速全自动平面式口罩生产线,为东莞口罩生产企业提供强力的技术支撑;作为口罩的核心原料,熔喷布供应一度极为紧张,松山湖材料实验室研制出新型口罩滤材,性能优于熔喷布,将有助于缓解熔喷布供应难题。诸多莞企主动向科研院所借力,修炼"内功",加快新产品研发。

根据《东莞市重点新兴产业发展规划(2018—2025年)》,东莞未来将发力重点新兴产业领域。到2025年,五大重点新兴产业领域发展成为新支柱,重点新兴产业规模年均增长18.6%以上,总规模超过40000亿元。这些新兴产业,同样也是东莞产学研合作的新支点。2019年,东莞高企数量增长至6217家,居全省地级市首位;全市规上工业企业研发机构建有率达42%;成果转化的市场活跃度明显提升,2019年全市合同成交额、技术交易额同比分别增长11倍和13倍,居全省地级市首位。

在科研创新和产学研合作上先行一步的企业，已然尝到甜头。早在2007年，优利德科技（中国）股份有限公司就启动校企合作项目，并在东莞、成都两地分别设立研发机构。疫情发生后，只用短短一个月，研发出系列测温新产品，国内外订单火爆。散裂中子源、松山湖材料实验室等大装置大平台的落地，国内外顶尖科研团队的聚集，正在东莞营造源头创新的良好生态，让开拓性、引领性的创新成为可能。疫情之下，东莞挺进产业发展新蓝海。

3. 科研项目联合实践

以校企双导师为依托，推进科教融合与产教融合培养模式，引导高校院所与企业联合开展科学研究，发挥各自优势，促进科研成果转化为生产力。目前，研究生到莞联合培养实践参与的企业科研项目约105项，包括红珊瑚药业与广东医科大学联合研发的"普拉克索透皮贴剂"、科隆威与华南理工大学联合研发的"基于机器视觉的智能手机玻璃盖板表面典型缺陷的自动光学检测设备及其关键技术"、宜安科技与香港中文大学的"可降解纯镁材料生物相容性研究"等一批产学研项目。2020年的抽样调查显示，120名研究生在莞培养（实践）期间，共发表论文212篇、取得专利135个。2020年共走访企事业单位50多家，新增55家企业纳入研究生联合培养（实践）体系。发布全市项目需求征集通知两次，共收集到企业项目需求252项，平台研究生人数需求共758名。目前参与研究生联合培养（实践）的企业达187家，覆盖新一代电子信息、生命健康与生物技术、高端装备等重点新兴产业领域。

（三）共创科研成果

当前，粤港澳大湾区创新体系建设正大力推进，通过引导及推进新兴产业技术发展，推动更多人创新创业发展，打造技术创新强势地区。东莞位于粤港澳大湾区核心轴，全市形成了覆盖30余个行业和6万余种产品的比较完整的制造业产业体系。未来，东莞将围绕产业链部署创新链，围绕创新链布局产业链，加快构建源头创新、技术创新、成果转化、科技企业培育四大创新体系，依托松山湖材料实验室等重大创新平台，大力发展新材料等战略性信息新产业，加速科技成果向现实生产力转化，加快建设先进制造业城市。

东莞调动广大群众的创新积极性，通过实施创新资源汇聚计划、创新成果转移转化机制、建立学术交流与合作平台，不断提升东莞科技创新能力和水平。同时，东莞加快建设松山湖科学城，推动新型研发机构提质增效，在创新功能上各研发创新机构优势互补，协同发展，共同努力实现科研成果落地。

（四）共育科技创新人才

1. 人才培育方向

产教融合、校企合作的本质是人才培养的定位——培养学生社会责任感、创新精神和实践能力，以适应高端技术技能岗位要求。发挥各自优势对人才进行订单培养，来实现可持续发展能力的高素质技术技能人才培养与创新，坚持素质发展、整体性发展。

随着人工智能、大数据时代的到来，产教融合通过重塑育人场景和模式、变革育人过程来适应新一轮科技革命和产业变革及新经济发展的需要，以便更好地服务社会。

2. 政策体系建构

为保障研究生联合培养（实践）顺利推进，东莞市加强了顶层设计，现已形成"1＋1＋4"政策体系。2019 年，"1＋1＋4"政策体系汇编发布，其中《东莞市名校研究生培养（实践）基地研究生联合培养（实践）工作实施方案》形成研究生培养（实践）总体工作的指导思想，《东莞市研究生培育发展专项基金使用操作规程》保障了研究生补助、管理机构补贴、工作站补助等财政资金使用安全高效，《东莞市名校研究生培养（实践）基地研究生培养（实践）管理规程》《东莞市名校研究生培养（实践）基地研究生培育管理机构管理规程》《东莞市研究生联合培养（实践）工作站认定与管理规程》《东莞市名校研究生培养（实践）基地导师管理规程》等 4 个管理工作规程，明确了研究生、培育管理机构、研究生工作站、高校导师与企业导师的主体职责，细化了考核标准，保障了培养过程中各个环节的紧密配合。

3. 政策实施推进

（1）以大科学装置为核心推进基础研究

围绕东莞市"1+1+6"工作思路，聚焦大湾区综合性国家科学中心先行启动区（松山湖科学城）建设，以人才输送推进基础研究平台建设，通过到高校向高校导师专场宣讲东莞基础研究情况及政策等实地走访调研活动，推动高校与基础研究平台深入合作。并每年到中子科学中心、松山湖材料实验室专场对接几次。2019~2020年共为中子科学中心、松山湖材料实验室输送了234名来自中国科学院大学、电子科技大学等培养单位的联合培养研究生。

（2）以企业需求为抓手推动人才培养

面向高端智能装备制造、生物医药、新一代信息通信等东莞市十大产业，以镇街专场宣讲推广、实地走访等方式，推动300余家企业（新型研发机构）参与研究生联合培养（实践），其中303家企业大部分为高新技术企业；14家新型研发机构，占东莞市已认定33家新型研发机构的42.4%。通过向全市企业发布项目征集通知、电话咨询、实地调研等，了解企业的项目和人才需求，再按照不同行业对需求进行分类，对接符合要求的高校。截至2020年，共推动128所高校参与研究生联合培养（实践），其中签订联合培养合作协议的高校有40所。

4. 联合培养实践

加大研究生联合培养（实践）力度，争取资源支持，共育科技创新人才。①应社会发展趋势，推进医学类高校研究生联合培养工作。2020年推动卫健系统医学类研究生纳入东莞市名校研究生联合培养（实践）补助范围，推动研究生联合培养扩大至广东医科大学等医学类高校。现已与14家东莞医院达成联合培养（实践）合作意向，市人民医院、市中医院、市妇幼保健院、东华医院等三甲医院覆盖率达到100%，为改善民生福祉、打造

"湾区都市，品质东莞"提供了有力保障。目前已有49名医学类研究生进驻名校研究生基地。②立足大湾区建设，推动研究生联合培养。2020年走访了兰州大学、兰州理工大学、广东药科大学等8所高校，接待了甘肃理工大学、中国农业大学等9所高校，商讨推进研究生联合培养（实践），其中中国农业大学与东莞市签订研究生联合培养（实践）合作协议，目前研究生联合培养（实践）合作高校已达40所。③创新合作方式，支持各高校院所协同培育研究生。支持各高校院所外引内联，以国家和地区重大发展战略、关键领域和重大需求为牵引，结合自身优势，共同推进研究生联合培养。2017~2020年，东莞理工学院与广东工业大学、深圳大学、华南理工大学等高校联合培养研究生1131名，大大提升了高校协同育人水平。④促进研究生留莞创新创业，增强经济发展内生动力。一是研究生留莞创新。2019~2020年在东莞完成培养（实践）毕业的研究生有251人，其中98人留莞就业，受到华为、松山湖材料实验室等重要创新载体的招揽，2019年留莞研究生进入华为的有26人，占当年就业研究生的比重为41.3%。二是研究生留莞创业。科隆威2005年开始与华南理工大学开展研究生联合培养合作，15年来共培养了50余名硕士、博士，其中多名研究生留莞创业，卢盛林博士创立了广东奥普特科技股份有限公司（简称"奥普特"），王华创办了东莞科视自动化科技有限公司，邓俊广创办了东莞康视达自动化科技有限公司。2018年以来奥普特也开始参与研究生联合培养（实践），共引入了20名研究生参与企业科技研发，并有3名研究生留企工作，2020年奥普特成功上市。

四　展望未来

产学研合作是新形势下企业发展进步的内在要求和实现双赢的战略举措，既是当务之急，又是长远大计。学校可以更好地发挥自身的人才和技术优势，而企业则能更好地发挥资源和市场优势，以产学研合作基地为载体建设，走合作发展之路，在合作中创新，为双方发展带来新的活力、新的理念。

东莞要始终坚持知行合一、立德树人的理念，做到"四个坚持"，积极打造人才培养高地，构建"二三四"产教协同育人模式，探索"四加强"强化模式，充分利用大湾区、大平台、大产业的独特优势，合力培养高素质应用型创新人才。

（一）做到"四个坚持"，打造人才培育高地

坚持强化顶层设计，不断完善制度建设。以制度建设为主要抓手，大力构建研究生管理和培养体系，切实保障研究生培养质量，先后出台了系列制度文件，全面规范招生、培养过程管理，为培养高层次应用型人才提供充分的制度保障。

坚持面向地方需求，不断提高服务产业能力。加强与产业的密切联系，主动寻求龙头骨干企业、新型研发机构合作。鼓励研究生深度参与基地中心实施的科技产业创新服务东莞专项行动，立足企业具体技术需求，联合开展技术攻关，推动校企合作深度融合，助力提升东莞专业镇、高新技术企业等的科技创新能力。依托应用型研发项目深挖技术需求，通过高水平的应用研发项目带动各方导师共同培养研究生。

坚持多主体联动，积极构建协同育人模式。在培养过程中强化东莞理工学院建设主体作用、发挥合作高校生源优势和指导作用、调动示范点的积极性和主动性。多措并举为基地建设和研究生培养创造有利条件；完善组织机构建设，提升科学研究水平，大力培育和建设重点科研项目和科研平台；设立专项经费，全力支持研究生培养条件建设。

坚持专兼结合，建设高水平导师队伍。打造基地中心高水平导师队伍，从具有一定行业背景的引进高层次人才和专任教师中，严格遴选一批师德高尚、业务水平高的研究生导师，他们都是掌握智能制造领域工程技术的"杰出人才""学科领军、骨干人才"和"产业精英人才"，长期从事技术研发。着力建设高素质产业导师队伍，积极从合作企业中遴选一批具有丰富工程实践和技术研发经验，又有志于开展研究生培养的人员担任研究生兼职导师。

（二）构建"二三四"产教协同育人模式

协同创新平台双导入：先进技术体系、先进生产设备。利用平台的先进技术体系和先进生产设备，实现产教融合的"三延伸"：向上延伸高端学术资源与高层次人才，向下延伸深耕企业，服务企业，向内延伸整合创新资源，交叉融合。东莞基地充分利用具有"造血"功能的重大协同创新平台如东莞市横沥模具产业协同创新中心，集合众多优势资源，充分发挥自身优势，为企业高技术发展提供有力支撑，为产业转型升级提供科技创新支撑和公共服务；充分利用中国散裂中子源、松山湖材料实验等创新资源，积极推动东莞产学研合作发展，共同推进人才培养、科学研究和实验资源共享等；遴选 55 家企业作为东莞基地创新培养示范点，负责研究生实践能力和项目研究工作的具体实施。

研究生发展三方向：技术服务、技术管理、技术研发。研究生积极围绕产业需求，分析和研究需要攻克的关键技术和共性技术问题，提供技术开发、技术咨询和技术服务等。通过这三方向的积极引导，东莞基地不断加强服务地方产业、企业发展的能力，推动校企合作深度融合，探索建立政、校、企、研有机联合的科技创新体系，建立健全科技成果转化机制。基地研究生参与了 50 余家企业的技术攻关，深度参与企业研发，从研发、服务到管理，给企业带来了超过 4000 万元的经济效益，协助企业加快成果转化的进程，加速了企业的成长。

专业实践四层次：基础实验、实践提高、实践创新、工程应用。研究生在导师的指导下，在完成基本课程之后，先在基地中心或企业进行基础实验，根据企业的课题需求，扎根企业进行专业实践；企业导师引导研究生将理论与实践结合过程中研发新产品、新作品、新方案、新对策等，构筑实践形态的高层次路径，不断推进专业学位研究生进行专业实践，确保实践与工程应用无缝连接。东莞基地充分利用基地中心政策和地方经济发展的优势，结合科技创新服务东莞专项行动，深度参与基地中心选派的 51 支科技创新服务小分队和 14 个博士工作站的产学研活动，服务企业超过 200 家，服务范围囊括东莞辖区内 12 个专业镇街，与企业启动了超过 50 项科技研发项目。研究生在实践中提高、在实践中创新，加速工程应用进程，拓展服务东莞产业经济发展的广度和深度。

（三）探索"四加强"强化模式，促进产教融合良性发展

加强需求牵引。东莞瞄准国内外学科发展前沿，重点围绕东莞支柱产业和战略性新兴产业，根据国家、区域科技和产业发展需求，继续强化"技术攻关导向"的培养机制，以解决行业技术难题为目标，强化企业与人才培养需求，加强与地方产业市场需求对接，深度挖掘产业优质资源，积极促进企业良性发展。

加强平台支撑。依托基地中心建立的新型产业学院、重大协同创新平台，推动产学研协同创新。继续依托新型研发机构、龙头骨干企业、东莞专业镇街（园区）、现有的工程技术研究（开发）中心和重点实验室、东莞的科研院所、国家级产业/科研基地、行业协会等建设示范点，积极推动东莞产学研合作发展，共同推进学科建设、人才培养、科学研究和实验资源共享等，实现"实验资源共建共享、人才培养互为基地、成果转化互为促进"。

加强学科资源。大力开展学科建设工作，重点建设机械工程、计算机科学与技术、化学、化学工程与技术、材料科学与工程、电子科学与技术、光学工程等与东莞产业密切相关的优势学科；重点打造智能制造、绿色低碳、创新服务三大学科专业集群，打造学科专业集群坚实基础。以学科建设为龙头，凝练学科方向，优化学科布局，注重学科交叉融合，发挥学科特色，做强学科紧固，进行关键技术与产品研发和企业服务，让研究生把论文写在祖国的大地上，把创新成果转化在南粤大地上，为大湾区经济发展提供强有力的智力支撑。

加强主体作用。积极探索建立政、校、企、研有机联合的科技创新体系。坚持学科与育人、产学研与应用、人才与就业三位一体主体作用，以基地中心建设为关键核心点，保障研究生培养质量。继续强化企业主体作用，建立健全科技成果转化机制，建立点线面体结合的产业服务链体系，以示范

点/新型产业学院/协同创新平台为载体，以点带面积极引导企业加大创新投入。加强技术创新示范点的培育和推广工作，形成一条与产业深度融合的人才培养道路，打造人才与平台—创新实践—市场与社会的服务地方产业的经济通道，为企业输送人才提供可行性路径。不断整合资源，形成合力，全面构建实践、科研、管理、服务、文化、资助育人体系。

B.9
东莞市多层次科技金融创新与发展

张江清　赵　明　肖竣仁*

摘　要：　近年来，东莞市深入推动科技金融业务的发展，大力推进科技金融融合再上新台阶，引导科技创新和金融创新双擎驱动。本报告系统性地分析了东莞市科技金融发展的成效、机遇与挑战、短板，并着力从构建科技金融信贷体系、优化金融服务策略、壮大资本市场的"东莞板块"三个维度进行探讨。通过对科技金融理论、科技型中小企业融资理论、企业生命周期理论的研究与分析，提出东莞推进多层次科技金融创新与发展的实施路径，得出研究结论如下：①优化科技金融服务体系，是促进东莞市科技创新发展的关键路径；②扶持发展政策性科技金融机构，是统筹科技金融资本的重点工作；③搭建覆盖全市的科技金融服务网络体系，是优化东莞市科技金融服务体系的关键；④设计完善贷款授信要素评估模型，为科技金融机构投资贷款提供参考，可以有效地降低投资风险；⑤优质科技项目和科技企业培育，是发展东莞市科技金融的可持续之路。

关键词：　科技金融　科技信贷　风险投资

---

* 张江清，东莞市电子计算中心项目服务部部长，高级工程师，研究方向为企业研发管理体系与科技金融；赵明，东莞市电子计算中心副主任，助理工程师，研究方向为科技金融；肖竣仁，研究方向为财务管理与科技金融。

一　研究综述

（一）科技金融的概念

本报告中"科技金融"指通过创新性地改革地方财政对科技的投入模式，引导和促进各大银行、证券机构、保险类金融机构及不同性质的创投资本，创新性地配置金融产品，改进金融服务模式，搭建金融服务平台，实现创新链条与金融资本链条在科技领域中的结合与应用，为全生命周期各阶段的科技型企业提供金融服务的系列制度和政策安排。

（二）科技金融相关主体研究

检索到的相关文献中，科技金融领域关键词出现频率由高到低分别是科技金融、风险投资、科技类保险、科技银行、风险投资机构等。可见，科技金融理论研究，首先要对科技金融参与主体进行研究。

1. 科技金融相关主体

资本市场和资产评估机构、资产管理顾问公司、投资银行、知识产权交易机构等各类社会中介组织是发展科技金融的必然要素。赵昌文等专家学者对科技金融的参与主体，以及政府财政资金在科技领域的投入、创业风险投资、科技贷款和科技保险、科技金融保障环境等科技金融体系的要素构成做出了详尽的研究，得出科技金融的参与主体应包含以下相关机构。

（1）创投引导基金。这里所指的创投引导基金主要指由政府投资设立、以市场运作为主的非营利性基金。这类基金已成为政府引导和发展科技金融业的重要模式，其目标是为高技术领域的创业企业提供初期孵化资金。政府通过让渡收益的方式吸引社会资本关注并投入科技领域，从而达到提高科技成果产业化的效率和成功率的目的。

（2）商业银行设立的科技支行。由传统商业银行设立，通过创新金融产品设置、创新运营管理模式来满足科技企业的发展需求。结合科技创新的高风险性，政府一般要求科技支行在风险管控上采取相对宽松的政策，无论是在信贷审核上，还是在其他贷款业务上，更加侧重企业的技术、产品系列、营销和商业模式等非财务信息，同时在科技金融产品设计上，注重债权融资、债权与股权混合的融资模式。

（3）风险投资。风险投资是目前民间资本参与科技创新最活跃的金融模式，这是政府通过出台各种政策最希望达到的效果。风险投资相比其他科技金融模式，具有高风险和高收益的特征，这与高新技术创新所存在的风险和收益是等同的，因此风险投资与科技创新就像两个存在必然联系的极，互相吸引，这也是风险投资机构为何青睐科技创新领域的原因。

（4）科技保险和政策性担保。地方政府为了扶持区域科技创新，在科技金融发展上往往会设立相关机构为科技贷款提供担保，或者为科技贷款购买科技保险。运营模式上，政策性担保机构除了为科技贷款提供担保外，还通过成立风险补偿资金等方式，为科技金融机构分担风险压力，其目的是促进这类机构提高科技贷款的效率、增强科技贷款的信心。

（5）科技金融相关的中介机构。信用评价机构、资产评估机构、律师事务所、会计师事务所、融资担保机构等都是科技金融体系中的中介机构。其作用是增强科技金融主体之间的信息互信互通、实现科技金融资源的有效配置、发挥科技金融资源的积极作用。

2. 运行保障机制

科技金融运行保障机制包括社会、市场和政府三方面。第一，社会机制是指各类社会关系网络对科技创新主体融资存在的直接或者间接的影响；第二，价格形成过程、供求关系、竞争关系构成了市场机制的核心；第三，政府机制包括出台相关引导政策以及完善扶持资金过程管理。

（三）科技金融对科技创新的影响

1. 科技创新理论认知

熊彼特在1912年发表的"经济发展理论"中对创新的理解是：将新方

法、新技术、新思维通过一定的方式引入到现有的社会生产和分配体系中，从而促进各种生产要素在相关主体中进一步组合和优化。其涉及的创新理论包含了技术创新、内部管理机制创新、社会经济体制和观念创新，使得人们对创新的理念有了新的认知。

2. 科技金融对科技创新的影响

AnaPaula Aria 的研究成果表明，风险投资与企业的科技创新两者之间存在着非常紧密的内在联系；[1] 欧美等发达国家的实证数据也充分表明，科技型企业的专利申请量与风险投资额度有明显的关系，申请量受风险投资金额的影响特别显著，相关因素表明风险投资资金是创新型企业实现科技创新的内生变量。总的来说，科技金融的发展，对区域或企业的科技创新都能起到正向的作用。

（四）融资理论

根据工信部发布的《关于印发中小企业划型标准规定的通知》等政策，企业从业人员少于1000人或者应收低于4亿元的科技型企业，统称科技型中小企业。[2]

1. 科技型中小企业的融资特征阐述

（1）资金需求量较大

科技成果的研究与转化的难度和不确定性，决定了科技型中小企业对资金的需求量较大，同时在产业化阶段也需要大量的资金投入，各种客观因素决定了科技型中小企业在整个发展过程中，对资金的需求量是递增的。

（2）缺少抵押物

由于不需要大量的设备和厂房建设等固定资产投资，科技型中小企业往往缺少固定资产作为抵押物，特别是处于初创阶段的高科技企业，这导致了科技型中小企业向商业银行获得信用贷款的概率较低。同时，由于缺乏专业

---

① Alexandra Guarnieri, LIU Pei, "To What Extent do Financing Constraints Affect Chinese Firm's Innovation Activities", *International Review of Financial Analysis* 2014（36）：223－240.

② 《科技型中小企业评价办法》（国科发政〔2017〕115号）。

的技术经纪人对新技术、新产品进行有效评估，增大了银行机构开展融资担保的难度。

（3）外部融资的依赖大、潜在投资收益高

科技型中小企业在经历了前期的新技术、新产品研发的蛰伏期后，一旦被市场认可，企业的发展将进入快车道，在快车道上将面临资金流需求与企业快速发展需求不匹配的矛盾。这个阶段往往是企业在快车道上发展越迅速、市场前景越好，其对资金的需求就越大、对融资的需求也越迫切。

新技术和新产品一旦占据市场，在资金的强力支持下，很容易形成快速垄断的市场竞争先发优势，这个阶段企业比较容易进入爆发式增长期，从而为其估值带来突破性的增长，回报给投资者丰厚的利润，尤其是小部分成功IPO的科技型企业。

2. 融资困境剖析

（1）国内银行对信贷配给持保守态度

在国内，政府对银行的贷款利率实施管制，再加上银行对高新技术领域的评估缺乏专业性等，为了降低坏账风险，银行普遍选择对科技型中小企业提供的贷款进行数量管制、审批流程管制等非价格壁垒，限制信用贷款市场的准入条件，其主要手段包括提高信贷门槛和加大信贷成本。根据各大银行垂直审批体系，科技型中小企业很容易在银行的信贷决策中，与大型企业在获取信贷资源的竞争中被排挤出信贷市场。

（2）产业集聚程度低

研究表明，产业集群发展有利于科技金融要素的集聚配置，从而为改善科技型中小企业的融资难题提供可能。产业集群发展通过整合产业规模，促使银行的放贷业务集聚，从而降低银行信贷成本、提高综合信贷收益。

（3）金融机构对新兴产业融资缺乏保障措施

Allen等提出的"新兴产业融资模型"的观点是：不同的科技型企业，总能存在一种最合适的融资方式，但是没有一种融资方式能对所有的科技型企业都特别有效。

新兴产业融资模型提出，国内科技型中小企业面临融资难题：第一，政策性金融配给缺失，主要体现在起步阶段的科技型中小企业的融资担保体系不完善、各种措施尚处于探索阶段；第二，国有政策性风险投资基金缺乏，主要体现在财政出资后无法导入市场体系，未形成完善、规范的体制机制。直投领域中，无论是投资规模和投资方式，还是技术经纪人和风投配套体系的建设，都存在诸多不足。这就导致了在我国风险投资体系中政府的作用尤为明显，却忽略了天使投资人、保险公司、养老基金等市场化主体。

（五）企业生命周期理论下的科技金融服务模式

1. 关于企业生命周期的定义

英国著名的经济学家马歇尔认为，企业都有一个必然的过程，这个过程包括初创期、成长期、成熟期和衰败期。戈登尼尔首先开展了对企业生命周期理论的系统性研究，并指出企业能够在动态发展中实现对自身的更新与重塑。20世纪以来针对企业生命周期理论的研究一直没有间断过，并结合不同组织形态的企业组织模型的演化，形成了十多种具有代表性的企业生命周期模型。普遍被学者接受的核心观点如下：企业的生命周期跟有机生命体一样，都必然会经历一个从生存到消亡、从弱小到强大、由兴盛到衰退的演化过程。

2. 关于企业生命周期的阶段性划分及其对应的融资方式

国内学者普遍将企业生命周期划分为种子期、初创期、成长期和成熟期等四个阶段，相比较来说，国外相关学者对企业生命周期进行了更详细的划分，如图1所示。

（1）种子期企业及其融资方式

科技型企业在种子期的活动是开展技术研发和产品的开发。这个阶段可以理解为处于技术研发的中后期阶段，该阶段的科技型企业研发支出大，且未形成稳定的收入来源、企业经营失败率较高，如果新产品未能满足市场需求，最终企业将大概率在这个阶段退出市场。

种子期科技型企业的融资模式一般以"天使投资+孵化器"的组合模式为主。由于未形成持续创收的稳定产品，甚至是技术研发都还未能被

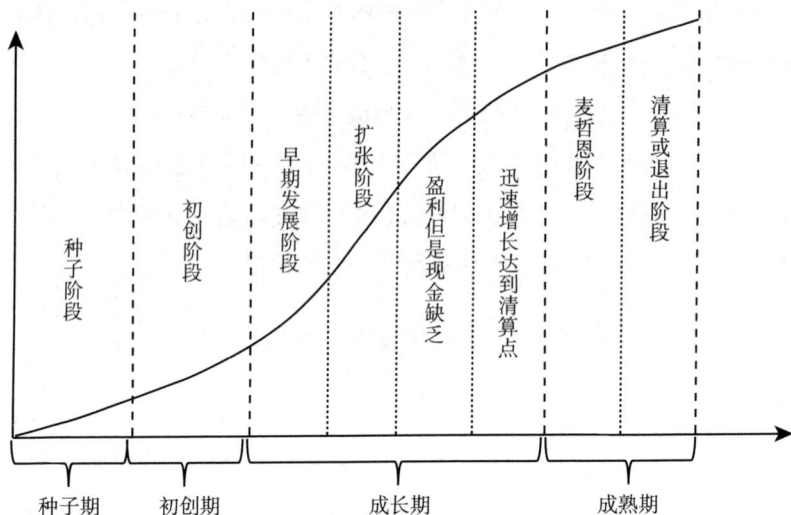

图1 企业生命周期

资料来源：赵昌文：《科技金融》，科学出版社，2009。

市场所接受，所以种子期科技型企业失败的风险特别高，这个阶段的资金投入往往依赖于创业者个人的资金积累、个人的小额信用贷款或者抵押贷款。天使投资为种子期企业的融资开辟了一条特色的渠道，它具有投资门槛低、投资周期较长、投资额度小等特点，一般不超过300万元人民币。科技型企业孵化器是国内近几年快速发展起来的，充当天使投资人的身份，通过为种子期企业提供研发场地、公共经营场所，并提供财务、税务、法律、政策等系列咨询服务，解决种子期企业经营过程中面临的共性问题，充分降低种子期企业的创业成本；同时在服务过程中发现部分优秀的种子期企业，孵化器还可以提供天使投资服务，以便在最早期以低廉的价格获得股权并实现双赢。

（2）初创期企业及其融资方式

初创期企业是指企业完成了种子期积累后，将种子期所形成的科技成果进行产业化，实现收入的阶段。初创期的企业对资金的需求相比种子期更加多样化，除了支付技术研发的资金外，还要承担成果产业化所必需的原材料选购、广告营销、流动资金等成本，这个阶段的企业往往处于"入不敷出"的亏损状态，同时面临产品市场接受性差、市场不稳定等风险。

初创期科技型企业的融资模式一般以"天使投资＋中小额贷款"为主。相对于种子期企业，初创期企业投入研发及生产、广告营销等的成本将大幅度增加，这个阶段的企业对资金的需求也将更大。由于这个阶段企业的报表账面多处于亏损状态，基本上很难获得银行提供的商业性质的贷款。初创期科技型企业拥有的融资渠道包括政策性资金、天使投资、民间借贷以及政策性担保机构贷款等。天使投资仍然是初创期科技型企业获得融资的最有效途径，这个阶段的企业须充分权衡其收入、支出与融资三者之间的关系，并在此过程中形成自身规范化的管理模式，增强外部机构对其发展的信心。一般而言，金融机构为初创期企业提供中小额贷款，会充分参考该阶段企业的各项发展指标，包括是否获得政府专项资金扶持、综合纳税情况及享受税收优惠情况、政策性金融机构提供的担保或贷款情况、企业荣誉资质等。

（3）成长期企业及其融资方式

成长期的企业，已经完成了初创期的技术研发和成果转化，并且在产品生产环节趋于稳定。相对于初创期企业来说，成长期企业的技术风险、市场风险，都得到了大大的降低。这个阶段的企业，有了较高的营业收入和较大的现金流，抵御风险的能力也大大地提高。但为了进一步扩大市场、寻求多业务共同发展，这阶段的企业仍然需要很大的资金去拓展市场、扩大产能或布局新产品的开发。这个阶段的企业存在的风险主要包括企业的经营管理风险和财务管理风险。

成长期科技型企业的融资模式一般以"风险投资＋银行信贷"为主。成长期的企业拥有稳定的营业收入，可以支撑企业日常的经营活动，现金流也相对合理，并且拥有了可以作为抵押物的固定资产，建立了稳定高效的上下游客户渠道，在综合评估上增强了对外融资的成功率。成长期企业可选择的融资方式包括风险投资、供应链金融、银行信贷等。

（4）成熟期企业及其融资方式

成熟期的企业，拥有较高的营业收入、较大的正向现金流、较完善的经营管理制度。同时在业内拥有较高的知名度,企业组织结构进一步完善,研发能力和营销能力持续提高,同时形成了自身独特的人才培养机制。成熟期企业面临的风险主要是企业转型升级过程中的风险。在转型升级过程中,须关注该行业领域的发展方向、分析判断行业的宏观发展走向是否与国家宏观经济政策的引导方向一致,避免要素资源重组过程中对现有业务带来冲击而导致企业走向衰亡。

成熟期企业由于拥有高价值的抵押物、经营管理规范、投资风险低等特点,已成为金融机构持续关注和重点服务的对象,这个阶段的企业可以配置一些长期债务用于放大财务杠杆,寻求更高的净资产收益率。一般来说,成熟期企业更关注商业银行的综合授信,有条件的企业也可以选择发行债券来降低企业的综合成本。处于成熟期的优质企业,会在这个阶段选择资本市场作为融资的重要渠道,通过IPO确保融资渠道稳定的同时,为前期的风险投资提供了合理的退出渠道。

(六)国内外典型科技金融服务模式的经验借鉴

国内外不同国家与地区的科技金融服务模式,对科技型企业提供的融资方式总体上分为股权融资、债权融资、政府政策性融资、内源性融资等四种模式,给我们的科技金融服务工作提供以下经验借鉴。

1. 风险投资对高新技术产业发展的支撑作用巨大

科技金融的硅谷模式表明,美国硅谷地区风险投资对高新技术产业的发展贡献巨大。国内外高新技术产业在发展初期,一般都具有投资风险高、投资收益高、轻资产经营、收益周期长等特点,所以其不可避免地存在发展初期难以对接债权融资的问题。内源性融资与政策性融资金额小、融资周期短,更适合于种子期科技型企业,很难真正发挥支持高新技术产业实现快速发展的作用,在这个阶段,企业通过各种渠道获得股权融资,仍然是高新技术产业对外融资的最佳方式。在国内风险投资最活跃的深圳市,其风投机构和风投基金规模超过了全国风投总额的50%,成为发展高新技术产业最有效的支撑力量。深圳市各大风投机构开展的科技金融服务,已经自成一体形成自身风格，为全国高新技术产业引进风险投资资金提供了非常典型的"深圳样板"。

2. 更多的传统型金融机构参与其中是科技金融的发展的必然趋势

传统的金融机构如商业银行等仍然是金融服务体系中最重要的主体，尤其是我国，传统金融机构吸收了大量的民间存款，亟待为存款寻找合理的去处。科技金融服务体系发展壮大，离不开传统金融机构的改革和创新。国内各级政府相继出台了很多扶持政策，鼓励传统商业银行创新发展普惠金融和科技金融等有利于科技型企业融资的业务，引导传统商业银行通过创新来支持高新技术产业的发展。在这个背景下，上海银行业首先制定了"六专机制"、新修订了"三查标准"，为国内传统商业银行逐步参与科技金融服务体系提供了经验借鉴。美国硅谷银行也通过改进内部管理和审批机制、创新金融产品设计、引进和培养技术经纪团队等方式，积极参与到科技金融服务体系中。

3. 政策性科技金融的引导作用至关重要

政策性科技金融是一个国家发展科技金融产业非常重要的组成部分。政策性科技金融的一个明确的特点就是：政府首先通过法律法规的方式，明确政府在科技金融领域中的责任和义务，并将科技金融的服务目标群体锁定在中小企业，包括美国的小企业局（SBA）下属的 SBIC 和日本中小企业厅下属的"三大中小企业金融公库"等均属于国家性质的科技金融服务机构，美国和日本这些服务机构相当普遍。政府大力配置政策性金融机构，其主要面向市场上金融机构的服务覆盖不到的部分中小企业，解决这些中小企业融资难、融资贵的问题，所以说政策性科技金融机构是一个国家科技金融体系中非常重要的一员。

二 东莞市科技金融服务体系概述及其优化建议

（一）东莞市科技金融体系概述

1. 通过政策手段，逐步引导构建了立体的科技金融信贷服务体系

东莞市依托非常发达的银行网点和银行与企业前期已建立起来的互信互

惠关系，通过政府设置系列的引导基金和风险补偿基金，刺激银行类金融机构积极参与到构建多层次科技金融信贷体系中，发挥其资金拥有量大、企业互信基础好、业务程序规范的作用。

（1）设立广东省科技金融综合服务中心东莞分中心，并建设覆盖全市的科技金融服务工作站网络体系

科技与金融融合是深化科技体制改革、完善区域创新体系、优化创新创业环境、提升企业创新能力的重要抓手。加强科技与金融结合、创新科技金融服务体系成为东莞市创新驱动发展战略的着力点，通过引导金融机构对科技企业的金融支持，缓解企业的融资困境，推动东莞市科技金融产业三融合。通过打造市场化运作的科技金融综合服务平台，促使金融资本积极参与科技创新活动，引导企业创新融入金融体系，改善东莞市科技企业的投融资环境，发挥金融对技术创新体系和产业持续发展的支撑作用，解决科技融资的需求矛盾，促进东莞市高新技术产业可持续发展。

为了更好地延伸东莞分中心的服务职能，依托镇街（区）科技办、科技创新中心或生产力促进中心建立覆盖全市的科技金融服务镇街（区）工作站。通过工作站的地缘优势和管理优势，及时有效响应当地企业和金融机构的服务需求，促进企业与金融机构的线下有效对接，积极开展创业风险投资、科技贷款、科技资本市场和科技保险等科技金融工作。镇街（区）工作站建立工作常态机制，实施项目绩效考核管理模式。

（2）依托银行网络，设置科技支行

东莞市政府依托全市商业银行网络，面向科技型中小企业，逐步建立起覆盖全市的科技金融信贷服务平台。包括在各大银行总部或分行内部直接设立专门服务于科技型中小企业的内部机构，或者在科技型中小企业聚集区设立科技支行。

目前，已经在东莞辖区内设立了科技型中小企业金融分中心，如中国邮政储蓄银行挂牌成立了"中小微企业小额票据贴现中心"。

在科技型企业聚集区设立科技支行，目前已经依托东莞银行在松山湖高新区设立东莞银行松山湖科技支行、依托东莞农商银行在松山湖设立农商行

松山湖高新区科技支行、设立浦发银行松山湖高新区科技支行。

（3）结合莞企特点，对科技信贷新模式的探索一直在路上

银企之间信贷业务批复难，究其原因在于双方信息的不对称导致渠道不畅通。政府通过努力，依托下设的事业单位、银行、各类行业协会、研究院所，建立起优质企业数据库，通过共享信息资源，分析探索适合于东莞科技型企业的科技信贷新模式，为科技型企业融资贷款提供畅通的渠道。东莞对科技信贷新模式的探索主要包括以下几个方面。

第一，通过系列科技金融政策，强化政府与银行之间的合作。如东莞市科学技术局就设立了相关的科室，负责联系市金融局和各科技支行，出台系列科技金融政策，并监督相关政策执行到位。参与其中的银行包括东莞银行、中国建设银行东莞分行等，创新性地推出了"科技转型基金""普惠性科技金融试点"等方案。

第二，积极探索投贷联动新模式。根据国家颁布的《关于支持银行业金融机构加大创新力度开展科创企业投贷联动试点的指导意见》，政府积极响应并联合各大银行共同探索"投贷联动"的科技金融服务模式。如在政府的促进下，东莞银行与赛富基金、清大创投基金等创投公司达成协议，东莞银行按照投资公司投资额度的一定比例给予科技型企业授信。另外，东莞市工信局牵头，组织中国银行东莞分行、中银国际证券、东莞证券、东莞信托等机构，为纳入东莞市"倍增计划"的优质企业提供"信用贷款＋股权融资＋创业投资"的科技金融服务。

第三，高价值专利质押融资。依托东莞市作为"国家知识产权质押融资试点单位"的政策背景，市政府征选优质知识产权评估机构，并调研出台了《东莞市专利权质押贷款管理办法》《东莞市知识产权质押融资》等政策。截至2016年，东莞市专利权质押累计获得贷款12.69亿元，同期排名全省第二，并成功获得"国家知识产权质押融资示范城市"荣誉称号。

2. 积极探索建立创业投资发展基金模式

（1）成立东莞市科技金融集团（科金集团）。其主要职能是引导东莞区域内的社会资本投向辖区内的优质企业和优势产业，并积极打造立足于东莞

本土的科创投融资平台。

（2）通过完善科技金融生态布局，引导创投机构在东莞地区聚集发展。包括着力打造众创金融街、梧桐小镇、松山湖高新区基金小镇等物理空间，吸引风投机构在此聚集。目前，这些空间已经吸引了各大基金集团进驻，同时获得东莞银行、中国工商银行、交通银行、兴业银行等银行超过200亿元的优先授信。

3. 鼓励科技型企业融入科技板块资本市场

早在2017年东莞市便出台了《东莞市鼓励企业利用资本市场扶持办法》。该办法依托"培育一批、申报一批、上市一批、做强一批"的总体思路，力求储备一批上市后备优质企业，并通过搭建企业上市服务平台，依托"产业、产品、品牌"优势，加速打造科技金融的东莞名片。

表1 东莞市促进企业上市相关政策

《东莞市鼓励企业利用资本市场扶持办法》	上市前奖励	经市政府认定的上市后备企业，申请在境内外证券交易所首次公开发行股票上市，且申请资料经正式受理的，给予一次性200万元奖励
	上市后首发融资奖励	在境内外证券交易所成功上市，按首发募集资金额度给予0.5%的奖励，每家企业最高奖励500万元
	全国股转系统挂牌奖励	对成功挂牌全国股转系统的企业，给予一次性20万元奖励；对进入创新层的企业，再给予一次性30万元奖励
	全国股转系统融资奖励	对成功挂牌全国股转系统的企业，通过直接融资方式实现融资，按首次融资金额给予1%的奖励，每家企业最高奖励100万元
	发行直接债务融资工具贴息	对成功发行直接债务融资工具（企业债、公司债、资产证券化、短期融资券、中期票据）的非上市企业，按其直接债务融资额的2%给予贴息，每家企业累计最高贴息50万元

资料来源：笔者整理。

（二）东莞市科技金融服务体系建设的优化方案

参考国内外发展科技金融服务体系的模式，并结合东莞市科技金融服务体系在实践中出现的各种问题，本报告提出东莞市科技金融服务体系的优化方案如下：政府通过重新修订扶持政策，以市场机制为前提，打造活跃的科技金融市场，同时改变目前科技金融服务体系中分割离散的现状，重点思考如何在科技型企业生命周期的不同阶段，导入适合其发展所需要的科技金融服务模式，同时通过多层次、全链条覆盖的科技金融布局，打造有利于银行、企业和其他金融机构实现三赢的可持续发展新模式。

1. "三平台一网络"体系搭建

搭建"三平台一网络"科技金融服务体系，由东莞市政府主导，本着"政府搭台、多方共建、资源共享、合作共赢"的原则，工作模式上建议按照"市主管部门、高新区、各工作站主体"联动的方式，对政府主管部门、科技企业、科技金融机构、服务中介等主体进行整合，着力打造"大数据平台、政策服务体系平台、科技金融平台"三平台，以及覆盖全市 33 个镇街和松山湖高新区的工作站网络。

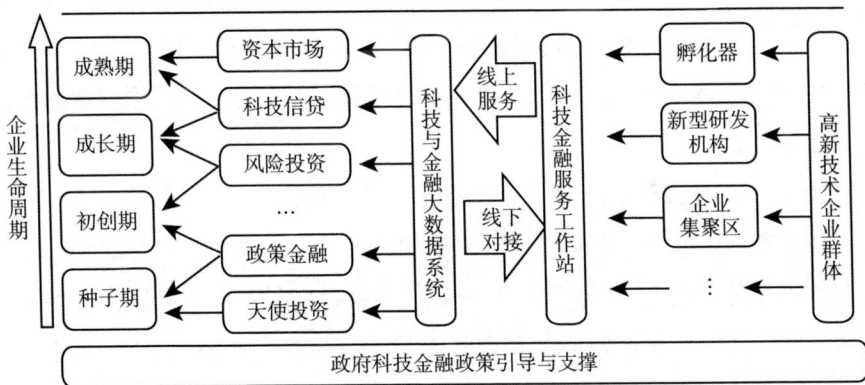

图 2 "三平台一网络"科技金融服务体系架构

资料来源：张江清：《S 高新区科技金融服务的优化策略研究》，广东工业大学硕士学位论文，2018。

2. 科技金融服务产品的"供给侧"改革

截至 2020 年底，东莞市拥有 6000 多家高新技术企业，高新技术企业对科技金融服务和科技金融产品的需求越来越旺盛，需求也越来越多样化，以银行为主体的科技金融服务，很明显无法满足如此庞大的科技型企业的需求。以需求为导向来考虑东莞市科技金融服务体系的建设情况，东莞市科技金融的供给能力亟待提升，在产品的设计上，可以考虑重点发展风险投资、天使投资、加大政策性科技金融机构建设、创新发展科技信贷业务。

（1）依托东莞庞大的孵化器载体，探讨完善"孵化器 + 天使投资"模式

科技企业孵化器为种子期、初创期企业创造了低成本的创业空间，在遴选具有发展潜力的未来企业上，也具有得天独厚的优势。目前有条件的科技企业孵化器都或多或少的设立创业投资基金，其目的主要是吸引优质项目进驻孵化器，同时为孵化器的可持续发展探讨一种新的模式。

地方政府的科技主管部门，应该主导联合金融部门和各大金融机构，出台相关政策引导孵化器设立或者联合设立创业投资基金（主要定位在天使投资领域），同时探讨完善"孵化器 + 天使投资"的科技金融服务模式。在服务手段上，重点考虑整合资源为在孵企业提供方便的、低成本的小额贷款，主动对接孵化器外的创业投资机构，打造外部创业投资机构高效的挖掘好项目的渠道。

（2）进一步强化制度改革，营造创新创业氛围

如何在东莞区域内营造环境，确保创业者的创新创业热情与活力，是政府应该思考的问题。客观地讲，虽然科技金融推广了多年，但目前仍然存在诸多问题，比如传统金融产品在设计上仍然将资产和抵押物作为决定性指标，金融机构由于内部审批制度设计的问题贷款授信效率低下，政府各类科技金融政策由于门槛设置问题仍然无法覆盖真正需要资金扶持的创业期高技术企业，金融机构的产品设计仍然无法与企业发展周期各阶段对资金的需求相匹配，政策类投资资金退出机制不完善导致退出审计困难等，都在严重影响区域创新创业的氛围与活力。针对目前东莞市科技金融发展过程中存在的问题，提出以下优化建议。

针对政策性扶持资金无法覆盖到真正需要的科技型企业的问题，建议政府在设计各类引导基金时，应采取宽进宽出的策略，允许政策性引导基金存

在较大的风险，同时在审核指标设计上，侧重于真正具备创新能力的企业（项目），或者可考虑针对财务条件差、项目情况优质的企业（项目）设立专项。同时，政府在出台相关政策时，应侧重考虑如何发挥政府引导基金"四两拨千斤"的作用，通过政府杠杆吸引社会资本投向创新型企业和新兴产业。在科技金融保险与金融担保、贷款贴息、风险补偿基金等产品的设计上，重点考虑如何与金融机构协同互补、目标聚焦。

进一步解放思想，强化国有投资基金的制度改革。通过赋予国有基金在投资、投后管理、被投企业增效扩股、投资退出等全过程的管理权限，减少政府的过程干预，充分发挥国有投资基金的专业性和独立性。

（3）借鉴国内外科技金融先行地区经验，扶持发展政策性科技金融机构

从根本上讲，无论是美国、日本还是欧盟地区，政策性科技金融机构是体现政府意志的科技金融主体，其在运营的过程中没有社会各类科技金融机构的功利性，可以很好地保障科技型中小企业的融资需求。

首先，推进建设体现政府意志的科技金融主体，统筹推进科技金融工作。中关村集团、上海张江集团、武汉高科集团等，都是以政府优化配置科技金融资源为目的而成立的科技金融主体。一个地区有完全对立的主体，有利于做好科技金融的顶层设计，从源头上制定相关的制度政策，统筹管理科技金融资源，同时确保出台的政策之间不重叠、不矛盾、不争功、不急功近利，政策之间互补互惠、相互促进、更加立体。

其次，健全科技融资担保的多层次体系，并以松山湖高新区作为试点推行。为科技型中小企业提供融资担保，是发展科技金融的重要工作。参照上海张江、北京中关村以及武汉东湖高新区的成功案例，在松山湖高新区内设立科技融资担保主体，面向松山湖高新区内的科技型企业和创业项目的科技融资和科技信贷提供"跟投跟贷、融资担保、再担保"等服务，解决松山湖高新区内科技型企业融资贷款难、融资贷款贵等问题。

（4）引导科技信贷体系实现多层级配置发展

目前，在国内以银行为绝对主体的金融体系下，信用贷款是科技型中小

企业实现对外获得资金的主要渠道。激发银行对科技型企业设计多层级的信贷产品，是科技金融工作的重中之重。银行与其他社会金融机构相结合，利用上下游客户资源、企业客户订单和保单、企业应收账款、出口退税担保等供应链环节，开发供应链科技金融产品，来解决科技型中小企业轻资产经营存在的缺乏贷款抵押物的问题，提高其获取信贷的能力。同时，探讨以政府信誉为推荐担保，实现"创业投资＋担保＋贷款"多层级发展的科技信贷体系，针对优质的战略性新兴产业的科技型中小企业提供融资贷款的绿色通道。

银行在开展科技金融活动的过程中，可以结合科技型企业的特点，开发信贷评估模型，提高信贷业务的审批效率、降低贷款风险。考虑科技型企业财务指标不占优的特点，可以从科技型企业所属领域、人才、知识产权、研发投入强度、科研立项、企业征信、以往信贷偿债情况等指标对科技型企业开展综合评估并拟定授信额度。

①评估模型核心之一：关键财务指标。包括营业收入、利润、长期偿债能力、短期偿债能力、应收账款周期、存货变现周期、营收综合增长能力、利润综合增长能力等指标。

②评估模型核心之二：关键非财务指标。对科技型中小企业贷款授信的指标评价，非财务指标应该是评价的核心，包括所属行业、经营稳定性、成立年限、法人和股东基本面、人才、知识产权、研发投入强度、科研立项、企业征信、以往信贷偿债情况等。

③评估模型核心之二：加分减分项。加分减分项重点考虑与企业研发、经营管理活动相关的指标，如与高校实质性开展产学研合作、特色人才引进、创新团队成立、产权纠纷、法院涉诉、贷款逾期等。

表 2　科技支行企业信贷评估模型

评估模型要素及赋值			
指标大类	指标小类及分值		项目评定标准
一、财务指标	收入及盈利能力	营收	申请人上年度营业收入
		利润	销售利润率

评估模型要素及赋值			
指标大类	指标小类及分值		项目评定标准
一、财务指标	偿债能力	长期偿债	资产负债率
		短期偿债	流动比率
	营运能力	总周转	总资产周转率（次）
		应收账款周转	应收账款周转率（次）
		存货周转	存货周转率
	成长性	营收增长	近两年销售收入增长率
		利润增长	近两年销售利润增长率
二、非财务指标	申请人基本面情况	行业	行业及发展替力（以是否满足《东莞市战略性新兴产业"十三五"发展规划》）
		稳定性	企业发展稳定性
		年限	实际控制人从业经历（从事行业年数）
		实际控制人基本面	实际控制人婚姻及家庭稳定状况
			实际控制人家庭净资产（车辆、房产）
	科技指标	人才	人才素质（本科、硕士、博士量化评分）博士×4＋硕士×2＋本科
			人才比例（高素质人员占全体人员的比例）
		知识产权	知识产权总量
		研发投入	研发投入总量
			研发投入强度
		科技资金支持	科技计划项目财政直接支持金额
三、加分项（20）	企业加分项	企业产学研结合	
		创新团队	
	特色人才	特色人才	
四、减分项（20）	企业减分项	征信情况	
		法院涉诉、被执行人信息、工商查询、账户冻结等	
	个人减分项	实际控制人及其配偶银行货款（含信用卡透支）最高逾期月数及累计逾期次数	
		个人信用报告"数字解读"值	
合计			
授信额度情况			
模型打分卡得分		上一年纳税收入	
五、担保方式及风控措施			

资料来源：张江清：《S高新区科技金融服务的优化策略研究》，广东工业大学硕士学位论文，2018。

3. 优质科技项目和科技企业培育

除了营造科技金融发展环境、促进科技金融相关主体之间高效协同作业之外，决定科技型企业最终能否获得预期的科技金融服务的关键因素还是企业自身的条件。培育优质项目在东莞地区落地、培育科技型企业提高自身竞争力，是政府引导科技金融发展的重要工作之一。培育高新技术企业、为创新项目和创新企业拓空间、建立科技成果展示和竞争机制、发展技术经纪人团队，力求从源头培育创新要素，从根本上升级东莞市产业结构。

（1）差异性举办市级和高新区创新创业大赛活动，遴选优质项目落户

创新创业大赛是近年来吸引、筛选世界优秀项目与团队落户，促进新兴产业培育与发展的重要手段。特别是松山湖高新区，经过多年的发展，创新创业氛围非常活跃，高校和科研院所聚集，为创新创业提供了天然的优势，园区内大大小小的孵化器有几十个，为科技型企业提供了低成本空间和全方位的创业服务。自 2015 年以来，松山湖通过举办创新创业大赛的方式，吸引全球各地的优秀项目和优秀团队前来参赛，同时市政府和高新区政府通过出台各种政策，吸引国内外很多著名的投资机构设点服务。据统计，[①] 松山湖高新区自 2015 年办赛以来，吸引了来自美国、俄罗斯、白俄罗斯以及以色列等国家的优质项目和优秀团队，以及国内包括北上广深等一线城市的 3000 余家企业或创业团队参加比赛，部分在大赛中获得优秀名次的企业或团队已经落户高新区，并带来了良好的社会、经济效益，极大地提升了松山湖高新区在国内外的知名度，也进一步地活跃了松山湖高新区的创新创业氛围。同时，通过创新创业大赛，仅 2016 年一个赛季，19 个落户松山湖高新区的优秀项目和优秀企业成功获得近 7500 万元的天使投资（见表3），极大地推动了初创期科技企业的发展，增强了松山湖高新区的创新创业氛围。

市政府和园区政府，可以通过市区联动的方式，基于企业生命周期理论，创新科技金融扶持模式，吸引国内外更多更优质的团队和项目落户。

---

① 赢在东莞创新创业大赛组委会。

表3　松山湖高新区2016届松湖杯创新创业大赛完成投资情况

单位：万元

项目名称	获奖情况	获投金额
*** 人工智能及自动驾驶感知技术	团队组一等奖	2036.40
大尺寸柔性电子触控	团队组二等奖	250.00
*** 机器人竞技	团队组三等奖	100.00
*** 提示校园	团队组三等奖	2000.00
*** 新型材料	企业组三等奖	25.00
*** 人类疾病诊断平台	进入决赛	50.00
*** 互联网＋影楼	进入诀赛	100.00
*** 倾斜摄影及三维模型应用	进入决赛	285.00
*** 早期诊断试剂盒产业化项目	进入决赛	50.00
*** 能源管理系统	进入决赛	150.00
*** 云监控	进入决赛	100.00
*** 产业化项目	进入决赛	126.00
*** 技术及应用	进入诀赛	900.00
*** 自动绕线焊锡一体机	进入决赛	800.00
*** 洗手产品	进入决赛	200.00
*** 就医综合服务平台	未进入决赛	166.67
*** 旅游服务平台	未进入决赛	50.00
*** 智园	未进入决赛	15.00
*** 水冷机箱	未进入决赛	35.00

资料来源：笔者整理。

（2）营造适合于东莞本土企业创新发展的环境

近几年，东莞市科技主管部门和人社部门，都非常重视科技人才的引进，特别是鼓励本土科技型企业引进具有专业技能的特色人才，在购房、租房、落户、子女入学、专项奖励方面给予补贴，通过人才引进政策，提高了企业人才引进的积极性，也完善了企业人才培育发展梯队。

积极鼓励有条件的企业自建、联合共建研发机构，并为研发机构持续输入人才。东莞名校研究生中心是东莞市政府为了推动科技创新发展，在科技局下设的一个负责校企联合培养科技人才的部门。自成立以来，已经和国内外139所名校签订了人才联合培养协议，累计来莞培养（实践）的硕士、博士研究生达到了 2003 名，并提供每月每人不低于 1500 元的生活补贴，这 2003 名研究生去 436 家科技型企业，毕业留莞率达到了 33.2%，名校研究生中心为东莞引进和储备高端科技型人才，起到了非常重要的作用。

三　壮大资本市场的"东莞板块"

（一）东莞推动企业上市发展的扶持办法成效显著

2018 年 8 月，东莞市人民政府印发了《关于进一步推动企业上市发展的扶持办法》，明确规定了从加大企业上市挂牌财政扶持力度，减轻企业改制上市成本负担，妥善解决企业产权规范问题，支持上市公司并购重组，鼓励上市公司发展总部经济，鼓励上市公司增资扩产，鼓励外地上市公司迁入，保证企业项目用地需求，完善企业高端人才招引机制，优化企业发展环境等十个方面开展对上市公司的全方位扶持。

该政策推动了东莞企业的高质量发展，进一步加快了经济转型，转变发展方式、优化经济结构、转换增长动力，鼓励了东莞市拟上市、上市企业通过资本市场实现资源优化配置，成就了一批在行业中起到排头兵作用的企业。政策实施以来，促进了东莞市宇瞳光学科技股份有限公司等 14 家企业在境内相关板块上市，东莞共荣精密机械有限公司等 4 家企业在境外相关板块上市，特别是 2020 年，12 家企业成功在境内外相关板块上市。境内外资本市场的东莞板块趋快速增长的势头，见证了东莞产业发展的活力。

表 4　境内上市公司（东莞板块）

序号	股票代码	股票名称	上市公司名称	上市时间	所属镇街	是否高企
1	000573	粤宏远 A	东莞宏远工业区股份有限公司	1994 年 8 月 15 日	南城	否
2	000712	锦龙股份	广东锦龙发展股份有限公司	1997 年 4 月 15 日	南城	否
3	000828	东莞控股	东莞发展控股股份有限公司	1997 年 6 月 17 日	南城	否
4	600183	生益科技	广东生益科技股份有限公司	1998 年 10 月 28 日	松山湖	是

序号	股票代码	股票名称	上市公司名称	上市时间	所属镇街	是否高企
5	002317	众生药业	广东众生药业股份有限公司	2009 年 12 月 11 日	石龙	是
6	300083	创世纪	广东创世纪智能装备股份有限公司	2010 年 5 月 20 日	长安	是
7	002503	搜于特	搜于特集团股份有限公司	2010 年 11 月 17 日	道滘	否
8	300143	盈康生命	盈康生命科技股份有限公司	2010 年 12 月 9 日	塘厦	否
9	300221	银禧科技	广东银禧科技股份有限公司	2011 年 5 月 25 日	虎门	是
10	300242	佳云科技	广东佳兆业佳云科技股份有限公司	2011 年 7 月 12 日	横沥	否
11	002638	*ST 勤上	东莞勤上光电股份有限公司	2011 年 11 月 25 日	常平	是
12	300328	宜安科技	东莞宜安科技股份有限公司	2012 年 6 月 19 日	清溪	是
13	300376	易事特	易事特集团股份有限公司	2014 年 1 月 27 日	松山湖	是
14	002717	岭南股份	岭南生态文旅股份有限公司	2014 年 2 月 19 日	东城	是
15	300410	正业科技	广东正业科技股份有限公司	2014 年 12 月 31 日	松山湖	是
16	300430	惠伦晶体	广东惠伦晶体科技股份有限公司	2015 年 5 月 15 日	黄江	是
17	002757	南兴股份	南兴装备股份有限公司	2015 年 5 月 27 日	厚街	是
18	002791	坚朗五金	广东坚朗五金制品股份有限公司	2016 年 3 月 29 日	塘厦	是
19	300591	万里马	广东万里马实业股份有限公司	2017 年 1 月 10 日	长安	否
20	603038	华立股份	东莞市华立实业股份有限公司	2017 年 1 月 16 日	常平	是
21	300606	金太阳	东莞金太阳研磨股份有限公司	2017 年 2 月 8 日	大岭山	是
22	300607	拓斯达	广东拓斯达科技股份有限公司	2017 年 2 月 9 日	大岭山	是
23	002855	捷荣技术	东莞捷荣技术股份有限公司	2017 年 3 月 21 日	长安	是
24	002774	快意电梯	快意电梯股份有限公司	2017 年 3 月 24 日	清溪	是
25	002902	铭普光磁	东莞铭普光磁股份有限公司	2017 年 9 月 29 日	石排	是
26	300716	国立科技	广东国立科技股份有限公司	2017 年 11 月 9 日	道滘	是
27	002930	宏川智慧	广东宏川智慧物流股份有限公司	2018 年 3 月 28 日	沙田	否
28	300790	宇瞳光学	东莞市宇瞳光学科技股份有限公司	2019 年 9 月 20 日	长安	是
29	300793	佳禾智能	佳禾智能科技股份有限公司	2019 年 10 月 18 日	松山湖	是
30	002965	祥鑫科技	祥鑫科技股份有限公司	2019 年 10 月 25 日	长安	是
31	688228	开普云	开普云信息科技股份有限公司	2020 年 3 月 27 日	石龙	是
32	002981	朝阳科技	广东朝阳电子科技股份有限公司	2020 年 4 月 17 日	企石	是
33	300843	胜蓝股份	胜蓝科技股份有限公司	2020 年 7 月 2 日	长安	是
34	002993	奥海科技	东莞市奥海科技股份有限公司	2020 年 8 月 17 日	塘厦	是

序号	股票代码	股票名称	上市公司名称	上市时间	所属镇街	是否高企
35	003003	天元股份	广东天元实业集团股份有限公司	2020 年 9 月 21 日	清溪	是
36	003018	金富科技	金富科技股份有限公司	2020 年 11 月 6 日	沙田	是
37	688668	鼎通科技	东莞市鼎通精密科技股份有限公司	2020 年 12 月	东城	否
38	688135	利扬芯片	广东利扬芯片测试股份有限公司	2020 年 11 月 11 日	万江	是
39	688686	奥普特	广东奥普特科技股份有限公司	2020 年 12 月 31 日	长安	是
40	688183	生益电子	生益电子股份有限公司	2021 年 2 月 25 日	东城	是
41	300976	达瑞电子	东莞市达瑞电子股份有限公司	2021 年 4 月 19 日	东城	是

表 5　境外上市公司（东莞板块）

序号	股票代码	股票名称	上市公司名称	所属镇街	上市时间	是否高企
1	DSWL. US	德斯维尔工业	泽冠塑胶电子（东莞）有限公司	厚街	1995 年 7 月 20 日	否
2	02314. HK	理文造纸	东莞理文造纸厂有限公司	中堂	2003 年 9 月 26 日	是
3	02788. HK	精熙国际	东莞精熙光机有限公司	长安	2006 年 2 月 10 日	否
4	02689. HK	玖龙纸业	玖龙纸业（东莞）有限公司	麻涌	2006 年 3 月 3 日	是
5	NVFY. NASDAQ	诺华家具	东莞诺华家具有限公司	道滘	2011 年 7 月 2 日	否
6	01023. HK	时代集团控股	东莞时代手袋厂有限公司	厚街	2011 年 12 月 6 日	否
7	01263. HK	柏能集团	东莞柏能电子科技有限公司	厚街	2012 年 1 月 12 日	否
8	00540. HK	迅捷环球控股	东莞迅捷环球制衣有限公司	虎门	2013 年 1 月 8 日	否
9	02111. HK	超盈国际控股	东莞超盈纺织有限公司	麻涌	2014 年 5 月 23 日	否
10	02111. HK	超盈国际控股	东莞润信弹性织物有限公司	厚街	2014 年 5 月 23 日	否
11	02298. HK	都市丽人	广东都市丽人实业有限公司	凤岗	2014 年 6 月 26 日	是
12	01381. HK	粤丰环保	东莞粤丰环保电力有限公司	南城	2014 年 12 月 29 日	否
13	01415. HK	高伟电子	东莞高伟光学电子有限公司	寮步	2015 年 3 月 31 日	否
14	03689. HK	康华医疗	广东康华医疗股份有限公司	南城	2016 年 11 月 8 日	否

续表

序号	股票代码	股票名称	上市公司名称	所属镇街	上市时间	是否高企
15	06068. HK	瑞见教育	睿见教育国际控股有限公司	东城	2017 年 1 月 26 日	否
16	DOGZ. NASDAQ	多尼斯	多尼斯智能科技(东莞)有限公司	东城	2017 年 12 月 20 日	否
17	08521. HK	智纺国际控股	广东兆天纺织科技有限公司	南城	2018 年 5 月 16 日	是
18	08617. HK	永联丰控股	东莞共荣精密机械有限公司	常平	2019 年 11 月 15 日	是
19	01412. HK	隽思集团	东莞隽思印刷有限公司	樟木头	2020 年 1 月 16 日	是
20	09968. HK	汇景控股	汇景控股有限公司	厚街	2020 年 1 月 16 日	否
21	CARH. O	爱车小屋	广东爱车小屋电子商务科技有限公司	松山湖	2020 年 6 月 12 日	是

(二)东莞企业上市后备力量较强

随着《东莞市鼓励企业利用资本市场扶持办法》(东府办〔2017〕124号)的公示,东莞市认定生益电子股份有限公司等39家企业(见表6)为东莞市第十四批上市后备企业。届时东莞上市后备企业达到了213家,其中生益电子股份有限公司和东莞市达瑞电子股份有限公司已经先后于2021年2月25日和2021年4月19日成功上市,另外东莞市猎声电子科技有限公司等已经在走上市最后流程。

表6　东莞市第十四批上市后备企业名单

序号	企业名称	批次	属地
1	广东弘擎电子材料科技有限公司	第十四批	常平
2	东莞六淳智能科技股份有限公司	第十四批	大朗
3	生益电子股份有限公司	第十四批	东城
4	东莞市达瑞电子股份有限公司	第十四批	东城
5	广东立迪智能科技有限公司	第十四批	东城

续表

序号	企业名称	批次	属地
6	东莞科视自动化科技有限公司	第十四批	东城
7	广东绿通新能源电动车科技股份有限公司	第十四批	洪梅
8	东莞市永益食品有限公司	第十四批	厚街
9	东莞市安域实业有限公司	第十四批	厚街
10	广东豪特曼智能机	第十四批	厚街
11	东莞市家宝园林绿化有限公司	第十四批	厚街
12	东莞市固达机械制造有限公司	第十四批	黄江
13	广东格瑞新材料股份有限公司	第十四批	寮步
14	广东筑奥生态环境股份有限公司	第十四批	南城
15	东莞市猎声电子科技有限公司	第十四批	南城
16	广东盘古信息科技股份有限公司	第十四批	南城
17	广东省开源环境科技有限公司	第十四批	南城
18	广东百林园股份有限公司	第十四批	南城
19	广东思泉新材料股份有限公司	第十四批	企石
20	宏工科技股份有限公司	第十四批	桥头
21	东莞市鼎力自动化科技有限公司	第十四批	石碣
22	广东炜田环保新材料股份有限公司	第十四批	石碣
23	广东中图半导体科技股份有限公司	第十四批	松山湖
24	东莞阿尔泰显示技术有限公司	第十四批	松山湖
25	广东阳光药业有限公司	第十四批	松山湖
26	广东宏锦新材料科技有限公司	第十四批	松山湖
27	东莞赛微微电子有限公司	第十四批	松山湖
28	广东沁华智能环境技术股份有限公司	第十四批	松山湖
29	捷邦精密科技股份有限公司	第十四批	松山湖
30	东莞市宏联电子有限公司	第十四批	塘厦
31	东莞市晶博光电股份有限公司	第十四批	塘厦
32	东莞市冠佳电子设备有限公司	第十四批	塘厦
33	广东烨嘉光电科技股份有限公司	第十四批	塘厦
34	东莞市沃德精密机械有限公司	第十四批	万江
35	东莞市联纲光电科技股份有限公司	第十四批	万江

续表

序号	企业名称	批次	属地
36	永林电子股份有限公司	第十四批	樟木头
37	东莞市基烁实业有限公司	第十四批	樟木头
38	广东中塑新材料有限公司	第十四批	长安
39	东莞市立敏达电子科技有限公司	第十四批	石排

2020 年以来，东莞企业上市已经进入了快车道。213 家上市后备企业基本上都是国家高新技术企业，企业发展情况良好，综合素质高，年度研发投入占营业收入比重保持在 3% 以上。在市政府出台的各项上市鼓励政策的推动下，相信未来东莞每年新增上市企业会越来越多，属于东莞板块的上市公司也将越来越多。

参考文献

《关于印发中小企业划型标准规定的通知》（工信部联企业〔2011〕300 号），中国政府网，2011 年 7 月 4 日，http：//www.gov.cn/zwgk/2011 – 07/04/conten t_ 1898747. htm。

《科技型中小企业评价办法》（国科发政〔2017〕115 号），2017 年 5 月 3 日，http：//www. most. gov. cn/mostinfo/xinxifenlei/fgzc/gfxwj/gfxwj2017/201705/t20170510_ 132709. htm。

张江清：《S 高新区科技金融服务的优化策略研究》，广东工业大学硕士学位论文，2018。

新动能培育篇

Cultivation of New Drivers of Growth Reports

B.10
东莞构建创新型企业培育
体系的实践与发展

杨俊成　杨 凯*

摘　要： 2015～2020年东莞实施"育苗造林"和"树标提质"行动计划，大大推动了高新技术企业跨越式发展，企业的数量和质量指标均有了大幅度增长，总体上取得了较好的成绩。但从长远来说，也存在高新技术企业整体处于产业价值链中低端，战略性新兴产业不够壮大，应对经济下行、结构调整挑战的支撑作用不够强大等问题。东莞正处于建设国家创新型城市、实现经济高质量发展的关键时期，提升高新技术产业、培育战略性新兴产业，建立完善高新技术企业发展梯队，持续有效地促进高新技术企业数量稳定增长、质量不断提升，是建设国家创新型城市、实现经济高质量发展的重要

---

* 杨俊成，东莞市电子计算中心部长，高级项目管理师，研究方向为项目管理与科技咨询；杨凯，东莞市电子计算中心中级经济师，研究方向为科技发展与科技政策。

举措。本报告基于东莞市2015～2020年高新技术企业培育发展工作总结，侧重探索如何构建适应新经济新动能的创新型企业培育体系，对新时期推动东莞高新技术产业壮大、实现东莞经济高质量发展提供参考。

关键词： 创新型企业　企业培育　东莞

一　推动高新技术企业数量与质量双提升

（一）"育苗造林"计划助推高新技术企业倍增式增长（2015～2017年）

2015年8月，为贯彻落实广东省委、省政府相关工作部署，全面实施科技创新驱动发展要求，东莞以高新技术企业（简称"高企"）为工作重点，加强培育发展工作，研究出台2015～2017年高新技术企业"育苗造林"三年行动计划，以推动高企数量较快增长，争取实现全市高企数量1100家以上，高企培育库入库数量达到800家以上；推进高企质量有效提升，争取实现全市高企境内上市公司（含新三板）数量达到20家以上，规模以上高企工业增加值占全市规模以上工业增加值的20%以上。

根据高新技术企业"育苗造林"行动计划工作要求，东莞确立高企"引进、培育、孵化、壮大"四大主要任务，全面落实高企科技招商、后备培育、科技孵化、科技融资、用地扶持、人才扶持、研发扶持、专利保护、动态管理、宣传推介、政策落实，以及工作考核等12条配套措施。高新技术企业"育苗造林"行动取得明显成效，2017年底实现高企倍增式增长，高企数量与质量双提升。

2017年全市高企数量达到4058家，比2016年（2028家）增加了2030家，比2015年（985家）增加了3073家，连续两年实现翻番；2017年高企培育库入库企业 3315 家,同比增长 65.5%。2017 年高企数量位列全省第三,仅次于广州、深圳。

2017 年全市共有 239 家高企在资本市场上市或挂牌,其中在国内 A 股上市(上交所与深交所上市)的企业有 24 家,在香港上市的企业有 7 家,在新三板挂牌的企业有 181 家,在地方四板挂牌企业有 17 家。

2017 年全市高企总体经济规模快速增长,年度工业总产值达 6409.98 亿元,同比增长达 57.37%,占年度全市工业总产值的比重为 38.06%;2017 年实现营业收入总额 6726.07 亿元,同比增长 51.55%。其中规模以上高企实现工业总产值 6173.58 亿元,占全部高企工业总产值的 96.23%,规模以上高企实现营业收入总额 6333.06 亿元,占全市高企营业收入总额的比重为 94.16%。2017 年全市高企实现工业增加值总额 1417.11 亿元,占全市工业增加值的比重为 42.72%,高于全市工业增加值平均水平。

(二)"树标提质"计划助推高新技术企业高质量发展(2018 ~ 2020 年)

《关于打造创新驱动发展升级版的行动计划(2017 – 2020 年)》提出,要进一步突出东莞高新技术企业的创新主体地位,加快高新技术产业培育发展工作。根据广东省委、省政府下发的《广东省高新技术企业树标提质行动计划(2017 – 2020 年)》有关要求,2018 年 8 月,东莞研究出台了《2018 –2020 年东莞市高新技术企业树标提质行动计划》,力争通过三年的培育工作,推进高新技术企业树标提质,具体目标包括:全市高新技术企业认定数量达到 6000 家,高新技术企业培育库入库企业数量达到 5000 家,规模以上高新技术企业数量达到 2500 家,高新技术企业在境内外上市的数量达到 25 家;全市高新技术企业科技投入经费占比平均值达到 6%,规模以上工业高新技术企业研发机构覆盖率达到 80%,高新技术企业获得授权发明专利总数达到 5000 件;实现由高新技术企业产生的工业总产值占全市规模以上企业产生的工业总产值比重不低于 40%,高新技术企业产生的工业增加值占全市规模以上企业产生的工业增加值比重不低于40%。

东莞以高新技术企业树标提质为目标,强化对高新技术企业在政策引导、技术引进、人才培育、教育提升、土地供给、资本扶持、服务导入等要素的资源供给,全面推进全市高新技术企业由数量优势转化为数量与质量双提升的发展优势,引导高新技术企业高质量发展,推动高新技术产业集聚发展,全面助力东莞迈向创新型一线城市。

2019年全市高企数量达到6217家,比2018年(5779家)增加了438家,比2017年(4058家)增加了2159家,增速放缓,但在全省仍处于优势地位,稳居全省第三,仅次于深圳、广州,居地级市第一,东莞国家高新技术企业进入高质量发展。

2019年全市共有145家高企在资本市场上市或新三板挂牌,其中在深交所中小板上市的企业有15家,深交所创业板上市的企业有12家,在香港上市的企业有7家,在上交所上市的企业有4家,在上交所科创板上市的企业有1家,在新三板挂牌的企业有93家,在地方四板挂牌的企业有13家。2019年全市有16家高企获得风险投资,风险投资额合计达到2.24亿元。

2019年全市高企总体经济规模实现平稳增长,全市高企工业总产值达11693.93亿元,占2019年全市规模以上企业工业总产值(20926.45亿元)的比重为55.88%,比2018年(9954.34亿元)增长了17.5%;2019年全市高企实现营业收入12102.12亿元,比2018年(10461.22亿元)增长15.7%。其中规上高企实现工业总产值6173.58亿元,占全部高企工业总产值的97.3%,规上高企实现营业收入11774.81亿元,占全市高企营业收入的97.3%;2019年全市高新技术企业科技投入经费为768亿元,科技投入经费占比达到6.52%;2019年全市规上高企建设研发机构的企业数量为2679家,占规上高企的比重达到84.64%,比2018年(79.12%)提高5.52个百分点;2019年全市高企发明专利授权量达到8738件,比2018年(6574件)增长32.92%,高企发明专利授权量占专利授权量的比重为30.26%,比2018年(24.8%)提高5.46个百分点。①

---

① 2019年东莞市高新技术企业统计数据库。

（三）高新技术企业培育发展工作总结及分析

2015～2017年高新技术企业在数量上实现倍增式增长，2018～2020年高新技术企业实现高质量发展，对六个年度高新技术企业培育发展工作进行总结及分析，归纳如下。

1. 聚焦顶层设计，强化工作体系

为推进全市高新技术企业培育发展工作，东莞聚焦体系建设，强化顶层设计，六年间陆续研究实施了东莞市高新技术企业"育苗造林""树标提质"两大行动计划，出台了《东莞市加快科技企业孵化器建设的实施办法》《东莞市加快新型研发机构发展的实施办法》《东莞市鼓励企业利用资本市场实施细则》《东莞市"三旧"改造产业类项目操作办法》《东莞市企业人才子女入学暂行办法》《东莞市促进企业研发投入的实施办法》《东莞市专利促进项目资助办法》《东莞市促进科技服务业发展的实施办法》等一系列政策办法，进一步明确高新技术企业"育苗造林""树标提质"行动计划指南，加大高新技术企业培育力度，加快推进高新技术培育。

2. 集聚创新资源，优化培育环境

推动创新资源集聚、优化培育环境是高新技术企业培育与发展工作重要保障。东莞采取了一系列有效的措施，包括加强高企研发扶持，支持高企及后备高企建立企业研发准备金制度，对高新技术企业实行普惠性财政资金补助，引导企业持续加大研发投入；加强高企专利保护，提升高企及后备高企专利创造能力、专利运用能力以及专利保护能力，对全市国内外发明、实用新型专利授权予以奖励，对在专利运用、管理方面取得显著成效的高企予以奖励，对通过实施专利保护而取得显著成效的高企项目予以奖励等，引导高企强化知识产权管理，提升知识产权核心竞争力；落实高企企业所得税的减免政策、高企研发投入加计扣除政策，以及高企人才所得税减免政策，优化政策办事流程，简化办事相关手续，加大税收优惠政策宣传和服务力度，激励高企加大研发投入，助力高企培育发展。

3. 强化服务保障，推进培育计划

建立全市高企培育发展工作联席会议制度，先后多次举办东莞市高新技术企业培育入库、申报管理、认定辅导等相关培训会议，全面推进高企培育发展工作。加强多部门联动协调，落实高企税收优惠，将高企培育发展情况纳入镇街领导班子年度考核指标，形成"镇街包干、部门协调"的高企培育工作机制。规范高企服务流程，建立高企培育工作队伍，定期举办镇街（园区）、服务机构以及高企工作人员培训班，进行考核上岗，提高基层工作人员业务水平；支持行业协会等组织为高企培育发展提供宣传发动、咨询培训、调查研究、企业交流等服务，帮助企业了解相关政策；加强宣传推介，利用广播电视、报纸杂志、创新媒体，宣传高企及后备高企的有关政策、优秀事迹，加强企业的互动交流，帮助解决企业遇到的难题，营造良好氛围，落实推进培育计划。

二 推进创新型企业培育实践发展

（一）创新型企业培育体系构建

东莞实施"育苗造林"和"树标提质"行动计划，大大推动了高新技术企业实现跨越式发展，在企业的数量和质量指标上均有了大幅增长，取得了较好的培育成绩。但总体来说，东莞高新技术企业整体处于产业价值链中低端，战略性新兴产业还有待进一步培育壮大，具有引领性的企业数量较少，对全市应对经济下行、结构调整挑战的支撑作用仍然不强。进一步提升东莞高新技术产业，培育战略性新兴产业，建立完善高新技术企业发展梯队，从高企中遴选、培育标杆企业认定为创新型企业，构建适应新经济新动能的创新型企业培育体系，以持续有效地促进高新技术企业数量稳定增长、质量不断提升，成为新时期推动东莞高新技术企业高质量发展，推进东莞科技创新和经济发展迈上新台阶的关键核心任务。2020 年 5 月，东莞市提出实施创新型企业培育计划，制定出台《东莞市培育创新型企业实施办法》，通过三年的培育工作，构建创新型企业"百强企业—瞪羚企业—高新技术企业"的培育梯队，遴选不超过 100 家具备创新能力、成长速度、发展潜力的创新型企业，不超过 500 家成立时间短、爆发性增长的瞪羚企业，支持高企创新、创业和创富，遴选一批骨干高新技术企业，集中资源进行重点支持，培育一批科创板或创业板上市企业，打造一批行业隐形冠军，带动东莞战略性新兴产业发展。

围绕创新型企业培育计划，对全市高企整体发展状况进行数据梳理、能力分析，围绕注册时间、产业分类、主营收入、创新能力、盈利能力、科技投入、资本能力等指标制定遴选培育标准，构建创新型企业培育体系。

首先，严格遴选标准。在产业领域、创新能力、盈利模式、资本运营等方面对遴选企业设置高标准，遴选标准明显高于国内其他地区同类创新型企业。百强创新型企业重点支持新一代信息技术、高端装备制造、新能源、新材料、生命科学和生物技术等五大重点产业领域，要求企业具有国内技术首创、行业紧缺或处于领先地位的自主核心技术，申报前两年研发投入占比须达到 5%，企业须建有经市级或以上主管部门认定的工程中心、技术中心、重点实验室等研发机构或者经市级或以上主管部门备案的自建研发机构，具备 3 件以上核心发明专利、集成电路布图设计专有权等有效知识产权；申报前一年度营业收入达到 2000 万元，主导产品（服务）收入占比达到 70%，净利率达到 10% 或毛利率达到 20%，申报前两年净利润或营业收入复合增长率达到申报前一年度全市规模以上企业工业增加值增长率的 3 倍；申报前三年获得过股权投资，或者参与了投资或并购，或者上市计划明确，或者具有充足现金流，申报前一年度经营活动现金净流量为正。对于瞪羚创新型企业合理设置申报条件，要求注册成立时间不超过 10 年，申报前一年度营业收入达到 1000 万元，净利率达到 10% 或毛利率达到 20%，申报前两年净利润或营业收入复合增长率达到申报前一年度全市规模以上企业工业增加值增长率的 3 倍（注册成立时间未满三年的申报前一年度净利润或营业收入同比增长达到 50%）；申报前两年研发投入占比须达到 5%，具备 1 件以上核心发明专利、集成电路布图设计专有权等有效知识产权。

其次，突出个性标准。对于经国家科技部门认定的重点实验室、工程研究中心、技术创新中心、临床医学研究中心、工程技术研究中心、企业技术中心等国家级研发机构，对于承担经国家科技部门立项的科技重大专项、重点研发计划项目及其他重大科技项目等创新能力强的重点高企，对于上年度研发投入可加计扣除额大于 5 亿元等创业能力突出的高企，对于提交了上市申请文件且进入发行机构审核环节，近 5 年与券商、会计师事务所、律师事务所等中介机构签订了上市辅导协议，中介机构已出具了尽职调查报告的上市后备企业，以及在中国证券监督管理委员会广东监管局办理了辅导备案程序等的创富能力强的重点高企，视具体情况突破项目申报限制或适当降低申报条件。

最后，创新评价体系。与传统的单一评价体系不同，创新型企业评价工作综合借助属地政府部门、行业权威组织、风险投资机构、评审专家的力量，首次实行属地推荐和行业提名，根据申报企业类型分别设置书面评审、答辩评估、现场考察等遴选环节，分类制定书面评审、答辩评估及现场考察评分标准，分类分配各个遴选环节在综合评分中所占权重。其中书面评审侧重评审企业技术水平和财务状况，根据企业规模效益、创新投入、创新产出等定量指标，以及园区（镇街）推荐意见等定性材料进行书面综合评分。答辩评估侧重评审企业核心产品的市场状况、商业模式和企业投融资等情况，以企业展示、互动问答、企业答辩的形式，对企业核心产品、核心技术、核心团队、盈利模式、商业模式、发展前景等情况进行综合评估。现场考察侧重评审企业的研发、生产、管理、经营、氛围等整体情况，对企业生产经营现场、研发现场、财务情况、文化氛围等进行综合评价。

（二）创新型企业培育实践

依托建立的创新型企业培育体系，东莞于 2019 年 8 月启动第一批创新型企业培育实践工作，经过近四个多月的宣讲培训、组织申报、属地推荐、行业提名、书面评审、答辩评估和现场考察等遴选程序，最终遴选出第一批东莞市创新型企业 63 家，其中百强创新型企业 29 家、瞪羚企业 34 家。

1. 宣讲培训

2019 年 9 ~ 12 月，分片区组织开展了 6 场东莞市创新型企业培育暨科创板上市宣讲培训会，包括全市宣讲会 1 场、临深片区宣讲会（塘厦）1 场、滨海湾片区宣讲会（长安）1 场、城区片区宣讲会（石碣）1 场、以科创板为主题的专题分享交流会 2 场。培训会采用培训、座谈、走访等活动形式，通过整合投资机构、银行、券商、人才引进与培训、创业导师及成长孵化、管理咨询、高校研究院等服务资源，以专题培训、沙龙、考察、走访、对接、咨询等形式，深入了解企业的诉求及发展痛点，就高新技术科研成果的精准导入、加强科研体系构建及顶层设计、强化内部管理咨询以及下游客户资源的引荐等方面为创新型企业开展政策解读，得到了社会的关注和认可。培训群体覆盖了 32 个镇街科技业务主管部门、近 500 家高新技术企业、近 1000 人次的企业项目代表，营造了创新型企业暨科创板上市有关创新工作氛围，起到了政策宣传培训效果。

2. 组织申报

第一批创新型企业申报中共有 112 家企业符合基本条件，其申报类型和产业领域与东莞现有重点产业发展匹配度高。其中，按申报类型划分，申报百强创新型企业 55 家、瞪羚企业 57 家；按产业领域划分，包括高端装备制造 54 家，占 48.2%，新一代信息技术 26 家，占 23.2%，新材料 21 家，占 18.8%，新能源 6 家，占 5.4%，生命科学和生物技术 5 家，占 4.4%。

3. 属地推荐

增设属地推荐环节。组织申报企业所属的园区、镇（街）科技部门对 112 家属地企业开展属地评级工作，由园区、镇（街）科技部门结合企业研发、生产及经营情况等对企业分"优秀""良好""一般"三个级别进行推荐评级。在完成推荐评级工作后，有关园区、镇（街）科技部门以园区管委会或镇（街）政府名义提出推荐意见，推荐意见以一定的权重被纳入创新型企业书面评分。

4. 行业提名

启动同行评议。面向市内外征集东莞市创新型企业服务机构入库，组建东莞市创新型企业服务机构库，参与创新型企业遴选的行业提名评价工作。东莞市科技局根据专业水平、产业领域分布等情况，从创新型企业服务机构库抽取行业协会、新型研发机构，根据创新型企业遴选的遴选标准和申报条件，对申报企业进行行业提名评价，阐明提名评价理由。行业提名结果以一定的权重被纳入创新型企业书面评分。

5. 专家评审

依据创新型企业重点支持的产业领域设置 5 个专业评审小组，组织行业技术、投资、管理和财务专家对 55 家申报百强创新型企业开展书面评审、答辩评估、现场考察，对 57 家申报瞪羚企业开展书面评审、现场考察等遴选工作。其中百强创新型企业按书面评审得分权重 40%、答辩评估得分权重 40%、现场考察得分权重 20% 计算综合评分，瞪羚企业按书面评审得分权重 60%、现场考察得分权重 40% 计算综合评分；依据综合评分高低进行排序，汇总产生创新型企业遴选备选名单。

6. 培育遴选

经培育遴选工作，第一批东莞市创新型企业共产生 63 家，其中百强创新型企业 29 家、瞪羚企业 34 家，达到预期的培育遴选工作目标。第一批东莞市创新型企业特别是百强创新型企业，产业领域、创新能力、盈利模式、资本运营等综合能力十分突出。产业领域突出，凸显东莞重点产业结构，其中高端装备制造占 31%，新一代信息技术占 41.4%，新材料占 17%，新能源占 3.6%，生命科学和生物技术占 7%；创新能力突出，已形成一批核心知识产权，一批实现科技成果转化，包括拥有与企业核心技术相关的发明专利或 PCT 等有效知识产权 3803 件，制定或参与制定国际、国家标准及军工标准 44 个，地方、行业标准 52 个，获得国家及省级科技奖励 22 项，近三年实现成果转化 653 项；盈利模式突出，申报前三年营业收入总额 213.51 亿元、申报前两年营业收入总额为 245.35 亿元、申报前一年营业收入总额为 930.36 亿元、申报前两年营业收入复合增长率平均为 101.13%、申报前两年净利润复合增长率平均为 126.49%、申报前一年度净利率平均为 14.06%、申报前一年毛利率平均为 38.04%；资本运营突出，累计获得企业投融资 53.07 亿元，银行信用等级达到 2A 以上 9 个。

（三）创新型企业培育发展

1. 创新创业创富支持经济增长培育新动能

入选百强创新型企业的广东生益科技股份有限公司、易事特集团股份有限公司等 2 家企业建有国家企业技术中心，广东众生药业股份有限公司、广东正业科技股份有限公司等 2 家企业获得国家科技重大专项项目立项，具备核心技术竞争力，创新能力突出；维沃移动通信有限公司申报年度研发投入可加计扣除额大于 5 亿元，研发投入额稳居全市高企研发投入前列，创业能力明显；广东天元实业集团股份有限公司、胜蓝科技股份有限公司等 2 家公司成功上市创业板，开普云信息科技股份有限公司、广东奥普特科技股份有限公司、广东利扬芯片测试股份有限公司、东莞市鼎通精密科技股份有限公司、生益电子股份有限公司等 5 家企业成功上市科创板，占东莞现有 8 家科创板上市企业的 62.5%，创富能力显著。创新型企业从创新、创业，走向创富，全面支持全市经济增长培育新动能工作。

2. 培育发展目标助力东莞经济高质量发展

29 家百强创新型企业在"规模效益、创新产出、成果转化、行业引领、以及上市情况"等方面提出未来三年培育工作任务，助力东莞经济高质量发展。如培育期截止年度营业收入比 2019 年预计平均增长 93% 以上、净利润平均增长 119% 以上，培育期内平均净利率达 13% 以上，毛利率达 35% 以上；培育期内研发费用预计 6% 以上；预计认定国家级研发机构 5 个、省级研发机构 23 个；预计承担国家及省部级科技重大专项立项 14 项；预计取得与核心产品（服务）相关的授权发明专利 3334 件、PCT 国际专利申请 274 件；预计主导及参与制定国际、国家标准、军工标准 60 个，主导及参与制定地方标准、行业标准 63 个；预计实现成果转化 610 项；预计 2 家企业进入中国 500 强；预计实现中小板上市 4 家、创业板上市 10 家、科创板上市 11 家。

三 促进创新型企业融通发展

（一）加大创新型企业财政资助力度

由财政部门根据年度预算设立创新型企业营业收入首次晋级奖励资金，引导创新型企业提升经营管理水平，鼓励做大做强，对创新型企业上年度营业收入首次晋级 5000 万元、2 亿元以及 10 亿元的，市财政按照地方财力增长部分以最高不超过 30% 的比例且不超过 50 万元的额度给予奖励。实施研发投入补助，引导创新型企业增加研发投入。以税务部门核准的可加计扣除研发支出额按最高不超过 5% 的比例进行财政补助，对百强企业、瞪羚企业分别给予不超过 100 万元、50 万元的财政资助，园区、镇（街）财政部门可按市级财政资助金额 1:1 的比例对创新型企业进行配套资助。落实科技项目配套，引导创新型企业加大核心技术攻关。组织百强创新型企业申报国家、省重点领域研发计划，根据《东莞市重点领域研发项目实施办法》，百强创新型企业获得由国家、省级科技部门设立的重点领域研发计划项目立项资助的，按最高不超过国家及省级财政资助金额 1:1 的比例且最高不超过 1000 万元进行配套资助。对百强创新型企业实施"一企一策"办法，实行个性化服务及政策扶持。对创新型企业在技术研发和经营管理上遇到困难及重大难题的，由科技主管部门牵头有关部门和园区、镇（街）部门提出可行性建议或解决方案，以"一事一议"方式报市政府进行审议。建立创新型企业市镇联动工作机制，配套形成市镇协同服务政策体系，鼓励园区、镇（街）进行属地政策配套或制定出台专项扶持办法，对百强创新型企业培育工作纳入园区、镇街工作考核体系，发挥市镇协同效应。

（二）强化创新型企业要素供给

强化技术要素供给，引导创新型企业加大产学研合作，支持百强创新型企业与国内外高等院校、科研机构、新型研发机构、高科技企业等技术载体合作共建科技创新平台或组建研发联盟,推动创新型企业认定国家重点实验室、国家工程研究中心、国家技术创新中心、国家临床医学研究中心、国家工程技术研究中心、国家企业技术中心等国家级研发机构,鼓励对涉及"卡脖子"的关键核心技术及产业进行重点攻关,按照"一事一议"原则报市政府进行审议后给予支持。

强化人才要素供给,鼓励创新型企业引进创新科研团队,推动创新型企业与东莞市名校研究生培养(实践)基地、东莞市名校研究生培育发展中心等人才载体的对接,鼓励创新型企业大力引进名校研究生、实施联合培养,发挥引入、留人、养人等人才机制作用。鼓励创新型企业主要负责人、高管等人才申报东莞市产业创新人才奖,市财政按《东莞市产业发展与科技创新人才经济贡献奖励实施办法》有关规定,以个人缴纳工薪收入以及科技成果转化等工作所形成的个人所得税市留成部分按最高不超过80%且不超过100万元的标准给予人才税收奖励。

强化人才住房保障。支持百强创新型企业技术骨干和中高层管理人员优先向市级人才住房管理部门以实物配置、货币补贴方式申请配租配售人才住房。鼓励有条件的园区、镇(街道)按照"政府统筹、定向销售、公开透明"的指导原则,因地制宜开展科技人才公寓建设,以限价、定向的方式合理供应给创新型企业所引进的高层次科技人才,助力创新型企业引人、留人。

强化用地要素供给。支持百强创新型企业优先购买科技企业孵化器已完成产权分割项目的产业用房,对百强创新型企业入驻时限放宽要求;百强创新型企业参照《新型产业用地(M0)项目贡献产业用房管理实施细则》可优先申请低成本入驻东莞市新型产业用地(M0)贡献的产业用房,有不超过三年的优惠入驻时间,支持市属或园区、镇(街)等国有控股公司代建产业用房,对暂未满足亩产用地贡献要求的百强创新型企业,可以租赁的方式使用三年,三年到期后实行亩产用地贡献要求等指标考核评价,对于评价符合的,可通过招拍挂程序对百强创新型企业进行产业用房产权转让。对在东莞租赁自用办公用房的百强创新型企业,按办公用房租赁发票金额最高不超过 30% 的比例且每年不超过 100 万元的标准给予租金补助，补助年限最高不超过三年。

（三）营造科技创新创业氛围

开展企业家培训，提高创新型企业负责人科技创新综合能力。支持百强创新型企业主要负责人、高管到国内外知名高等院校、科技企业、科研机构等进行科技创新学习交流，搭建创新型企业科技创新服务平台，推动科技创新成果转移转化，促进科技创新资源无缝对接，提高创新型企业主要负责人、高管自身的科技创新、企业管理、资本运作等综合能力。市财政对创新型企业参与学习交流、考察中产生的培训费用按最高不超过 50%、每人每次最高不超过 4 万元，以及企业每年最高资助不超过 20 万元的标准给予报销资助。支持创新型企业参加境内外科技类展会，对参加境内外科技展览会的创新型企业按展位费、特装布展费等实际发生费用最高不超过 50% 且每家企业同一展会最高不超过 10 万元的标准给予科技展会补贴。对经市科学技术局备案同意、由百强创新型企业主办或承办的且参会人数超过 200 人的行业峰会、学术论坛、学术会议，按实际投入成本最高不超过 30% 且每家企业每年最高不超过 100 万元的标准给予科技论坛补贴。

（四）推进创新型企业资本融合

推动股权投资。鼓励社会资本投资创新型企业，支持风险投资机构与百强创新型企业进行资本对接，优先奖励经中国证券投资基金业协会备案登记的风险投资机构对百强创新型企业进行股权投资的行为。

推动产业投资。支持百强创新型企业发起或参与在东莞注册设立的股权投资基金，根据基金规模给予最高不超过 1000 万元的一次性引导奖励。对企业信用首贷损失给予风险补偿，纳入"三融合"风险补偿机制，将专利质押、商标权质押纳入"三融合"贴息范围。鼓励融资担保公司向创新型企业提供担保融资，对融资担保公司为创新型企业提供信用担保融资给予一定比例的风险补偿，对创新型企业支付的担保费用给予一定比例的补贴。推动创新型企业到科创板和创业板上市，支持百强企业和银行、券商、会所、律所等资本要素进行有效对接，对成功在主板或中小板上市的创新型企业按最高不超过 700 万元的标准进行上市奖励；支持创新型企业利用资本市场各类融资工具进行融资，对成功发行直接债务融资工具的非上市创新型企业按最高不超过 50 万元的标准给予贴息奖励，对成功挂牌全国股转系统且通过直接融资方式在资本市场实现融资的创新型企业，按最高不超过 100 万元的标准给予财政奖励。

参考文献

《东莞市科学技术局关于印发〈东莞市重点领域研发项目实施办法〉等建设国家创新型城市配套政策的通知》，《东莞市人民政府公报》，2020 年 7 月 28 日。

《东莞市人民政府办公室关于印发〈东莞市高新技术企业树标提质行动计划（2018 – 2020 年）〉的通知》，《东莞市人民政府公报》，2018 年 9 月 25 日。

《东莞市人民政府办公室关于印发〈东莞市高新技术企业"育苗造林"行动计划（2015 – 2017）〉的通知》，《东莞市人民政府公报》，2015 年 8 月 11 日。

B.11
东莞市企业技术创新能力提升对策研究

尹振钟　杨锐勇*

摘　要： 企业技术创新是广东区域创新能力的一大特色及传统优势性
指标，这一优势的建立，与广东省近年来通过各种途径激发
企业创新活力密不可分。根据《中国区域创新能力评价报告
2019》，广东省的区域创新能力持续排在首位，在广东省构
建的以企业作为创新的主体、以市场作为创新的方向、产学
研相结合的创新体系下，创新型企业逐渐成为推动全省经济
高质量发展的主力军。作为广东核心竞争力的一部分，东莞
高度重视科技创新。企业创新为东莞市带来了巨大的发展和
进步，不断地培育新的企业主体，提高企业的创新能力，促进
东莞的经济呈现上升趋势，地位逐渐提高。科创型企业逐渐
展现创新的价值，不断地用数据和事实刷新外界对东莞创新
能力和发展优势的认知，目前东莞已成为创新要素聚集的创
新基地。

关键词： 科技创新　创新型企业　东莞市

---

* 尹振钟，东莞市电子计算中心工程师，研究方向为创新与创业管理；杨锐勇，东莞市电子计
算中心孵化投资部部长，研究方向为科技产业创新与区域布局。

一 发展情况及对应措施研究

20 世纪 90 年代末, 由于对能源、资源的刚性需求持续上升, 生态环境约束进一步加剧, 以发展"三来一补"加工业著称的东莞, 在资源与环境、国际与国内竞争的多重压力下及东莞谋划高水平崛起战略的背景下, 开始产业转型升级之路。随着产业转型升级的顺利推行, 东莞浮现"三来一补"加工业所带来的一些问题, 如重点产业自主核心技术攻关能力不强, 不能满足东莞产业转型升级的需要, 包括科技发展的基础仍然薄弱, 科技创新支撑产业发展的能力有限; 新型研发机构、孵化器等创新载体的造血功能仍相对不足, 成果转化和产业化进程较慢, 对产业转型升级的支撑力不强; 部分镇街、部门对科技创新的重视程度仍有待提高, 科技创新对产业的支撑引领作用有待加强等方面。2017 年 12 月, 东莞市政府发布《东莞市核心技术攻关"攀登计划"实施方案 (2017 - 2020 年)》, 针对大力推进实施创新驱动发展战略, 增强企业的自主创新能力, 加快推动东莞的重点产业转型升级以及培育战略性新兴产业的发展, 提出了具体的目标要求, 并取得了一定的成果。

(一)东莞产业发展情况

1. 重点产业核心技术攻关取得显著成效

为加强东莞市重点产业的核心技术攻关能力, 推动产业的转型升级及战略性新兴产业的培育发展, 东莞出台了一系列措施, 包括《东莞市核心技术攻关"攀登计划"实施方案 (2017 - 2020 年)》提出, 要组织实施创新科研团队项目、核心技术攻关重点项目和前沿项目, 要引进和组建重大公共类科技创新平台, 并自 2018 年起, 推动和鼓励各镇街 (园区) 积极参与, 根据项目的相关类别配套或奖励镇街资金, 充分发挥政府财政资金对企业技术创新能力的支持作用, 并带动社会科技资源投入到产业的技术攻关中, 共同推动东莞重点产业和核心技术的进一步发展。近年来, 结合广东省重大专项科技计划改革导向，东莞逐步对重点领域研发项目的组织和管理进行突出优化，采取了穿透式的服务，对接龙头企业和新型研发机构，争取国家、省资源，努力实现"卡脖子"技术的突破。

（1）加强企业的深化服务。东莞市政府组织专家调研队伍，对承担2019年省重点领域研发项目的东莞立项单位进行"一对一"走访，分析立项单位研发特点并收集需求，在此基础上，进一步摸索项目实施、组织服务的新模式。同时，还联络15家东莞市新材料行业企业与松山湖材料实验室对接做好项目策划，跟踪指导思谷、南京中科煜宸、生益科技、银宝山新、慧瓷、北京化工大学等一批重点项目的实施。

（2）优化项目的组织遴选。东莞市政府经多次研究制定《东莞市重点领域研发项目实施办法》，提出组建东莞市重点领域研发项目专家咨询委员会，以对核心技术项目组织工作、"卡脖子"技术目录进行咨询建议，强化科学家的评审作用，实行专员服务管理等新举措。围绕东莞市重点培育发展的五大领域十大产业，东莞开展项目入库征集工作，联合行业联盟、重点企业梳理重点产业"卡脖子"技术目录，截至2020年2月，已征集了九大领域共350个项目建议，筛选了88个入库项目，梳理出138个技术目录，在此基础上，辅导和推荐优质项目申报国家、省重大项目，已组织推荐企事业单位申报2019年省重点领域研发计划项目110项、填写揭榜制建议161条，获省重点领域研发项目立项15项，获省资助经费1.6436亿元。

（3）支持"卡脖子"应急研发。为应对中美经贸摩擦不断向科技领域延伸的发展形势，响应广东省科技厅发布的19个科技应急专项，东莞围绕5G、人工智能、集成电路、高端装备制造等主要领域，针对西方国家对关键核心技术、关键零部件管制禁运问题，找准被纳入实体清单的企业需求。东莞积极组织科研力量应对，依托松山湖材料实验室、广东生益科技股份有限公司承担了其中4项科技应急专项，围绕5G关键器件与材料国产化着力解决进口替代的"卡脖子"技术问题，获省资助2676万元，立项数量与金额均居全省第2位。

2. 支柱产业支撑"东莞智造"快速发展

随着改革开放的不断深入，以及工业行业结构不断调整，东莞逐步形成了电气机械及设备制造业、食品饮料加工制造业、纺织服装鞋帽制造业、电子信息制造业、造纸及纸制品业等五个支柱产业。东莞市 2020 年规模以上工业增加值为 4145.65 亿元，规模以上工业五大支柱产业增加值为 2806.89 亿元，所占比重为 67.7%，支柱产业的主导地位凸显。

（1）电气机械及设备制造业。东莞是制造工厂，机械制造、通用和专用设备制造、器材和交通运输制造业等各种产业链条均可在区域范围内找到对应的服务商，东莞成熟且高关联度的技术和资金密集型产业，在科技创新发展中起着不可替代的作用。

（2）食品饮料加工制造业。加多宝、徐福记、雀巢、华美等食品产业规模以上企业达到 100 家，主营业务收入约 800 亿元，在珠三角城市中排在第二名，尤其东莞麻涌作为世界粮油食品企业的重镇，逐步建成了华南地区主要的粮油加工集散基地。

（3）纺织服装鞋帽产业。20 世纪 80 年代，东莞承接港台等地区的纺织制鞋传统制造业，并逐步培养为主要产业。目前东莞纺织服装和鞋帽已经呈现清晰的产业分布。虎门镇是主要的时尚女装、休闲装、童装基地，大朗镇是主要的毛针织产品基地，茶山镇是主要的休闲服、针织 T 恤、运动服、内衣裤基地，东坑镇则是洋服男装企业基地，麻涌、洪梅是主要的印染、洗水基地，中堂镇是牛仔服装基地，制鞋主要分布在南城—厚街—虎门。东莞作为中国主要纺织产业基地之一，拥有虎门服装、大朗毛织、厚街鞋业 3 个省级产业集群。

（4）电子信息制造业。作为东莞最主要的产业，电子信息制造业发展迅速，其产业规模居广东第二位，在东莞工业中占绝对优势。东莞市高端电子信息产业已经形成了新一代移动通信产业、新型显示产业、集成电路、云计算和物联网等优势领域。拥有的华为终端、华为机器、欧珀移动、宇龙通信、步步高、日立、先锋等国内知名企业成为行业龙头，形成了松山湖、长安两个产业集群区。华为终端（东莞）、步步高系企业突破千亿产值大关。

智能手机时代，OPPO、vivo、华为逐渐成长为国际知名的手机品牌。东莞以完善的电子信息制造业产业链，通过龙头企业的带动作用，逐步形成了拥有电子元器件和电子材料等产业体系。

（5）造纸及纸制品业。产业集群规模较大，拥有较强的市场竞争力，与国内生产文化和生活用纸的其他省市形成了错位互补的模式，经过长期的发展，逐渐形成了以包装纸为第一市场、生活用纸为第二市场的产业。

3. 新兴产业成为夯实产业基础的重要抓手

新兴产业的培育是东莞贯彻新发展理念、构建新发展格局的战略实践和创新探索，也是东莞在全球制造业进入新一轮变革浪潮下抢占制高点的作战图谱，形成战略性产业集聚是科技创新与产业升级发展的重要目标。2020 年东莞市生产总值为 9650.19 亿元，同比增长 1.1%，其中第一产业增加值为 30.27 亿元，同比增长 6.0%；第二产业增加值为 5193.09 亿元，同比下降 0.9%；第三产业增加值为 4426.83 亿元，同比增长 3.5%。全市规模以上工业企业总数达到 10861 家，总量稳居全省第 1 位、全国第 2 位，规上工业增加值 4145.65 亿元，其中，规模以上战略性新兴产业拉动规上工业增长 5.9 个百分点。高质量发展下的新动能崛起正逐步崭露头角，经济复苏的脚步处处展现活力，一批战略性新兴产业重大项目的密集落地，成为东莞补齐产业基础能力短板、提升产业链水平的重要抓手。2020 年，东莞市产业工程项目完成投资 480 亿元，占全部项目完成投资的 48.8%，同比增长 8.1%。其中，新一代信息技术工程、高端装备制造工程分别完成投资 216.5 亿元、109.7 亿元。2021 年，全市产业项目年度计划投资 485.5 亿元，占全部项目年度计划的 56.9%，同比增长 25.8%。其中，战略性新兴产业等新动能项目投资额居各行业之首，新一代信息技术工程、高端装备制造工程和新材料分别计划投资 169 亿元、127.9 亿元和 20 亿元。①

---

① 《2021 年东莞市政府工作报告》，东莞市人民政府网站，2021 年 3 月 1 日，http：//www. dg. gov. cn/gkmlpt/content/3/3469/post_ 3469380. html#694。

（二）企业技术创新能力建设的研究情况

根据"十四五"规划，打造"新发展格局"成为未来中国发展的重要支撑和亮点，其中科技创新成为首要领域。在 2021 年全市科技创新工作部署会上，东莞提出打造综合性国家科学中心先行启动区，探索关键核心技术攻关新型举国体制的"东莞路径"，推进科技成果转化平台载体建设，打造创新型企业和新兴产业集群，打造创新人才聚集高地，营造区域协调发展的创新格局等重点工作内容。科技创新不能只停留在以往引进—消化—吸收—再创新、集成创新的模式上，必须强化创新的源头供给，组织前沿及"卡脖子"技术大力攻关，发展东莞的硬核科技。创新作为科技发展的第一动力，为东莞高质量发展以及现代化经济体系的建设提供了战略支撑；企业创新能力提升和创新转型升级作为科技发展的重要力量，为创新能力体系的构建提供了基础，《中共中央关于制定国民经济和社会发展第十四个五年规划和二〇三五年远景目标的建议》提出要提升企业技术创新能力，并对企业技术创新能力建设提出了明确的要求，指明了企业技术创新能力建设的重点和方向，意义十分重大。

东莞将培育企业成为创新主体作为重点抓手，不断通过各种政策鼓励企业加大项目的科研投入，加强项目的技术创新，加快项目的成果转化，具体体现在以下几方面。一是突出政府的引导作用。充分发挥财政资金在企业创新建设中的支持作用，促进企业成为市场创新活力的主体，整合产业政策和资源，加强产业集群建设和产业支援服务，积极推动企业工程技术研究中心的建设。二是遵循市场的基本规律。充分利用产业要素资源，从市场经济发展的规律出发，助推企业应用先进适用技术，实现技术改造和产业共性技术、关键技术以及应用领域方面的突破。三是突出产业集群的示范带动。通过对电子信息、毛织、服装、模具、家具等省级产业集群升级示范区的重点引导和扶持，提升自主创新能力，加强公共服务能力，优化产业集群升级，形成集群示范带动效应。

二 东莞提升企业技术创新能力的做法

(一)打造创新型企业发展梯队

1. 高新技术企业成为推动科技创新的主力军

"十三五"期间,面对深化科技体制改革、加快创新驱动发展的新形势、新任务,东莞积极贯彻落实国家和省科技发展战略,先后出台了《关于实施创新驱动发展战略走在前列的意见》《关于打造创新驱动发展升级版的行动计划(2017-2020年)》等系列科技政策,形成了实施创新驱动发展战略"1+N"科技政策体系,推动东莞迈入国家创新型城市行列,这也标志着东莞区域创新纳入国家战略布局。

新形势下企业发展梯队的建设尤为重要,从2015年起,东莞先后出台了高新技术企业"育苗造林"计划和"树标提质"计划,从政策扶持上推动高新技术企业规模的快速扩大,2015年到2019年全市高新技术企业数量增长超过5倍。2020年东莞高企实际存量达到6385家,沙田、桥头、道滘、麻涌、茶山、厚街等18个镇街(园区)高企培育完成率达到100%及以上;长安、东城、松山湖、塘厦、虎门等10个镇街(园区)高企认定通过数超(近)100家;沙田、望牛墩、麻涌、桥头等10个镇街(园区)高企申报通过率最高;横沥、清溪、桥头、沙田、松山湖等10个镇街(园区)高企数量增速最快,详见表1。

表1　2020年东莞高企培育完成情况排名靠前的镇街(园区)

目标任务完成率达100%及以上的镇街(园区)	沙田、桥头、麻涌、道滘、茶山、厚街、中堂、清溪、石排、松山湖、寮步、凤岗、横沥、黄江、企石、东坑、虎门、望牛墩
高企认定通过数超(近)100家的十个镇街(园区)	长安、东城、松山湖、塘厦、虎门、寮步、横沥、常平、南城、厚街
高企申报通过率最高的十个镇街(园区)	沙田、望牛墩、麻涌、桥头、道滘、企石、茶山、中堂、横沥、大朗
高企数量增速最快的十个镇街(园区)	横沥、清溪、桥头、沙田、松山湖、中堂、厚街、虎门、企石、寮步

根据科技部火炬中心关于2020年高企备案的批复，东莞市共有2526家企业通过高新技术企业认定，拿下全省的第3名，排在全国前列，根据数据情况，东莞市共有3435家企业申请并获得了科技型中小企业评价入库编号，全省排名第三。《2021年东莞市政府工作报告》提出"十四五"时期目标——随着创新驱动发展的动力和产业链供应链现代化水平的明显提升，要将东莞打造成为具有全球影响力的大湾区创新高地和以科技创新为引领的全国先进制造之都。东莞要继续擦亮制造业品牌，必须用创新驱动的战略，继续推动整个制造业提升和发展。

2. 创新型企业培育引领高质量发展

东莞的创新型企业在数量上具备了良好基础，为东莞构建"百强企业—瞪羚企业—高新技术企业—科技型初创企业"的创新型企业培育梯队，提升东莞市企业总体的质量，提供了扎实的基础。2019年起，东莞市政策导向实现了从注重数量优势向注重数量与质量双重优势转变，出台了《东莞市培育创新型企业实施办法》，通过构建"高新技术企业—瞪羚企业—百强创新型企业"的梯队培育机制，实行分类扶持，推动高企实现高质量发展。在各项举措的支撑下，全市的高企数量和质量不断提升，出现了一批批龙头企业和隐形冠军代表，逐渐形成了创新型企业集群，比如生物医药行业有众生药业和东阳光药业，电子信息行业有华为终端、OPPO、vivo，新一代光纤传感技术和保密通信领域有复安科技等。

接下来，东莞推进了创新型企业培育发展计划，通过构建"百强企业—瞪羚企业—高新技术企业—科技型初创企业"创新型企业培育梯队，提升东莞市企业总体的质量。东莞创新驱动发展所需要的企业除了龙头企业外，还需要一大批能解决行业中的关键核心技术的中小企业，也就是瞪羚企业和创新型企业。东莞引导这些企业建设高水平的研发机构，引导企业承担国家、省的重点科研计划，鼓励企业承担一些源头创新的课题或项目。

此外，东莞建设国家创新型城市，实现经济高质量发展目标的亮点措施还体现在东莞推动空间区域创新，以镇街为面、创新型企业为点进行空间创新布局，建设一批具有产业优势的创新强镇。创新强镇的建设除了要有专门的投入、专门的服务机构和专门的政策外，还要有体现创新水平的高新技术企业等，同时，有条件的创新强镇，还可以根据当地的产业优势、特点和布局，选择一些专门的空间做源头创新项目，比如建设高水平的孵化器和实验室，承担国家级的专项转化项目，带动整个镇域经济的发展。截至 2019 年底，全市共有 3941 家规模以上工业企业进行了研发机构登记备案。所建研发机构经国家、省或市认定的企业主体达到 496 家，其中属于国家高新技术企业的有 414 家，尚未认定为高企的有 82 家。496 家企业主体所建的研发机构中，被认定为国家级企业研发机构的有 2 家，分别为广东生益科技股份有限公司的"国家电子电路基材工程技术研究中心"与广东东阳光药业有限公司的"抗感染新药研发国家重点实验室"；认定为广东省工程技术研究中心的有 454 家，省重点实验室的 13 家；认定为东莞市工程技术研究中心的有 284 家、市重点实验室的 108 家。

3. 民营企业进一步多元化发展

东莞市民营经济发展体量不断增大，民营工业企业占东莞市工业企业比重约为 92%，大型骨干企业方面，东莞市主营业务收入超千亿元的两家工业企业（华为终端、欧珀）均为民营企业；超百亿元工业企业有 12 家，其中 9 家是民营企业。多年来，东莞出台系列推动企业技术改造的政策措施，在广东省率先实施"机器换人"的行动计划，2017 年"机器换人"项目升级为自动化智能化项目，自 2014 年起东莞连续 3 年每年安排超过 2 亿元的资金，大力推动东莞市企业进行新一轮的技术改造。2018 年公开数据显示，东莞市工业技改投资额增长到 433 亿元，相较于 2014 年增加了 308 亿元，累计受理自动化智能化项目申报 3176 个，总投资额约 446 亿元。技改项目的推进实施，为企业节约了用工成本，生产效率得到了大大提升。

（二）加强企业研发队伍建设

科技创新人才是推动经济发展的第一资源。自 2017 年以来，东莞市各镇的产业结构得到了不断优化，要素驱动逐渐向创新驱动转变。东莞拥有先进的制造业基础，产业配套完善，为科技成果转化提供了良好的实验田。而引进、培养高层次人才，不仅是推动东莞社会经济发展的重要一环，也是当前较为迫切的任务，没有创新人才的积累就没有科技创新的突破前行。

1. 人才队伍扩充的基本途径

为贯彻落实《东莞市人民政府关于贯彻落实粤港澳大湾区发展战略全面建设国家创新型城市的实施意见》（东府〔2019〕24号）精神，提升东莞的支柱产业、先进制造业和战略性新兴产业的科技创新能力，推动全域创新和全链条创新，着力打造一支支撑东莞市实施创新驱动发展战略、实现经济社会高质量发展的研发人才队伍，东莞市出台了《东莞市加强研发人才引进培养暂行办法》。同时，各镇街也根据产业发展特点和实际情况，通过不同的方式招揽人才，培养人才，留住人才。

一是走进企业。通过走访企业了解人才引进的需求并提出对应的解决方案，通过政策扶持、活动支持，留住人才。二是助力企业培育高素质人才。通过组织开展系列培训，针对性地为企业培养高素质创新人才。三是引进和建设科研创新平台。通过引进企业研发总部、建设科技创新平台、建立海外人才工作站等方式，成批次引进高层次人才。四是举办各类科技创新活动。通过举办科技创新和创业活动，如论坛、创业大赛、项目路演、需求对接、成果交流、训练营、国际科技合作周、高层次人才来莞等，营造全市科技创新创业氛围，吸引高层次人才到莞聚集交流。五是开展产学研合作。通过积极运作和服务科技项目的方式留住科技人才，与高校科研院所进行内部联系，培养应用型人才。六是提供政策引导和输入。通过对企业研发机构、创新人才提供政策性补助、优惠、奖励，鼓励企业研发机构积极会集人才，吸引更多高层次人才到企业创新创业。

2. 企业研发机构成为发展助推器

企业研发机构的建设为企业集聚创新人才提供了载体与事业发展的平台。一大批企业通过企业研发机构建设，建立了相对完善的创新人才引进、使用与培养管理制度，对形成稳定的核心研发团队作用巨大。东阳光是国内知名的生物医药研发制造企业，于2005年成立的东阳光药业研究院，于2015年被科技部批准成为第三批国家重点实验室，使东莞成功实现了国家级重点实验室零的突破。目前建立了"以才引才、以才育才"的创新人才引进与培养体系，曾连续三年获选广东省创新科研团队，集聚了一批国际国内高端人才，更重要的是通过高端人才的培育，东阳光形成了一支以本土人才为主体的研发队伍。东阳光药业研究院目前有超过 2000 名研发人员、40名外籍人士或者海归专家，吸引了国际级的化学结构创造师、国家级的高端专家和领军人才队伍，硕士以上人才占比超过 65%。[①]

在创新人才团队的持续努力下，东阳光已有 20 个全新结构化合物开展人体临床，涵盖范围包括乙肝、糖尿病、肿瘤、纤维化等多类适应症，将陆续上市不同的新药。

以建设企业研究机构为基础，借助产学研深度融合培养创新人才是企业研发团队建设的重要方式。广东奥普特科技股份有限公司是国内自动化领域的核心零部件供应商，2019 年奥普特营业利润率高达 46.67%，远远领先于绝大多数高新技术企业。奥普特的技术创新离不开其与华南理工大学在产学研方面的深度融合。通过与高校进行研究生联合培养（实践），奥普特在与大学建立产学研合作的基础上，在研发人才的培养上实现了深度绑定，为企业发展提供源源不断的创新人才供给。

"家有梧桐树，引来凤凰栖"。良好的创新创业氛围、庞大的科技企业数量、大力的科技政策扶持、创新的平台建设和积极的项目运作服务，吸引了大批高科技人才和资源在东莞聚集。据不完全统计，截至 2020 年，东莞的研发机构累计吸引了 5000 多名各类人才队伍，其中技术人员超过 70%，博士、教授等高端队伍接近 30%，通过高新企业群体以及东莞的研究院，引进了 28 个市级以上的科研团队，以及一批两院院士和海内外专家等高层次人才。松山湖材料实验室截至 2020 年已引进超过 786 名科技人才，其中全职人员 413 人（含博士以上学历 110 人，硕士以上学历 164 人），其引进的 25 个高层次科研团队项目也已落户东莞，孵化成 25 家产业化公司。20

① 《松山湖材料实验室 2020 年报》，松山湖材料实验室网站，2021 年 3 月 12 日，http://www.sslab.org.cn/news/specialdetail? id = 210312145011111195184CD5AC。

家校（院）地共建的新型研发机构累计引进培育人才约 3000 人，其中博士及以上学历人员超过 500 人，高级及以上职称人员超过 400 人。东莞的 8 个海外人才工作站共组织了 204 名海外人才、40 个海外创新创业项目参与东莞科技创新创业活动。截至 2020 年，共有来自 135 所国内外高校的 1800 多名研究生来莞培养（实践），累计认定 36 个研究生联合培养工作站，吸引 265 家东莞本土企业进行研究生培养（实践），176 人留莞就业。①

三　企业技术创新研发模式的分析

（一）产业体系的创新

"十三五"以来，东莞创新驱动发展获得重大进展，不少从事传统产业的企业，淬炼自身品牌、加强科技创新和自主研发，成功实现转型升级，实现了新老互补，相生相长，共促繁荣。华为系、步步高系工业企业两家千亿企业的诞生与引领，使众多同产业供应链工业企业加速聚集。以创新生态引领产业的升级，以科技创新壮大产业的实力，一批具有全球一流竞争力的优质企业闻香而来，扎根东莞。

刚刚过去的"十三五"，东莞的先进制造业占规上工业增加值的 50.9%，高技术制造业占工业增加值的 37.9%，逐渐成为工业发展的重要力量。电子信息产业集群是东莞首个超万亿元集群，电气机械和设备制造业也向 5000 亿级产业集群进军，数字经济、生物医药、智能机器人等战略性新兴产业规模也在持续扩大。截至 2020 年 9 月底，东莞新材料和新能源企业超过了 5 万户，相较于 2019 年增长了 26.8%。东莞企业研发人员"十三五"时期由 7.5 万人上升到 15.6 万人。截至 2020 年 12 月底，全市有 58 家上市企业，其中 38 家 A 股上市公司，2020 年前三季度在研发方面的平均投入达到 0.63 亿元，投入过亿元的上市公司有 5 家。② 产业集群的发展壮大

---

① 数据为综合整理相关工作总结、信息报道等资料所得。
② 数据为综合整理东莞市统计年鉴、工作报告等资料所得。

需要持续的创新支撑，而创新来自东莞现有的存量以及数以万计的科技创新型企业、新型研发机构、实验室、高校等，它们是科技创新体系的直接参与者；创新来自助力企业与社会资源对接的科技型服务机构和科技服务者，他们是科技创新体系的助推者和幕后力量，在生产链、创新链和服务链等环节形成了整个创新链条和创业生态。千千万万个企业不断地通过技术创新以及技术难题攻关，逐渐形成了东莞不同的产业体系。

产业体系创新的主要表现就在于企业的创新研发模式。改革开放几十年，东莞企业从简单的加工仿制模式，到创立自主品牌、自主研发的传统研发模式，实现了不断的升级。

随着东莞市积极参与粤港澳大湾区国际科技创新中心、综合性国家科学中心的建设，以打造国家创新型城市为主要抓手，重点构建以"源头创新—技术创新—成果转化—企业培育"为主的全链条创新体系，东莞创新企业的研发模式迈向新的篇章——新型的开放科学研发模式，依靠融合外部高校、研发机构、供应链企业等不同于企业内部研发部门的创新个体或中介服务平台，打通开放科学和开放创新，充分会集来自学术界、企业界和政府界的合作伙伴和创新能力，来强化自身产品服务的研发和创新，实现市场化、产业化，并向国际化推广。

（二）研发合作的推动①

促进和推动研发合作是东莞企业创新研发模式的一个重要效应，其最直接的体现就是增大研发投入与共研科技项目。2019 年全市高企建立的各类研发机构总量达到 4852 家，研发机构总的研发费用支出达到 518.55 亿元，占相应高新技术企业科技活动费用支出的比重达到 70.07%。研发费用支出最高的企业是华为终端有限公司，其 2019 年科技活动费用支出高达 333 亿元，其中自身研发机构研发费用支出 124.92 亿元，委托外单位开展科技活动费用支出达 208.08 亿元。若剔除巨额委外科技活动的费用支出，则全市

---

① 数据为综合整理东莞市统计年鉴、工作报告等资料所得。

高企研发机构研发费用占相应高企科技活动经费支出的比重达到97.48%。

2019年，东莞全市省级工程中心共承担了国家级计划项目142项、省级计划201项、市级项目413项。全市455家省级工程技术研究中心中依托单位在正常经营且属于高企的共有394家。这394家高企共实现营业收入3869.63亿元，占全市高企总营业收入的比重为31.98%；实现营业利润255.6亿元，占全市高企营业利润的比重为47%；实现科技活动经费支出217.24亿元，占全市高企的比重为28.28%；共拥有研发人员45940人，占全市高企研发人员比重为32.62%。

2020年，东莞市与中科院积极合作，加速推进科技成果转化，建设松山湖国际创新创业社区，首批已有7个项目集中签约、5个创新工场正式入驻。中国首台自主研发的加速器硼中子俘获治疗实验装置研制成功，为肿瘤治疗带来技术性革新。中科院科技服务网络计划—东莞专项启动，支持本地企业与中科院所属单位在东莞开展成果转化，首批拟立项13项。全市科研仪器设备共享平台启用，汇集49个单位3338台仪器设备。

四　知识产权应用对技术创新影响的分析

（一）知识产权应用为企业创新的赋能

企业创新离不开知识产权的保护，知识产权应用为企业创新赋能。企业的自我创新在各种实践创造中逐渐发展成为独有的劳动成果，根据发展的需要申请企业专有的知识产权，从而鼓励企业取得更大的创新。知识产权包含实用新型专利、发明专利、外观设计专利、软著、商标、文学、艺术作品等，它的高效运用是企业创新发展的重要路径，企业要实现科技成果转移转化的目标，也必然离不开知识产权的基本运用。

（二）知识产权强企是产业发展的引领

近年来，东莞坚持以培育知识产权强企为主，带动企业知识产权的创造，实现成果运用转化，已拥有国家、省、市知识产权优势、示范企业419家，培育了东阳光药业、生益科技、OPPO和vivo等一批知识产权强企。2019年，东莞获得第21届中国专利奖22项，其中外观设计金奖1项，实现近11年金奖零的突破，获奖数量和等次创历年新高；全年通过《企业知识产权管理规范》国家标准认证企业累计1434家，位居全省地级市第一；全年获得认定国家知识产权示范、优势企业累计82家，创历史新高。此外，依托区域产业特色，东莞市各镇基本形成了一些知名品牌的代表，如大朗毛织、寮步莞香、道滘食品等。各区域的发展为产业加码升级，提升了东莞整体的品牌价值。

（三）知识产权保护是企业安全的屏障

自主知识产权是企业的核心竞争力，可以为企业带来多重效益，知识产权的独有性决定了企业在市场竞争中的成败。随着经济的发展，企业数量的壮大，越来越多的企业逐渐拥有知识产权保护意识，华为高度重视技术创新研究与知识产权，每年将不低于10%的销售收入投入项目的研发和创新，以保证在市场竞争力的话语权，目前华为是全球最大的专利持有企业之一。同样，vivo能够成为国产手机的领头羊，跟它多年来的技术积淀和创新有着不可分割的关系，2019年拥有1388件授权专利的vivo，上榜国家知识产权局发布的2019年授权专利排名。

知识产权的创造、运用和保护长期以来存在诸多痛点、堵点，阻碍了知识产权引领、推动产业发展。2019年6月，东莞通过申报、核查、筛选、专家评审、公示等五轮角逐，在全国20多个城市中脱颖而出，成功获批为2019年度国家知识产权运营服务体系建设重点城市，成为广东唯一入选的城市。以此次入选为契机，东莞累计投入6亿元专项资金，在3年内打造知识产权运营服务体系，破解痛点堵点，建设国家知识产权强市。围绕知识产权战略优化政策体系，《东莞市知识产权运营服务体系建设实施方案（2019－2021年）》《东莞市专利促进项目实施办法》《东莞市商标品牌战略专项资金管理办法》等一批政策措施先后出台。得益于政策的资助扶持，东莞市知识产权数量和质量稳步提升。据统计，2019 年，全市专利授权量为 6.0421 万件，其中发明专利授权量 8006 件，位居全省第三；PCT 国际专利申请量为 3268 件，同比增长 21.13%，位居全省第二，发明专利授权量和 PCT 国际专利申请量保持较快增长；截至 2019 年 12 月底，拥有发明专利 2.9966 万件，居全省第 3 位；每万人口发明专利拥有量 35.71 件，居全省第 4 位；专利电子申请率 99.51%，居全省第 1 位。与此同时，东莞市还设立了全省首个地级市商标受理窗口。截至 2019 年 12 月底，全市累计有效注册商标 33.7395 万件，新增注册商标 8.1983 万件，增长 32.10%；累计注册马德里体系国际商标 639 件。2020 年，东莞市国内专利申请数量 95959 件，授权数量 74303 件，其中发明专利申请数量 22045 件，较上一年增长 8.6%，占专利申请总数量的 23%，发明专利授权数量 8718 件，比上一年增长 8.9%，申请数量和授权数量均排名全省第三。另外，东莞市 PCT 国际专利申请数量 3787 件，比上一年增长 15.9%，全省排名第二。①

东莞市通过不断推进知识产权的保护规范化建设，提升知识产权保护能力以及执法协作能力。2019 年，共处理各类专利行政案件 90 件；查处商标违法案件 268 件，案值 281.25 万元，罚没金额 278.89 万元。一年来，东莞市积极拓宽知识产权纠纷解决渠道，东莞市知识产权保护中心、东莞市知识产权纠纷人民调解委员会法庭相继正式运行，知识产权的保护体系建设工作不断完善。此外，商标预警系统的保护作用不断加强，商标预警保护范围逐步扩大，成效显著。

参考文献

《〈中国区域创新能力评价报告 2020〉发布 广东区域创新能力连续四年全国居首》，广东省人民政府门户网站，http://www.gd.gov.cn/gdywdt/bmdt/content/post_

---

① 数据为综合整理东莞市统计年鉴、工作报告等资料所得。

3127012. html。

《核心技术攻关"攀登计划"出台》，南方日报数字报_南方网，2017 年 11 月 17 日，http：//epaper. southcn. com/nfdaily/html/2017 - 11/17/content_ 7682973. htm。

《权威发布丨2020 年东莞市国民经济和社会发展统计公报》，东莞时间网，http：//www. timedg. com/2021 - 03/31/21185566. shtml。

《东莞食品饮料加工业：高端产业集群造"美食之都"》，东莞阳光网，http：//news. sun0769. com/dg/headnews/201508/t20150804_ 5675538. shtml。

《〈东莞市科技计划体系改革方案〉解读》，东莞市科学技术局网站，http：//dgstb. dg. gov. cn/zcjdpt？id = 4187。

《大力培养和引进"创新人才"的建议》，东莞阳光网，http：//ta. sun0769. com/tacontent/？id = 1508。

《未来 3 年预计投入 6 亿元，东莞打造知识产权运营服务体系》，http：//static. nfapp. southcn. com/content/201909/20/c2640110. html？group_ id = 1。

B.12
东莞市培育战略性新兴产业
新动能研究及建议

李昀铮　刘俊*

摘　要：　新兴产业的培育发展需要上、下游产业链和完善的服务体系
支撑。新兴产业的上游高端技术现主要掌握在发达国家的少
数企业手中,而新兴产业生命周期阶段的制约又使其下游产业
链的发展基础十分薄弱。因此,促进新兴产业的发展亟须大力
扶持和培育上、下游产业链,强化科技创新体系、中介服务体
系、政策支持体系以及现代投融资服务体系。

关键词：　战略性新兴产业　新动能　东莞

一　东莞市新兴产业发展现状及基础

2020年,在新冠肺炎疫情的冲击下,东莞市生产总值仍取得9650.19
亿元的成绩,全年增速由负转正,同比增长1.1%。全市实现规模以上工业
增加值4145.65亿元。截至2020年底,全市规上工业企业数量突破1万家,
跃升全国第2名,总产值突破2万亿元。一批战略性新兴产业重大项目密集
落地,2020年,全市产业工程项目完成投资480亿元,占全部项目完成投
资的48.8%,同比增长8.1%。其中,新一代信息技术工程、高端装备制造

---

* 李昀铮,东莞市电子计算中心投研分析项目主管,中级经济师,研究方向为科技产业创新及
区域布局研究;刘俊,投研分析人员,研究方向为科技产业创新及区域布局研究。

工程分别完成投资 216.5 亿元、109.7 亿元。2021 年，全市产业项目年度计划投资 485.5 亿元，占全部项目年度计划的 56.9%，同比增长 25.8%。其中，战略性新兴产业等新动能项目投资额居各行业之首，新一代信息技术工程、高端装备制造工程和新材料分别计划投资 169 亿元、127.9 亿元和 20 亿元。电子信息产业成为东莞全市首个万亿元级产业集群，电气机械和设备制造业向 5000 亿元级产业集群进军，新能源、新材料、生物医药等战略性新兴产业蓬勃发展。①

（一）新一代电子信息产业发展情况

2019 年东莞电子信息制造业完成规上工业增加值 1496.61 亿元，同比增长 8.9%，深圳为 5299.94 亿元、惠州为 637.46 亿元和广州为 356.11 亿元，东莞位居第二。东莞统计年鉴数据显示，2019 年电子信息产业规上企业总营收突破 1 万亿元，高端电子信息制造业总营收为 9018 亿元，新一代电子信息产业有望成为东莞首个万亿元级的新兴产业集群。

表1 2018~2019 年广东珠三角九市电子信息制造业工业增加值

单位：亿元，%

区域	2019 年		2018 年	
	总量	占比	总量	占比
全省	8670.24	—	8766.47	—
珠三角九市	8418.06	97.09	8629.98	98.44
深圳	5299.94	61.13	5585.81	63.72
东莞	1496.61	28.24	1374.27	24.60
惠州	637.46	42.59	639.00	46.50
广州	356.11	55.86	370.70	58.01
珠海	190.57	53.51	203.65	54.94
佛山	178.38	93.60	179.77	88.27
中山	127.61	71.54	160.40	89.23
江门	83.03	65.07	76.45	47.66
肇庆	48.35	58.23	39.93	52.23

资料来源：广东省统计局。

---

① 东莞市人民政府办公室网站—政府信息公开栏目。

1. 龙头骨干企业带动,积极布局细分产业

广东省约有 15 万家电子信息企业,占了全国的 48.3%,其中仅东莞市就有 42339 家,占了全省的 28%,其余散落在大湾区的 9 个城市及 2 个特别行政区内。2019 年,电子信息产业高企数量达到 1598 家,总产值为 7728 亿元,其中 1 家产值千亿元以上,4 家产值百亿元以上,高企规上企业达到 716 家。① 2020 年电子信息产业上市公司共 14 家,总市值约 1271 亿元。东莞还聚集了华为、步步高、易事特、拓斯达、大疆等众多知名芯片应用企业,例如以华为、OPPO、vivo、华贝为代表的智能终端企业,以易事特、志诚冠军等为代表的智能电网企业,以普联、腾达、磊科为代表的网络设备企业,以途星物联网为代表的物联网企业,以李群自动化、拓斯达等为代表的机器人领域企业,可见东莞市在电子信息领域早已汇聚形成了强劲的产业基础。

表 2　东莞市电子信息领域上市企业名单

单位:亿元

股票代码	股票简称	所属行业	2021 年 1 月 20 日市值
002855	捷荣技术	电子—电子制造—电子零部件制造	24.07
002902	铭普光磁	信息设备—通信设备—通信传输设备	26.63
002981	朝阳科技	电子—电子制造—电子零部件制造	24.5
002993	奥海科技	电子—电子制造—电子零部件制造	113.71
300083	创世纪	电子—电子制造—电子零部件制造	167.57
300410	正业科技	电子—其他电子—其他电子Ⅲ	25.53
300460	惠伦晶体	电子—半导体及元件—被动元件	34.44
300790	宇瞳光学	电子—光学光电子—光学元件	36.5
300793	佳禾智能	电子—电子制造—电子系统组装	46.99
300843	胜蓝股份	电子—电子制造—电子零部件制造	42.12
600183	生益科技	电子—半导体及元件—印制电路板	622.19
688135	利扬芯片	电子—半导体及元件—集成电路	54.91
688228	开普云	信息服务—计算机应用—软件开发及服务	29.29
688668	鼎通科技	信息设备—通信设备—通信传输设备	22.73

资料来源:同花顺财经。

---

① 东莞高企数据库,由东莞市电子计算中心整理所得。

2. 创新体系构筑新局面,科技引领孕育新动能

自 2006 年至今,东莞市政府投资超 50 亿元组建了一批重大公共科技创新平台,主要有松山湖材料实验室、北京大学东莞光电研究院、电子科技大学广东电子信息工程研究院、东莞理工学院、清华东莞创新中心等。在公共服务方面,东莞市有由电子科技大学广东电子信息工程研究院组建的集成电路设计研究中心、松山湖集成电路设计服务中心、松山湖集成电路设计测试公共实验室、松山湖运动控制精密测量实验室等平台。截至 2020 年 4 月,全市共有工程中心 437 家①,其中电子信息产业工程中心 148 家,占全市工程中心的 34%。东莞市工程中心分类统计如表 3 所示。

表 3 东莞市工程中心分类统计

单位:家

2020 年(第一批新增 18 家)	
所属领域	工程中心数
新材料	7
光机电一体化	4
生物医药与生命健康	4
电子信息	3
2019 年(新增合计 67 家)	
所属领域	工程中心数
电子信息	27
光机电一体化	22
新材料	14
生物医药与生命健康	4

---

① 根据 2020 年广东工程技术研究中心动态评估结果,东莞去掉撤销工程中心数量,1991 ~ 2018 年的工程中心剩余合计 352 家。另外 2019 年东莞新增 67 家,2020 年第一批新增 18 家。

2018 年（累计合计 368 家）	
所属技术领域	工程中心数
电子信息	117
光机电一体化	38
新材料	82
生物医药与生命健康	15
能源、高效节能	47
现代农业	2
其他	67

资料来源：东莞市电子计算中心整理。

3. 半导体和5G带动，产业链条逐步完善

作为电子信息产业的核心，半导体产业也在东莞形成了规模集聚效应，并涌现了一批国内知名的半导体企业，为发展第三代半导体产业打下了坚实基础。东莞市半导体及集成电路相关企业有 48 家，营业收入总额约为 61.43 亿元，其中集成电路设计类企业 11 家，营业收入总额约为 5.62 亿元；集成电路封装测试类企业 7 家，营业收入总额约为 9.16 亿元；半导体及相关技术类企业 10 家，营业收入总额约为 15.52 亿元（见图 1）。

5G 作为新一代电子信息产业主线，发展得天独厚。5G 相关企业数量众多，共有 122 家，其中上游材料及核心部件环节企业 110 家，中游设备企业 11 家，终端 3 家。[1] 截至 2020 年末，东莞 5G 基站数已超过 10000 个，形成以 5G 为主导的新一代电子信息产业，包括上游硬件厂商、中游方案提供商和生产制造商以及下游品牌终端厂商等环节，形成了世界上最完整的电子信息产业链，是全球重要的电子信息制造业基地。

4. 产业细分领域突出，核心领域仍有差距

经过多年的培育，东莞打造了较为完备的电子信息产业链，逐渐形成拥有上游的电子材料、中游的电子元器件、下游的硬件软件和信息服务等的一

---

① 华为终端有限公司业务涉及三个产业链环节。

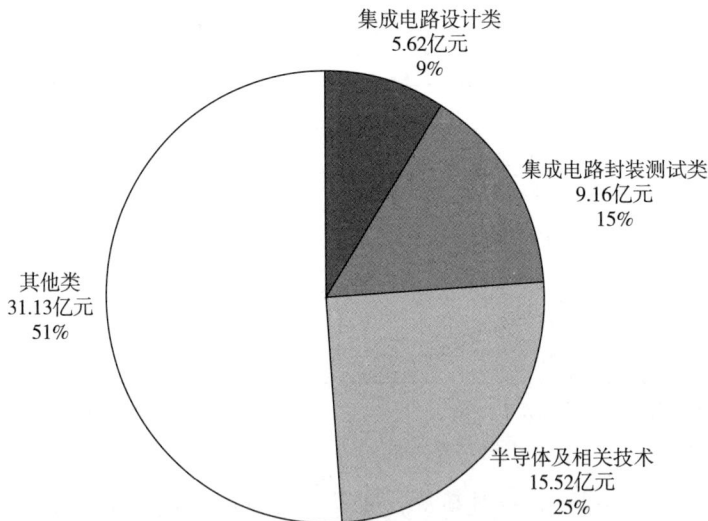

图1　东莞市半导体及集成电路不同企业营业收入占比情况

资料来源：东莞电子计算中心：《东莞市半导体及集成电路产业调研报告》。

整套生态发展体系。2019年东莞产业链图谱显示，电子信息制造业集中度[①]约68%，在"五支四特"传统产业中排名第二，其中智能终端产业集中度约90%，居全市制造业首位，华为、OPPO、vivo三大手机生产商的工业总产值占全市该产业总产值的88.48%；5G产业集中度60%～70%，全市工业100强企业中有63家企业在基站系统、网联架构、5G终端和5G应用方面均有布局，也对技术与产品进行了储备；3C产业集中度50%～60%，东莞3C重制造、轻研发，发展代加工而成为广东省平板电脑主要制造加工基地；锂电池产业集中度40%～50%，东莞已形成较为完善的锂电池产业链，拥有新能源、钜威等知名企业；集成电路产业集中度20%～30%，东莞相比深圳、广州、珠海等城市，产业总体规模仍然较小，高端企业、龙头企业较少，而且企业主要集中在设计和封装测试环节，制造环节仍然空白，产业链条有待进一步完善。

---

① 产业集中度特指产值排名前20的企业工业增加值占全市该产业规上企业工业增加值的比重，下同。

表4　东莞市电子信息细分领域产业集中度

单位：%

产业	集中度
电子信息制造业	约68
智能终端产业	约90
5G产业	60~70
3C产业	50~60
锂电池产业	40~50
集成电路	20~30

资料来源：东莞市电子计算中心整理。

5G核心器件设计、材料制备、加工工艺目前仍被"卡脖子"，缺乏高端通用芯片、缺少核心电子元器件、缺失关键基础材料等领域的核心关键技术、先进基础工艺。行业大而不强问题依然突出，主要表现在企业整体实力偏弱、自主创新能力不强、骨干企业匮乏等方面。无论是技术水平还是产业化能力，与国际先进水平相比都存在较大差距。

（二）高端装备制造业发展情况

高端装备制造业又称先进装备制造业，是指生产制造高技术、高附加值的先进工业设施设备的行业。2020年东莞统计年鉴数据显示，2019年先进装备制造业规上企业总营收为2278亿元。2020年全市先进装备制造业占规上工业增加值比重达50.9%。东莞计划在"十四五"期间打造五千亿元级高端装备制造产业。

根据广东省先进装备制造业"十三五"时期空间布局可知，智能制造方面，重点培育东莞智能制造示范基地。支持东莞重点发展运动控制部件，应用于计算机、通信、消费电子产品的专用机器人、服务机器人等。船舶与海洋工程装备方面，支持东莞重点发展中小型特种工程船、海洋开采支持装备。节能环保装备方面，支持东莞重点发展节能注塑机配套装备。新能源装备方面，重点建设东莞光伏装备产业基地。

1. 企业培育效果明显，高企规上量质提升

2019 年东莞 78 家企业入围"广东制造业 500 强"，5 家进入"广东制造业 100 强"。2019 年，高端装备制造业规上企业数量 1631 家，高企数量 2170 家，其中高企总产值为 1257 亿元，营收 10 亿元以上的高企有 17 家。从高企和规上企业数量来看，高端装备制造业在新兴产业中均排名第一。截至 2020 年末全市高端装备制造领域上市企业 13 家，总市值约 866 亿元（见表 5）。

表 5 2020 年末东莞市高端装备制造领域上市企业

股票代码	股票简称	所属行业	2021 年 1 月 20 日市值	单位
002757	南兴股份	机械设备—专用设备—其他专用机械	41.19 亿	元
002774	快意电梯	机械设备—专用设备—楼宇设备	19.61 亿	元
002965	祥鑫科技	机械设备—通用设备—金属制品	44.61 亿	元
003003	天元股份	轻工制造—包装印刷—包装印刷Ⅲ	24.33 亿	元
003018	金富科技	轻工制造—包装印刷—包装印刷Ⅲ	31.36 亿	元
300376	易事特	机械设备—电气设备—电源设备	173.51 亿	元
300606	金太阳	机械设备—通用设备—磨具磨料	17.40 亿	元
300607	拓斯达	机械设备—通用设备—其他通用机械	102.71 亿	元
300932	三友联众	机械设备—电气设备—输变电设备	42.40 亿(2021.3.18)	元
688628	优利德	机械设备—仪器仪表—仪器仪表	32.38 亿(2021.3.18)	元
688686	奥普特	机械设备—专用设备—其他专用机械	294.27 亿	元
01415	高伟电子	工业工程	48.80 亿	港元
08617	永联丰控股	工业工程	1.84 亿	港元

资料来源：同花顺财经，东莞市电子计算中心整理。

2. 研发创新持续不断，成果专利稳步产出

2019 年广东省高端装备制造产业专利申请集中在珠三角地区，尤其以深圳、广州、东莞、佛山为重点创新地区，在全省专利申请中分别占 33%、22%、14%、10%，占比之和几乎达到全省专利申请量的 80%。科研平台方面，东莞在高端装备制造领域共有工程中心 64 所（截至 2020 年 4 月），约占全市工程中心的 15%；2020 年度广东省高端装备制造领域通

过备案博士工作站单位 8 家（见表 6）。2014～2020 年，东莞共实施"机器换人"及自动化改造项目 3880 个，总投资约 547 亿元。累计创建国家级智能制造示范项目 4 个、省级智能制造示范项目 10 个、市级智能制造示范项目 18 个。

表 6　2020 年广东省博士工作站新设站单位（东莞）名单
（高端装备制造领域）

序号	单位名称
1	佳禾智能科技股份有限公司
2	东莞市李群自动化技术有限公司
3	东莞新能德科技有限公司
4	中控智慧科技股份有限公司
5	广东汇兴精工智造股份有限公司
6	广东奥普特科技股份有限公司
7	东莞市诺丽电子科技有限公司
8	广东福德电子有限公司

资料来源：广东省政府网。

3. 产业门类较完整，细分领域较集中

东莞工业门类齐全，产业配套完善，拥有工业门类 34 个，占全部 41 个工业大类的 82.9%，形成了涉及 6 万多种产品的完整制造业体系。根据东莞市统计年鉴，2019 年全年先进装备制造业规上工业增加值达 2241.93 亿元，占规上工业增加值的 53.47%，其中工业总产值超过 100 亿元的领域有 4 个：重要基础件领域规上企业 559 家，工业总产值为 130.89 亿元，工业增加率 28.80%；智能制造装备规上企业 436 家，工业总产值 130.91 亿元，工业增加率 32.30%；新能源装备规上企业 316 家，工业总产值为 408.49 亿元，工业增加率 23.50%；卫星及应用领域规上企业 81 家，工业总产值为 156.46 亿元，工业增加率 26.30%。

表7　2019年先进装备制造细分领域规上企业情况

单位：亿元，%

细分领域	企业数量	总营收	工业总产值	工业增加率
重要基础件	559	456.43	130.89	28.80
智能制造装备	436	390.94	130.91	32.30
新能源装备	316	408.49	100.1	23.50
节能环保装备	137	183.84	42.97	22.60
汽车制造	94	237.22	56.73	23.30
卫星及应用	81	575.62	156.46	26.30
船舶与海洋工程装备	5	17.52	1.57	8.80
航空装备	3	8.16	1.73	20.50
合计	1631	2278.22	621.36	

资料来源：《2020东莞市统计年鉴》。

4. 企业集聚布局发展，重点镇街优势明显

在高端装备制造领域，2019年东莞各个镇街园区高企工业总产值排名前五的是：长安镇、清溪镇、塘厦镇、大岭山镇、寮步镇，其总产值分别达到165.76亿元、108.64亿元、74.38亿元、72.01亿元、66.04亿元（见图2）。

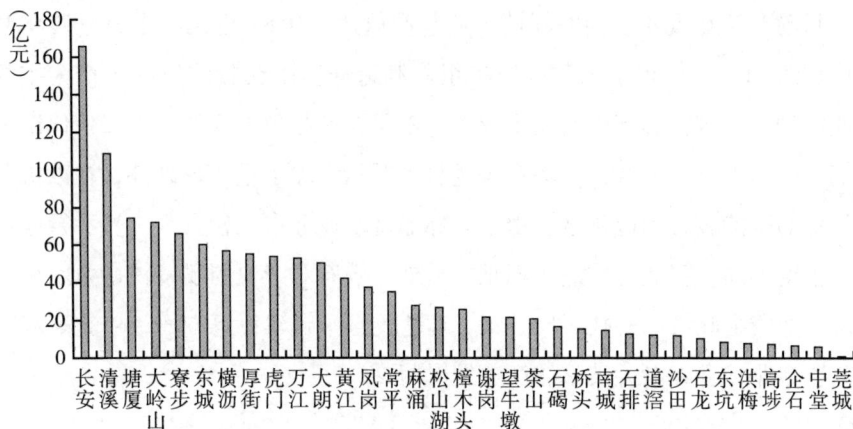

图2　2019年东莞市各镇街园区高端装备产业高企工业总产值

全市高端装备制造领域高企数量最多的长安镇占全市的 13.49%，排名前 10 的镇街占比约为 61%，工业总产值最大的长安镇占全市的 13.71%，排名前 10 的镇街占比仅有 61.38%。东莞市高企数量和工业总产值排名前 10 的镇街合计值均超过 60%，表明东莞市高端装备制造领域初步形成产业集聚效应。

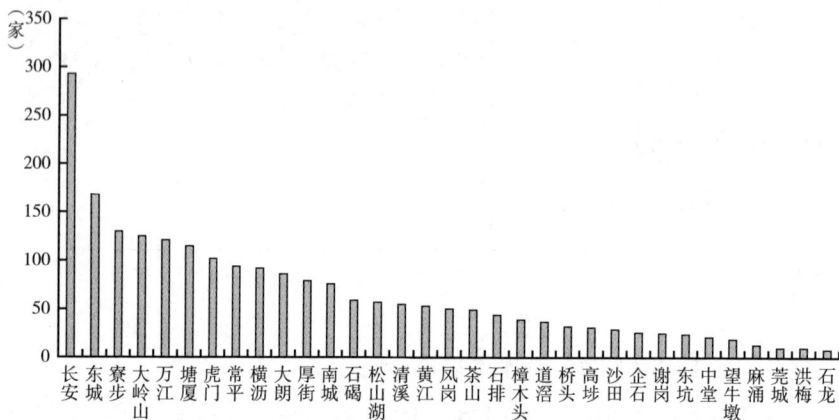

图 3　2019 年东莞市各镇街园区高端装备制造领域高企数量分布

5. 技术积累与沉淀较弱，产业创新发展不足

目前东莞在重要基础件领域工业总产值达 130.89 亿元，占先进装备制造比重约 21%，体现了东莞以简单组装制造和基础材料的研制生产为主的产业结构，关键核心部件研发生产能力不足，产品附加值低，处于价值链中低端的产品占绝大多数，市场竞争优势不明显。除了重要基础件，在以机器人为主的智能装备制造领域，由于非标的定制业务占比较大，机械手行业自动化程度不高，智能化推进较困难。另外，政府对产业的政策扶持力度相对不足，如资金政策、科技研发政策、产业支撑平台建设等方面，单凭高端装备制造企业自身难以突破整体产业发展瓶颈。

（三）生物医药与生命健康产业发展情况

近年来，广东省生物医药与生命健康产业规模稳步壮大，产业结构不断优化，创新能力不断增强，发展水平位居全国前列。东莞统计年鉴数据显示，2019年生物医药及高性能医疗器械产业规上总营收为105.75亿元，工业增加值为41.62亿元。其中生物制药业规上总营收为33.85亿元，高性能医疗器械规上总营收为71.90亿元。值得一提的是，生物制药规上企业只有17家，人均利润高达14.30万元，在全市工业细分行业人均利润中排名第一。近年来，东莞生物医药工业总产值的年复合增长率达到28%，东莞生物医药产业发展迅速。但是横向来看，东莞生物医药产业在大湾区中处于明显的弱势地位。根据广东省各市统计数据，2019年粤港澳大湾区9个城市中，医药制造业规上企业总营收最大的是广州市，总营收达347.79亿元，其次是深圳市（327.17亿元），另外珠海市、佛山市总营收均超过100亿元，东莞市规模较小，总营收仅42.32亿元，排名倒数第四。

表8 2019年粤港澳大湾区9市医药制造业规上企业总营收排行

单位：亿元

城市	总营收
广州	347.79
深圳	327.17
佛山	183.77
珠海	119.09
中山	67.58
东莞	42.32
江门	26.03
惠州	25.98
肇庆	0.76

资料来源：广东省各市统计年鉴，东莞市电子计算中心整理。

1. 产业发展迅猛，细分领域突出

根据《广东省药品监管年度统计报告》（2019年）数据，广东省有药品经营企业56559家，东莞市有药品经营企业7325家（其中，零售连锁门店数 2401 家，零售数 4924 家），在广东省各地市中排名第一；查询国家药品监督管理局数据，初步统计，东莞市获得 GMP 认证企业 21 家；东莞市一类医疗器械生产企业备案 105 家（广州 667 家、深圳 449 家、佛山 232 家）在广东省各地市中排名第四；东莞市二、三类医疗器械经营企业数 7513 家（广州 16166 家、深圳 15547 家），在广东省各地市中排名第三。东莞目前生物医药与生命健康领域上市企业有 3 家——众生药业、东阳光药、康华医疗；预备上市企业有博迈医疗。

表 9　东莞生物医药与生命健康领域上市企业名单

单位：亿元

股票代码	股票名称	2021 年 3 月 23 日总市值	类别
002317	众生药业	69.47	A 股
01558	东阳光药	80.17	港股
03689	康华医疗	10.03	港股

资料来源：同花顺财经，东莞市电子计算中心整理。

截至 2019 年底，东莞松山湖两岸生物技术基地汇集了全球先心封堵器系列产品供应商先健科技、全球义齿加工领军企业现代牙科、全球高压造影领军企业安特高科、国内创新药龙头东阳光药、国内生物制药领军企业三生制药、国内彩超设备领军企业开立医疗、国内体外诊断试剂原料供应商菲鹏生物、国内引领 DR（数字化 X 射线影像系统）的安健科技等一批独具创新特色的细分领域龙头企业。

2. 创新资源持续流入，科研力量积蓄潜能

从 2009 年至今，东莞在生物医药、高性能医疗器械以及生物技术方面共引进 9 个省级创新科研团队项目、7 个市级创新科研团队项目。建设了省医疗器械检测中心分中心、东莞食品药品检测中心、联捷药物全分析平台、南方医科大学动物实验基地、小动物实验动物模型公共服务平台、生物医药孵化器、保健品分析中心、广东省医学分子诊断重点实验室、生物医药及生物活性蛋白公共服务平台等九大生物产业公共平台。另外，国家基因检测技

术应用示范中心暨博奥晶典东莞研发中心于2018年7月成立。这些科研配套服务机构全面提升东莞乃至华南地区生物医药产业的科技创新能力，促进高层次人才的聚集和生物医药产业的升级发展。

3. 集中医药、医疗器械领域，生物技术发展较弱

东莞市生物医药产业以医药、医疗器械为主，生物技术、仪器仪表、材料等占比较小。从高新技术企业统计情况来看，东莞市高新技术企业所涉及的主要有医药卫生、医疗器械、其他生物技术产品（材料、生物技术）、仪器仪表、计算机软件产品等领域（见图4）。

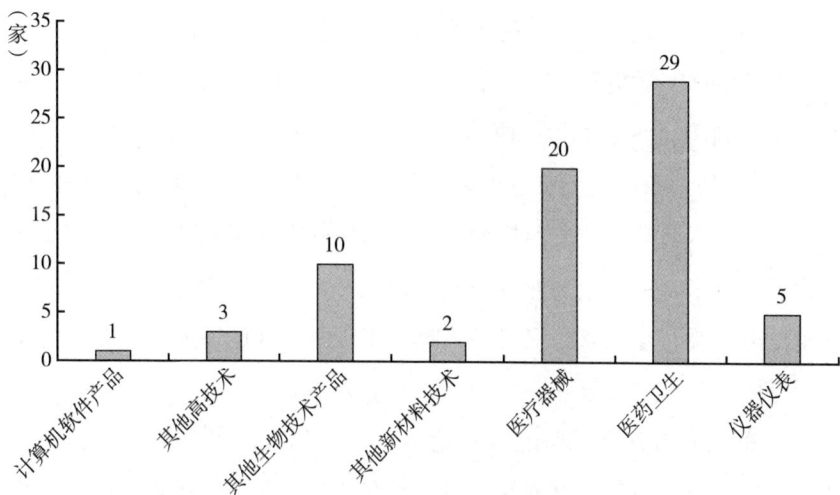

图4　东莞市高新技术企业所属技术领域情况

（1）医疗器械方面。通过查询国家药品监督管理局网站可得，东莞市医疗器械企业获得许可的约有138家，其中获三类医疗器械许可的有3家（见表10），占比约2.2%；获二类医疗器械许可的有133家，占比为96.4%；未知类别2家。从细分领域看，在138家医疗器械生产许可企业中，口腔类医疗器械有27家，占比约19.5%，主要是以现代牙科为代表的口腔义齿及口腔材料；注输、护理、防护器械类有19家，占比14%；医用诊察和监护器械类有18家，占比13%。

表 10　三类医疗器械许可的企业

序号	企业名称	经营范围	镇街
1	广东博迈医疗器械有限公司	Ⅲ类 03 神经和心血管手术器械 – 13 神经和心血管手术器械 – 心血管介入器械	松山湖
2	广东中能加速器科技有限公司	Ⅲ类 05 放射治疗器械 – 01 放射治疗设备	松山湖
3	东莞博奥木华基因科技有限公司	Ⅲ类 6840 体外诊断试剂	松山湖

资料来源：东莞市电子计算中心整理。

（2）创新药方面。从产品领域来看，主要涉及创新药、基因技术、中成药、药物制剂、辅料、原料药等方面，几乎涵盖整个生物医药产业的研发生产、制造等核心关键环节。主要代表企业有东阳光（专攻创新药）、众生药业、亚洲制药、菲鹏生物、西典医药、普济药业等（主营生物医药研发和销售）。另外，东阳光还有重组人胰岛素注射液、4 类仿制药利格列汀片、利格列汀二甲双胍片、磷酸西格列汀片和西格列汀二甲双胍片等，其糖尿病产品管线十分丰富；众生药业以中成药为主，目前公司销售额最大的品种为复方血栓通胶囊，是国家医保目录中唯一用于眼底病的中成药，在中药竞争力排行榜中位列广东省第一。

（3）第三方服务机构情况。东莞第三方服务机构主要集中于软件、设备维修服务、技术服务、检测等方面，而在专业认证与医药测试等方面相对薄弱。与东莞生物医药相关的第三方服务机构如下：广东上药桑尼克医疗科技有限公司专注 CT、MRI 等大型医疗设备维修服务；东莞标检产品检测有限公司在生物医药方面主要提供中成药检测以及医疗器相关测试服务；东莞市豪帆医疗器械有限公司为医疗器械生产及销售企业提供医疗器械技术咨询服务；东莞市远东检测技术服务有限公司是一家专注于产品检测、认证咨询的第三方检测机构；东莞市佳维企业管理咨询有限公司在医疗器械领域，可以提供 ISO13485 医疗器械体系认证服务；东莞市创标检测技术服务有限公司在生物医药与健康产业领域，主要提供药品与保健品检测、医疗仪器 CQC 认证服务；东莞市诺尔检测科技有限公司在医疗器械领域，提供认证服务,以及医疗电气设备电磁兼容测试服务。

4. 产业集聚效应明显,集中布局松山湖片区

粤港澳大湾区是我国生物医药产业聚集的重要区域,产业基础完备,实力领先,成就突出,拥有重点园区 7 个,占全国重点园区总量(74 个)的 10%。在园区地域分布上,广州拥有 3 个,深圳拥有 2 个,东莞、中山各有 1 个(见表 11)。

表 11　大湾区珠三角九城重点园区分布情况

序号	重点产业园区	城市
1	广州科学城生物产业基地	广州
2	广州国际生物岛	广州
3	中新知识城生命健康产业基地	广州
4	深圳国际生物谷	深圳
5	深圳国家生物产业基地	深圳
6	东莞松山湖高新技术产业开发区	东莞
7	中山火炬高技术产业开发区	中山

资料来源:火石创造整理。

松山湖高新区是目前东莞市生物医药产业的核心集聚区。松山湖生物技术产业基地选址松山湖三角地及台湾科技园部分,总规划面积 1.66 平方公里(2489 亩)。基地以生物医药产业为定位,重点发展创新药物、高端医疗器械、智慧医疗等产业。目前该基地已建成 4 个公共平台,包括广东联捷生物科技有限公司在东莞松山湖育成中心开办的生物化学全分析检测平台、广东省医疗器械质量监督检验所生物性能实验室、东莞市食品药品检测中心,以及广东医科大学的广东省医学分子诊断重点实验室。

根据新浪医药与赛迪顾问联合发布的《2020 生物医药产业园区百强榜》,东莞市松山湖高新技术开发区排名第 36,与广州高新技术产业开发区(第 6)、深圳市高新技术产业园区(第 7)差距较大。这在一定程度上反映

了东莞市产业集群在集聚效果、要素支撑、科创能力周边环境、扩容潜力等方面竞争力并不强。

5.基础优势不明显，核心竞争特色弱

东莞市生物医药行业产值在珠三角排名较靠后，基础优势并不明显，且特色不突出。东莞市医药企业的规模较小，新药开发能力弱，新药数量少，科技含量低。由于中药缺少现代医药理论和技术的支持，开发的中成药品，往往因质量标准不一很难进入国际市场。现阶段大多数生物制药企业以仿制药为主，企业原始创新动力不足，自主创新能力有限。东莞市缺乏政府监管部门的支持，在医疗器械产品注册、审批等各个环节相比于广、深，在产品注册及检验的便利性上存在短板和劣势。

（四）新材料产业发展情况

"十三五"期间，广东省重点发展战略前沿材料、高性能复合材料及特种功能材料、高端精品钢材三大新材料，在广州、深圳、东莞、佛山、韶关、湛江进行重点布局，推进新材料产业快速发展，涌现了东阳光科、沃尔核材、宜安科技、中金岭南等一批新材料细分领域的龙头企业。

2019年东莞市新材料制造业实现工业增加值279.73亿元，同比增长25.7%，在先进制造业中占比11.37%,[①]成为仅次于高端电子信息制造业和先进装备制造业的第三大先进制造业（见图5）。其中高端精品钢材工业增加值为5.24亿元，高性能复合材料及特种功能材料工业增加值为274.50亿元。

1.新材料快速发展，高企数量五年增长了7倍

新材料制造业的快速发展得益于东莞市高新技术企业的跨越式增长，2015～2019年东莞市新材料领域高企数量从169家增长到1359家（见图6），五年间增长了7倍多，年均复合增长率高达68.4%，是除先进制造与自动化以外增长速度第二的高新技术领域。在高企数量快速增长的同时，新

---

① 东莞统计年鉴数据。先进制造业里面包含先进装备业、高端电子信息制造业、新材料制造业等。这里新材料制造业只属于新材料产业中的一部分。

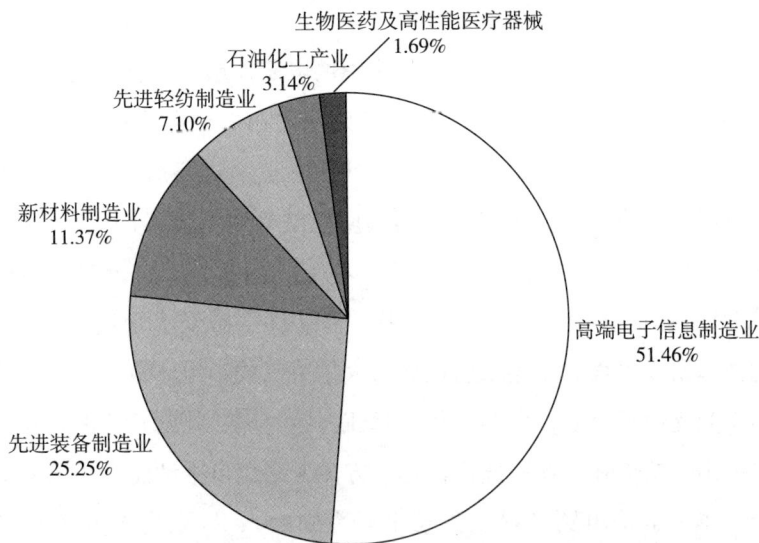

图 5 2019 年东莞市先进制造业中各产业工业增加值占比情况

材料领域高企在质量上也取得了长足发展。2019 年,全市新材料领域规模以上高企 857 家,占比 63.06%,其中上市企业 7 家,分别是东莞金太阳研磨股份有限公司、东莞宜安科技股份有限公司、东莞国立科技股份有限公司、广东银禧科技股份有限公司和广东劲胜智能集团股份有限公司、东莞市华立实业股份有限公司和广东兆天纺织科技有限公司。

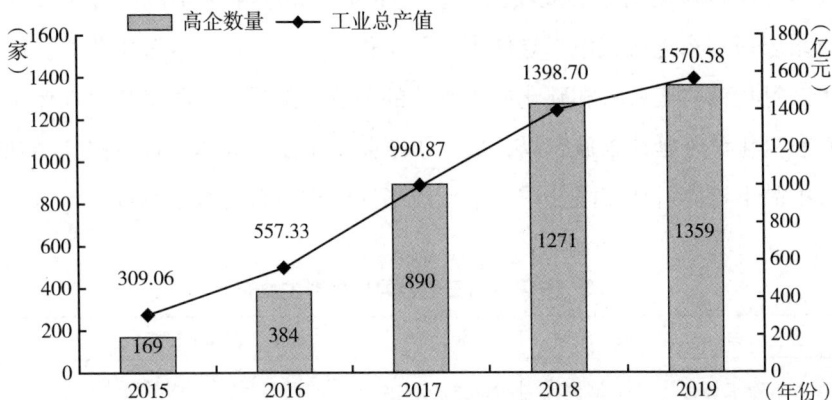

图 6 东莞市新材料领域高新技术企业数量和工业总产值

2. 新材料有较完整的科研体系

东莞在新材料领域已经形成较为完整的科研体系，具有较强的技术支撑能力。在基础研究方面，东莞市推动建设全国第一台散裂中子源大科学装置，为材料科学研究提供世界级大型科研平台。引进科研资源，如中科院、美国橡树岭国家实验室、中国工程物理研究院等顶尖科研机构、高等院校，共同组建松山湖材料实验室，产生了"基于材料基因工程研制出高温块体金属玻璃"等一批前沿科学研究成果，基础科学研究水平进入全国前列。在共性技术研发方面，东莞市引进北京大学第三代半导体研究团队，组建北京大学东莞光电研究院，在第三代半导体材料衬底、外延及器件制备等方面均取得突出成绩。在企业研发机构建设方面，东莞市推动建设了国家工程中心1个（国家电子电路基材工程技术研究中心），广东省重点实验室2个（广东省第三代半导体氮化镓（GaN）衬底材料的研制与产业化企业重点实验室培育基地、广东省3D打印高分子及其复合材料企业重点实验室）。截至2020年4月，东莞市新材料领域拥有103家工程技术研究中心，形成了企业研发机构发展梯队。

3. 前沿新材料正谋求突破，积极攻关"卡脖子"新材料

（1）第三代半导体材料。东莞是全国最早开展第三代半导体产业化的城市之一，在氮化镓衬底、蓝宝石衬底、碳化硅外延片、氮化镓外延片等第三代半导体材料领域已形成较为完整的布局。2009年东莞市中镓半导体科技有限公司和东莞市天域半导体有限公司相继在东莞成立，分别成为国内首家生产氮化镓衬底材料和碳化硅外延片的企业。随后，东莞又相继在蓝宝石衬底和氮化镓外延片领域布局，成立了东莞市中图半导体科技有限公司和东莞市中晶半导体科技有限公司，第三代半导体材料布局基本完善。

表12 东莞市第三代半导体材料主要企业

企业名称	成立时间	所在镇街	主要产品
东莞市中镓半导体科技有限公司	2009年1月	企石镇	氮化镓（GaN）半导体衬底材料、GaN/Al2O3复合衬底、GaN单晶衬底及氢化物气相外延设备（HVPE）等

企业名称	成立时间	所在镇街	主要产品
东莞市中图半导体科技有限公司	2013 年 12 月	松山湖	2~6 英寸 GaN-LED 器件用图形化衬底
东莞市天域半导体有限公司	2009 年 1 月	松山湖	n-型和 p-型掺杂外延材料、肖特基二极管、JFETs、BJTs、MOSFETs、GTOs 和 IGBTs 等
东莞市中晶半导体科技有限公司	2010 年 10 月	企石镇	重点发展 Mini/MicroLED 外延、芯片技术,并向新型显示模组方向延展

资料来源:东莞市电子计算中心整理。

为支撑第三代半导体产业发展,东莞市积极搭建第三代半导体科研平台,先后建立广东省氮化物半导体企业重点实验室培育基地、北京大学东莞光电研究院、广东第三代半导体技术创新中心东莞基地等重大创新平台,引进北京大学第三代半导体科研团队,松山湖材料实验室引进第三代半导体材料和器件团队等。

(2)新能源材料。在消费电子产业的带动下,东莞形成了规模较大的锂离子电池制造产业,产业链上下游企业有 1300 多家,主要集中在长安镇、塘厦镇等镇街。锂离子电池生产制造所需的正极材料、负极材料、电解液、隔膜等四大材料在东莞均有布局,在正极材料方面,松山湖材料实验室正在攻关高电压镍锰酸锂正极材料产业化;在负极材料方面,东莞拥有广东凯金新能源科技股份有限公司等知名企业;在电解液方面,东莞拥有东莞市杉杉电池材料有限公司等企业;在隔膜方面,东莞拥有东莞市赛普克电子科技有限公司等企业。

表 13　东莞市新能源材料主要企业

领域	所属镇街	企业名称
负极材料	寮步镇	广东凯金新能源科技股份有限公司
	黄江	东莞鑫茂新能源技术有限公司
电解液	南城	东莞市杉杉电池材料有限公司
	中堂	东莞市天丰电源材料有限公司
	大朗	东莞市航盛新能源材料有限公司

续表

领域	所属镇街	企业名称
隔膜	道滘	东莞市赛普克电子科技有限公司
	松山湖	广东玖美新材料有限公司

资料来源：东莞市电子计算中心整理。

（3）电子化学品。东莞市的电子化学品行业紧紧围绕华为、欧珀和维沃三大龙头企业布局，主要涉及覆铜板材料、光学材料等产品。其中，在覆铜板材料方面，广东银禧科技股份有限公司、广东生益科技股份有限公司、生益电子股份有限公司等三家龙头企业形成紧密合作的上下游关系，开展了5G技术FPC用聚酰亚胺薄膜材料等多项前沿新材料领域的技术攻关；在光学材料方面，东莞的企业相对较为分散，涉及光学玻璃、增光膜、光学镜头等多个产品，较少能够形成相互合作的关系，具有代表性的企业有晶石科技（中国）股份有限公司、东莞市光志光电有限公司、东莞市玖洲光学有限公司等企业。

（4）先进金属材料。东莞市最具代表性的先进金属材料是非晶金属材料，其主要企业包括东莞市逸昊金属材料科技有限公司和帕姆蒂昊宇液态金属有限公司。其中，前者是东莞宜安科技股份有限公司的控股子公司，是国内非晶材料开发、加工研发及产品制造与应用的龙头企业，其生产的非晶合金产品已经实现量产，并向欧珀、华为以及特斯拉提供零部件。

4. 产业集群主要分布在临深与临广镇街

东莞市拥有新材料领域高新技术企业的镇街园区共有32个，即除莞城街道以外，其余镇街园区均有新材料领域高新技术企业分布。其中，长安镇、凤岗镇、麻涌镇、塘厦镇、松山湖园区等5个镇和园区的工业总产值超过百亿元，分别达到124.98亿元、120.04亿元、114.38亿元、100.17亿元、100.10亿元（见图7）。

从分布特色看，东莞的新材料企业主要分布于区域的南北两端，分别邻近于深圳和广州。其中，邻近深圳的长安镇、凤岗镇、塘厦镇、松山湖园区

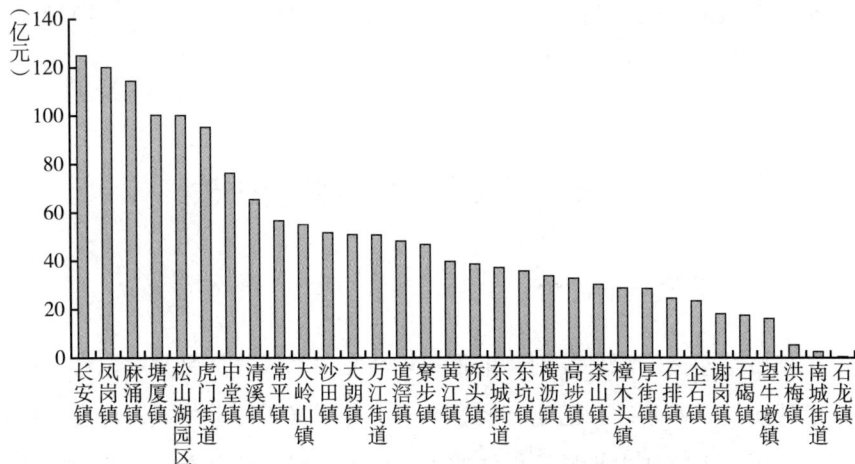

图7　东莞市各镇街园区新材料高企工业总产值

等镇街园区，主要围绕电子信息产业需求，发展铜铝镁钛合金清洁生产与深加工技术、高分子材料的新型加工与应用技术等；邻近广州的麻涌镇、道滘镇等水乡片区镇街，主要围绕制衣制鞋等传统产业需求，发展新型纤维及复合材料制备技术。

全市新材料领域高企数量最多的常平镇仅占全市的6.8%，排名前四的镇街占比仅有24.9%；工业总产值最大的长安镇占全市的8.0%，排名前四的镇街占比仅有29.3%。东莞市高企数量和工业总产值排名前四的镇街合计值占比均小于30%，表明东莞市新材料产业处于分散状态，尚未形成空间集聚。

5. 关键材料受制于人，技术积累与国际差距巨大

由于较高的技术壁垒，国产高端原材料质量达不到要求，造成关键材料受制于人。例如应用于手机摄像头的塑胶材料需要从日本等国进口，应用于手机盖板的玻璃材料需要从美国等国进口，应用于芯片封装的引线框架等均需要从日本、韩国等国进口。与国外知名企业相比，2019年东莞市新材料领域高企申请PCT国际专利合计才25件，而同期3M、巴斯夫、康宁等新材料国际大企业分别达到662件、573件、501件，任意一家企业的PCT国

199

际专利申请数量就是东莞市新材料领域全部高企的 20 多倍。新材料技术积累与沉淀不足。

二 新兴产业发展的优势与挑战

（一）产业发展的优势

东莞市是连接广深科技创新走廊和粤港澳大湾区的重要节点，有发展高新技术扎实的产业基础；已建有散裂中子源等国家大科学装置，对发展新材料、新能源、生物技术等具有很强的支撑作用；拥有世界上最完整的电子信息产业链和较为齐全的制造业产业链上下游配套，在发展信息技术产业方面具有独特的竞争优势；充裕的产业空间资源，为发展新一代信息技术、机器人、智能装备及其他先进制造业提供了宽阔的承载平台。以下是东莞发展新兴产业的几个优势。

1. 产业基础优势

东莞电子信息制造业（新一代信息技术）、高端装备制造业（机器人和智能装备）基础坚实。2019 年规模以上工业增加值为 4465.31 亿元，同比增长 8.5%，占全省比重连续六年上升，规模以上工业企业总数突破 1 万家，位列全省第 1。东莞工业门类齐全，产业配套完善，拥有工业门类 34个，占全部 41 个工业大类的 82.9%，形成了涉及 6 万多种产品的完整制造业体系，电子信息制造产业链基本齐全，2019 年东莞拥有规模以上电子信息制造企业 1569 家，基本形成上游硬件厂商、中游方案提供商和生产制造商以及下游品牌终端厂商各环节协同发展的完整体系。现代制造业基础较好，2019 年先进制造业和高技术制造业占规模以上工业增加值比重分别达到 54.2% 和 42.2%，增速分别达到 12.7% 和 20.6%，均大幅领先规模以上工业增加值增速。[①] 各行业涌现一批具有较强竞争力和较强带动能力的龙头

---

① 2019 年东莞市国民经济和社会发展统计公报。

企业，拥有全球 500 强企业 4 家，一大批在细分领域拥有绝对市场占有率的"隐形冠军"集群正在崛起，中小企业数量多、活力强，大中小企业共同成长、星月齐辉。

2. 产业配套优势

已建有散裂中子源、南方先进光源、松山湖材料实验室等重大科技平台项目，对发展新材料、新能源、生物技术等具有很强的支撑作用；拥有世界上最完整的电子信息产业链和较为齐全的制造业产业链上下游配套，在发展信息技术产业方面具有独特的竞争优势；充裕的产业空间资源，为发展新一代信息技术、机器人、智能装备及其他先进制造业提供了宽阔的承载平台。

3. 区域协同优势

东莞作为粤港澳大湾区和广深科技创新走廊的重要节点，连接两大科技创新区，均衡取舍东莞的比较优势与转出企业的产出潜力，有选择性地承接深圳、广州等城市的产业转移。与佛山、中山、珠海、江门等珠三角城市进行错位发展，避免同质竞争，实现大湾区产业协同发展。

（二）产业发展的挑战

1. 产业梯次结构失衡

东莞尚未形成梯次发展的产业结构，经济发展抗风险能力较弱。电子信息制造业是东莞第一大支柱产业，但在关键技术领域、重点行业仍有许多不确定性因素的系统性传导在积聚经济风险。新兴产业虽然增速较快，但体量依然较小，龙头企业数量不足，产业能级有待提升，引领全产业高端发展的作用尚未显现，目前仅有新一代信息技术产业增加值突破千亿元，与深圳新一代信息技术、数字经济、高端装备制造三大千亿级战略性新兴产业、若干百亿级新兴产业发展格局差距较大。

2. 高端要素集聚不足

从人才要素来看，高端人才的集聚能力有待提高。高端人才、创新人才总量较小，技能人才建设与高质量发展的要求不相适应，常住人口中受过高等教育（大专以上学历）人口仍仅占 20.56%，生物医药、前沿新材料等领域专业人才更是非常欠缺。从企业要素来看，有能力承担"卡脖子"技术攻关的龙头企业不多。每年能够提出"卡脖子"项目建议的高企仅200家，不足高企总量的1/30。新一代电子信息产业中5G核心器件设计、材料制备、加工工艺"卡脖子"的问题亟须解决。从科研创新来看，东莞整体科技研发投入低于全省平均水平，研发强度不仅远远不及北京、深圳、上海等领先城市，相较于经济规模接近的西安等也不占优势。单从新材料PCT国际专利来看，国际上3M、巴斯夫、康宁等新材料国际大企业专利数量是东莞全部高企的20多倍。从企业质量上来看，东莞缺少独角兽企业，企业上市节奏与经济规模极不匹配，深圳经济体量约为东莞的3倍，然而上市公司数量超过9倍。① 东莞的高端装备制造企业多数集中在产业链的中低端环节，创新研发困难重重，主要缺乏资金政策、科技研发政策、产业支撑平台建设等支持，单凭高端装备制造企业自身能力难以突破整体产业发展瓶颈。

3. 产业空间约束趋紧

过去四十年城市的快速扩张和空间的无序开发，导致土地资源过快消耗，产业发展面临日趋紧张的空间约束。土地集约节约利用水平不高，连片土地有限，"三旧"改造、城市更新重构利益平衡机制难度大，目前东莞土地开发强度已逼近50%，在广东省居前列，土地要素供给紧张与重点企业新增土地需求旺盛矛盾明显。在镇村主导开发建设的模式下，城镇空间均质化、分散式布局，土地资源整合难度大，资源低效化、设施小型化、形态碎片化、环境低质化问题凸显。高品质产业集聚区缺乏，目前仅有松山湖高新区形成了初具规模的创新产业集群，综合排名位居全国第23、全省第3，滨海湾新区、水乡特色发展经济区、银瓶合作创新区等园区仍在起步阶段，园区整体集群化集约化发展水平不高，对于全市经济贡献度有限，亟须加快高水平园区建设，推动园区统筹片区联动协调发展，创新打造产业发展新空间。

---

① 2020年东莞GDP为9650.19亿元，深圳GDP为27670.24亿元。截至2020年10月，深圳有上市公司461家。东莞目前有49家。

三 新兴产业培育与发展建议

面向未来，东莞构建具有国际竞争力的现代化产业体系，需要坚持以科技自强自立为核心战略，以强化科技赋能为发展主线，完善源头创新、技术创新、成果转化、企业培育等创新体系，以智能制造、品牌制造、质量标准、绿色低碳重塑制造核心竞争力，推动先进制造业与现代服务业融合发展，更好地支撑引领产业高质量发展。

（一）谋划产业发展顶层设计，出台系列扶持政策体系

建议加快组织编制各重点新兴产业发展五年行动计划或实施方案等文件，明确产业发展定位、重点方向和实施路径；同时，加快编制关于促进新兴产业发展的相关政策意见，针对研发设计、生产制造、升级改造等不同环节企业的痛点，提出扶持政策，如针对东莞市具有先发优势的新兴材料以及卡住东莞市支柱产业脖子的关键材料，安排专项财政资金支持新材料产业发展。围绕新材料产业，推进科技创新项目、培育和扶持重点企业、推进人才引进和培养、扶持企业和服务机构等活动。在生物医药与生命健康产业方面，出台多元资金扶持办法，提升生物医药与生命健康产业的战略地位。推动拓展金融支持手段，建立市场化转型资金扶持体系。同时，还可以探索企业与高校院所共建的高水平研发机构、运营中心等载体"先租后让"制度，在人才培养政策、孵化育成等方面给予一定支持；在信贷风险补偿、创投风险补助，以及各类抵押担保等科技金融手段上给予最大的支持。

（二）加强基础科研体系建设，加快核心技术研发突破

依托散裂中子源、未来建设的南方先进光源、先进阿秒激光设施等重大科技基础设施，以打造重大科技基础设施集群为核心，统筹布局国际一流的前沿基础研究平台、大学和科研机构，加快打造科技创新生态体系，着力提

升原始创新能力，努力实现更多"从0到1"的突破。加快推动核心技术研发，发挥材料、信息、生命等重点学科领域优势，充分发挥重大科技基础设施作用，努力突破一批制约新一代信息技术、集成电路、高端装备制造、新材料、新能源、人工智能和生物医药等产业高质量发展的"卡脖子"关键技术，精准打通产业链技术断点和堵点，推动重点行业关键领域实现国产替代，以产业发展牵引科技创新，以科技创新支撑产业发展，打造支撑现代化产业体系科技创新核心引擎。

（三）依托龙头企业、重点创新平台优化产业结构

深挖华为未来增长潜力，打造万亿级"华为系"，持续做长新一代电子信息产业链，进一步做大做强新一代电子信息核心产业；搭建重点企业与散裂中子源、松山湖材料实验室、东莞材料基因高等理工研究院等创新机构合作机制，充分利用散裂中子源等大科学装置开展联合技术攻关及产学研应用研究；突出抓好生产性服务业与先进制造业协同发展，推动服务业与制造业深度融合，促进有条件的制造企业向创意孵化、研发设计、售后服务等产业链两端延伸。

（四）依托战略性新兴产业基地建设引领产业集聚

重点围绕新材料、生物医药产业制定产业专项规划和专项政策。新材料产业方面，推动松山湖材料实验室、东莞材料基因高等理工研究院等公共技术平台建设；依托散裂中子源等重大创新平台，吸引国际一流科学家进行访问和合作研究，承办国际或国内大型新材料产业工业展销会或重大学术会议，扩大东莞在全国和全球新材料产业领域中的影响，打造东莞新材料产业基地。生物医药产业方面，支持核医学研发中心、P3生物安全实验室、动物实验平台、生命科学学院等创新平台建设；鼓励科技成果转化，突出产业人才激励，提供金融支持等，优选一批低成本落地空间，做好企业落地服务，打造松山湖生物医药产业基地。

参考文献

《东莞：培育新兴产业　打造广东高质量发展名片》，东莞时间网，2021年3月1日，http：//www. dg. gov. cn/jjdz/dzyw/content/post_ 3469304. html。

东莞市高新技术产业协会：《东莞市5G产业调研分析报告（2019）》，2020。

《2021年东莞市政府工作报告》，东莞市人民政府网站，2021年3月1日，http：//www. dg. gov. cn/gkmlpt/content/3/3469/post_ 3469380. html#694。

广州华进联合专利商标代理有限公司：《广东省高端装备制造产业专利导航分析报告》，2021。

东莞市电子计算中心：《东莞市高端装备制造发展报告》，2021。

东莞市电子计算中心：《东莞市生物医药与健康产业调研报告》，2021。

东莞市电子计算中心：《东莞市前沿新材料产业调研报告》，2021。

B.13
东莞市战略性新兴产业基地发展研究
——基于科技创新为核心的视角

邹润榕　杨　凯*

摘　要：　战略性新兴产业基地的划定，将为科技创新提供良好的空间
载体、政策支持体系、资本资源助推体系、人才资源支持体
系、服务资源支持体系等。展望未来，战略性新兴产业基地
的高度集聚特性、相对共享机制、规模化的发展将通过目标
明确、方向清晰、任务明晰、资源最优配置的发展途径，最
终促进科技创新力量在区域发展中有力地转变为现实生产
力。本报告以高质量发展为目标，从目前所处的新发展阶段
的要求出发，结合广东省在培育发展战略性支柱产业集群和
战略性新兴产业集群的方向部署，具体分析了东莞市战略性
新兴产业基地的发展思路，对比了其他城市的战略性新兴产
业基地的建设情况和实施效果，重点分析把握科技创新发展
趋势，强化科技创新发展要素，切实发挥战略性新兴产业基
地作用，推动科技创新发挥对科技产业的支撑作用，提出了
通过规划引领、政府引导、创新先导，推动产业链与创新链
融合发展的实现路径。

关键词：　科技创新　科技产业　战略性新兴产业

---

* 邹润榕，东莞市电子计算中心副主任、副研究员，高级经济师，研究方向为科技发展与科技
政策；杨凯，东莞市电子计算中心中级经济师，研究方向为科技发展与科技政策。

一 实施背景及意义

（一）实施总体背景

推动科技创新已经成为我国"十四五"规划的重点任务和要求。党的十九大更是强调"坚持创新在我国现代化建设全局中的核心地位，把科技自立自强作为国家发展的战略支撑"。我国的经济发展已经从要素驱动走向创新驱动，科技创新正成为我国经济发展的重要支撑力量。科技产业深度融合发展是高质量发展的新时期新阶段的客观必然要求。

推进战略性新兴产业基地的发展是顺应"十四五"规划的目标要求，适应高质量新发展阶段的新特点，以科技创新为核心，以提升科技创新的支撑力为任务，推动科技与产业融合的新型产业组织形式和制度设计安排。也是东莞市委、市政府贯彻落实省委、省政府培育发展战略性支柱产业集群和战略性新兴产业集群（简称"双十产业集群"）的落地举措。将产业集聚及产业链的完善提升相结合发展，将企业创新主体地位通过战略性新兴产业基地的承载得以充分发挥，使政府、企业、机构等多方服务支持在基地得到充分连接。

促进创新链和产业链深度融合已经成为广东省政府工作的重点。2021年广东省作为制造业第一大省加入到"链长制"队伍中。链长制就是现代产业生态体系与创新生态体系合而为一的新探索，借助链长的政府服务角色，链主的辐射带动作用，技术需求方的推动作用，领衔解决方的服务力量，构建核心技术自主可控的全产业链生态。产业链的链式服务过程中必然需要在核心材料、关键零部件、重点工艺技术等"卡脖子"技术方面进行补链，加快推动国产替代进而推动科技自立自强。

推动科技创新体系与产业培育体系的融合，就是要推动产业培育体系"空间＋基金＋政策＋服务"与科技创新体系"源头创新体系＋技术创新体系＋企业培育体系＋成果转化体系"两条体系相衔接协同发展。让战略性

207

新兴产业基地成为成果转移转化的实践基地，让以科技创新为核心的战略性新兴产业基地成为科技创新的样板区，推动东莞成为创新型企业、多层次创新人才、高水平服务机构等创新资源和创新要素集聚的创新高地。

（二）政策基础

2020年以来，广东省在加大产业集群发展方面形成了"1＋20"的总体政策框架，其中"1"是指《广东省人民政府关于培育发展战略性支柱产业集群和战略性新兴产业集群的意见》（粤府函〔2020〕82号），该文件是各地建立战略性新兴产业集群和基地的总政策依据。"20"则是由各牵头部门会同相关部门联合印发了各集群的具体行动计划。

《广东省制造强省建设领导小组办公室关于在市级层面建立完善战略性新兴产业集群"五个一"工作体系的函》要求广东省各地市开展垂直一体的产业集群"五个一"工作服务内容，形成"上下联动、协同推进"的工作格局，全方面服务产业集群建设。

在广东省的总体部署下，东莞市积极主动，响应迅速，于2021年先后出台了《关于培育发展战略性产业集群的实施意见》（东府〔2021〕10号），并且制定了《东莞市战略性新兴产业基地规划建设实施方案》、《东莞市推进战略性新兴产业基地高质量发展若干措施》（东府办〔2021〕22号），加快推进战略性新兴产业集群发展。2021年成为七大战略性新兴产业基地启动建设年。

（三）实施意义

战略性新兴产业基地区域布局的实施推进，方向更明确，目标任务比以往更清晰，由市领导亲自挂帅，推动的责任人起点更高，制度优势更明显，政策引导性得到强化。加快战略性新兴产业基地的发展有利于适应新形势变化下的土地供给，有利于产业链从设计到制造各个环节的完善与补充，有利于更聚焦、更集约地发展重点产业和急需紧缺行业，也更有利于战略性新兴产业成为核心发展要素，让创新与产业的协同共享发展效应更好地实现。

二　相关概念内涵与外延

1. 科技创新与科技产业

科技对产业有支撑作用，二者具有相互促进关系和依存关系。科技与产业双轮驱动，相得益彰，科技与产业从根本上来说是同向而行，密不可分，相互渗透，相互促进。科技和产业界关注科技产业融合发展的方式已经很长时间了，围绕产业链布局创新链，围绕创新链布局资金链，是一种渐进式的、推进式的方式，更是一种长期的布局和任务。在当前新发展阶段，从推进的过程来看本质上没有改变，但是从推进的内涵来看发生了新的变化。科技产业要深度融合为一体，并且以科技为核心引擎，是新时代的必然要求和新的动力源泉，科技发展有其内在的规律，但是在科技发展的每一个阶段都离不开经济的支撑，产业的要素是科技发展的环境和基础，无论是政策支撑、人才建设还是服务保障，无论是科技企业的资助计划还是科技基础条件平台的建设，企业创新主体、高校科研院所创新力量的强化过程中，所有的经济要素、产业要素都是必不可少的基础。张越等提出"科技创新三个面向耦合机制薄弱是科技经济两张皮"现象出现的内在原因，同时要构建"产业链与创新链深度融合的关键核心技术攻关体系"；[①] 任志宽提出"创新链和产业链的互动关系反映出看待经济和科技结合问题时，要具备系统性、动态性和辩证思维，倡导产业和创新生态的内在、自主性的循环发展"。[②]

2. 产业集群与产业基地

从纵向发展来看，产业集群与产业基地呈链式关系，产业集群指在较大范围上产业关联度高，产业相对集中，产业基地则地域更集中，产业集聚度更高，产业整合更明显。二者主要特点都是定位明确，特色分明，产业单一，突出产业链的龙头带动作用。在范围方面，共同点是都以物理空间作为

[①] 张越、万劲波：《构建关键核心技术融合创新攻关体系》，《学习时报》2020 年第 6 期。
[②] 任志宽：《推动产业链与创新链深度融合》，《支部建设》2020 年第 23 期。

主要的载体，前者涵盖地域范围更广，从广义上可以是一个相对集中的主要功能区域，也可以略作延展；后者地理区域范围更窄，划定一个特定的区域，形式更集聚。在组织形式方面，共同点是一定程度上都有政府引导，但是前者以市场自然形成为前提，政府往往只需要因势利导，而后者以政府规划区域的方式来实现，更有组织性，重点发展的领域更聚焦，对于政府的规划设计有更高的要求。在发展目标方面，共同点是都为了形成分工合理、差异协同发展的区域布局，都为了做大做强区域的重点产业和重点领域，培养重点龙头骨干企业等；但产业集群更加突出强调规模效益和经济发展增速目标，而后者更加突出产业链的龙头地位和技术话语权，尤其是新兴产业的未来发展潜力，掌握核心技术，突破关键技术都是发展的重要方向。王仲智等提出"实现理论到策略的跨越，应是理论界和实践领域合作的复杂过程，需要科学的态度和程序，政府盲目的集群策略可能重入增长极战略实践的覆辙"。① 公丕国等提出"新型产业基地是从事相同或相似产业的企业集合，各企业的产品差异性与互补性共存，且这一企业集合产业组织、产业结构和产业管理等各要素的合市场规律性的特征"。②

三 东莞市七大战略性产业基地实施进展情况

（一）形成了系列上下贯通的创新政策措施

《东莞市推进战略性新兴产业基地高质量发展若干措施》明确了总体思路、目标任务、保障措施，提出了具体资助和奖励办法，开展了部门分工，落实了部门职责。提升创新能力的资助方式放在第一条，具体包括链接科创资源、鼓励技术创新、支持首创首用、支持标准引领、支持人才引进等方面。创新资源是基地发展的源泉，融合科技与产业的桥梁。在支持政策上

---

① 王仲智、王富喜：《增长极理论的困境与产业集群战略的重新审视》，《人文地理》2005 年第 6 期。
② 公丕国、林木西：《新型产业基地建设的理论、路径及优化策略》，《经济研究参考》2018 年第 61 期。

既重视国内外高校科研院所资源引进，也鼓励与已有的散裂中子源、广东省松山湖材料实验室、国际机器人研究院材料基因高等理工研究院等创新研究机构的资源对接及科研仪器设备共享。在核心技术攻关的"揭榜挂帅"制度方面资助力度大，对于承担单位给予资助额度最高 1000 万元的研发费用支持，鼓励建设重点实验室、企业技术和产业创新中心、工程技术研究中心等，对于获得国家和省科学技术奖项的第一完成单位给予最高 1000 万元的奖励资金。对于首版次软件、创新药及新型医疗器械等创新产品研发按照首台（套）重大技术装备政策资助并且鼓励率先推广应用。对于国际国内及行业地方标准和技术规范的奖励力度远超过基地外的资助办法。对于高层次创新科研团队、领军人才、进驻基地有突出贡献的创新型人才给予个人所得税市留成部分的奖励，在人才安居房、基地内重特大项目人才"三限房"供应及教育医疗等资源方面都能够加以保障。

在市级统筹方面，明确落地时间和行动路线图。最近具体实施进展包括形成"七个一"工作机制，建立监测统计体系、建立年度考核指标体系、建立战略性新兴产业基金、加快土地整备和加大空间供给情况等。

在各个基地具体实施进展方面，接下来将分七个不同行业领域进一步研究制定《战略性新兴产业基地三年（2021－2023 年）建设计划》具体政策措施。各基地根据"一基地一政策"的总体要求，相继出台《关于推动东莞数字经济融合发展产业基地发展的扶持措施》《关于推动东部智能制造产业基地高质量发展的若干措施》等针对性配套政策措施，围绕土地、财政、人才、产业、服务等多层次多维度共同形成"1＋N"政策赋能体系。各基地根据主导产业的特点对政策措施进行了深入的梳理。东部智能制造产业基地在支持细分领域"专精特新"发展方面的奖励标准在市级的标准上再上浮 20％，在支持引进关键设备和核心技术方面按 1∶0.5 配套方式。对于科技含量高的优质新引进项目配套资助最高达 100 万元。在战略性新兴产业基金的组建方面，市财政局牵头成立专班研究制订基金组建方案、管理办法和实施细则等配套政策，协调配合设立基金，2021 年财政已经安排首期预算 33 亿元。

表 1 《东莞市推进战略性新兴产业基地高质量发展若干措施》主要内容

政策类型	政策主要内容
统筹推进	资源倾斜方面。市级资源统筹;用能、环保、能耗等保障;专项支持公共服务设施;国有企业民间资本参与建设
	规划引领方面。加强产业基础统筹,强化国土空间规划的衔接;优势资源集中。推动基地按照高质量要求制定《战略性新兴产业基地三年(2021-2023年)建设计划》
	产业集聚方面。围绕七大战略性新兴产业,编制产业专项规划及政策;制定产业链图谱、重点招商目录;根据"链长制"要求,加快延链补链强链;基地产业加快集聚;建立专家咨询委员会提供决策参考
	科学管理方面。推动协调联动,实施"七个一"工作机制;鼓励各基地建立年度考核指标体系;奖励评估优秀的基地;实行统计监测机制和动态跟踪科学评价机制
创新能力	科创资源方面。多源多点对接科创资源。与综合性国家科学中心、国家自主创新示范区等创新平台及高校院所建立合作关系;与松山湖材料实验室等新型研发机构充分合作;推动企业等参与科研仪器共享机制建设
	技术创新方面。通过"揭榜挂帅"制度,资助承担核心技术攻关任务的单位(或联合体)研发费用,支持额度最高 1000 万元;重点实验室、工程技术研究中心等,获得国家级或省级认定,分别给予不超过 500 万元、200 万元奖励;国家、省科学技术奖,按等级给予奖励不超过 1000 万元
	首创首用方面。首版次软件、创新药及新型医疗器械按投资比例分别给予最高 1000 万元、500 万元支持。鼓励企业开发首版次软件,研发创新药及新型医疗器械,按投资比例给予最高 500 万元资助,并加大在东莞的推广应用
	标准引领方面。对主导制定国际、国家、行业、地方标准和技术规范的基地企业,给予不超过 150 万元资助
	人才引进方面。重点支持创新科研团队、领军人才等,给予人才安居房和"三限房"配套资源;为人才和团队提供医疗、教育、商务等其他配套条件
空间供给	"标准地"试点方面。对投资项目审批、用地审批改革,试点"一窗受理+开工建设"模式及"带设计方案"出让模式
	整合空间方面。支持连片开发用地开通"工改 M1"绿色审批通道和"工改 M1"基本单元分割转让改革
	低成本空间方面。推动国有及集体企业通过"成本+适当利润"形式,建立高标准厂房和洁净车间。试行产业用房"先租后让、租让结合"的方式,每年给予单项最高不超过 100 万元、累计不超过 300 万元的支持
	新型产业社区方面。对符合入驻条件的高成长企业或联合体申请产业用地,按照 M0 用地方式给予支持;引入产业运营机构,形成高品质社区

续表

政策类型	政策主要内容
企业培育	产业基金方面,通过政府引导基金、国企投资基金等协同联动,推动镇街及社会资本共同参与,组建500亿元战略性新兴产业基金
	优质企业引进方面。对总部企业累计的奖励最高达1亿元,对补链强链项的企业优质项目,按当年地方经济贡献的100%进行三年连续奖励
	企业成长激励方面。对基地内初创型企业和"专精持新"中小企业,以及成长型企业年度营业收入实现突破的,分别给予不高于200万元及500万元的一次性奖励
	关键设备投资方面。对投资额达5亿元及以上的,重点补助设备投资的10%,补助项目投资不超过3000万元
	上市和并购方面。对上市后备企业,在境内外交易所首次发行股票上市并正式受理的,给予奖励金额300万元。对外地上市公司注册地迁入满一年的,奖励金额1000万元。对并购交易按照标的额的5%给予资助,最高2000万元
营商环境	服务体系完善方面。在首谈负责到底、项目包落地、审批代办服务等方面,形成全链条闭环,组建金融专家团队,实行"一企一队"服务工作
	"一事一议"方面。重点集中在能够引领发展方向,或者具有先发优势及填补国内、省内关键技术空白方面,通过"一事一议"方式给予支持,镇街重大项目或发展潜力较大的项目也可享受上述政策的支持

资料来源:根据各政策文本整理。

(二)形成了市镇联动的"七个一"工作机制

"七个一"工作机制是指"一名领导挂帅,一个工作专班,一份产业规划,一套支持政策,一张招商地图,一项配套基金,一项督查机制"。同时,组建服务机制和服务队伍,创新性项目通过"一事一议"的工作方式,对能够填补技术空白,技术水平国际、国内或省一流,能够突破"卡脖子"技术并实现进口替代,本地产业链发展中急需环节,有发展潜力的企业大力支持。重点产业项目由市领导牵头挂点包落地,市管干部担任服务专员;全面推行代办服务方式,从招商咨询、政策指导、多方协调到落地形成一条龙贴身服务,由首席代办专员提供免费全程一对一代办服务。各个基地根据总体管理工作机制完成招商及培育发展指引目录、产业链树状图、招商产业图谱等,梳理重点对接项目清单,形成招商"一把手"负责制,发挥政企联合招商作用。

（三）提出了科技创新能力提升的主线

科技创新能力始终贯穿在所有基地发展的政策文件之中。在发展理念方面，"突出创新集聚"，主要体现在强化基地内企业的科技创新能力提升。以新材料与生物医药产业基地为例，松山湖科学城拥有国内唯一的散裂中子源、松山湖材料实验室、东莞材料基因高等理工研究院等高水平科研平台。在松山湖科学城周边建设新材料与生物医药产业基地，通过促进基地内企业与松山湖科学城内各科研机构的人才、技术、成果对接，提升企业科技创新能力，强化大科学装置与科研平台对企业、产业的支撑引领作用。在基地的产业定位方面，"突出创新引领发展"，引导基地内龙头企业攻克"卡脖子"关键技术，在柔性电子材料、量子信息等前沿高端领域进行前瞻性布局，以科技创新带动基地产业链高级化。

（四）东莞战略性新兴产业基地的发展方向思路

1. 确定了七大战略性新兴产业基地

七大战略性新兴产业基地涵盖松山湖生物医药产业、东莞新材料产业、东莞数字经济融合发展产业、东莞水乡新能源产业、东部智能制造产业、银瓶高端装备产业、临深新一代电子信息产业。产业基地的规划建设将产城融合作为重要方向，在产业功能集聚度的提升、丰富产业链条、牵引优质企业、吸引高端人才等方面做重点部署。

2. 七大战略性新兴产业基地定位依据

每一个区域的空间布局都依托于当地产业基础、产业规模、区位优势。生物医药是松山湖的主导产业之一，也体现了松山湖高新区作为东莞核心引擎的未来发展重点。松山湖高新区聚集了东阳光药业、博奥木华、菲鹏生物等一批优质企业，也有两岸生物技术园等孵化载体，基地的集中发力将为松山湖生物医药、高端医疗器械、智慧医疗等产业打上一剂强心针。

每一个基地重点产业领域、实施重点、实施路径的确定都经过反复论证和充分的讨论。松山湖东部工业园作为东莞新材料产业基地，是东莞唯一的省级实验室成果转化的重要扩散区域。材料实验室拥有的第三代半导体、新型显示材料等关键材料科研能力的支持让东莞的最大的产业——电子信息产业向新一代电子信息的产业链高端伸展。

数字经济是新发展阶段的新兴产业，近年来呈现迅猛之势。据中国社科院统计，中国数字经济增加值规模在 2020 年占 GDP 比重约 18.8%，[①] 而作为要打造全球数字经济高地的广东省来说，更将 2022 年的目标确定在占 GDP 比重超过 50%，[②] 制造业大市东莞在数字经济与现代制造业的融合发展中，一定会将数字经济的发展作为主攻方向。数字经济融合发展基地选址水乡功能区，既得益于与广州经济开发区对接的地缘优势，广州作为软件服务业之都和人工智能示范实验区将为东莞带来一定的牵引作用，同时也与水乡麻涌、洪梅、中堂等镇区的京东亚洲一号、阿里数据中心的布局，以及理文、金洲、银洲等传统造纸业的数字化转型相关。

新一代电子信息产业是东莞最大的产业。以华为、OPPO、vivo 等为代表的产业是东莞的产业之柱，与之相关联的配套企业上万家，除手机和新型智能终端以外，新一代通信设备、网络设备、半导体元器件等都体现了东莞硬制造的实力。电子信息产业也是深圳的最大产业领域，在市场机制上，深圳电子信息产业制造端不断外溢过程中，东莞的临深片区与深圳的产业已经形成非常紧密的联系，成为对接深圳社会主义先行示范区的深度融合发展区域，因此新一代电子信息产业基地选址临深片区塘厦镇。

高端装备制造业也是东莞的优势产业。工业机器人、5G 装备制造、半导体装备与器件、激光设备等发展势头强劲，由于谢岗镇既有粤海产业园等高端装备承载区，又有连片统筹的土地空间，同时具有与深圳紧邻的先天条件，因此银瓶高端装备产业基地选址谢岗将有更多的后发优势。

3. 基地五年的发展计划和实施进度

到 2025 年，力争培育出一批世界顶尖创新型企业和独角兽企业和具有

---

① 李海舰、蔡跃洲主编《中国数字经济前沿（2021）》，社会科学文献出版社，2021。
② 《广东省建设国家数字经济创新发展试验区工作方案》。

科创属性的"科创板"企业，争取新一代电子信息3年成为高质量的万亿级产业集群，5年成为具有全球影响力和竞争力的集群，把新材料、新能源、生物医药建成若干极具潜力的产业集群。同时，在新经济带动新产业方面，也将5G技术、物联网、区块链等数字化技术带来的对现有领域的新动能做了提前预判和把握。

（五）近期重点任务

现阶段，启动规划建设方面的任务重点是：健全基地的领导组织架构，高质量完成基地国土空间规划、产业发展规划，推出基地建设的精准化政策包括产业政策和招商引资政策。尤其是加快土地整备的速度，按照任务目标，推出一批产业空间。对于给予科技创新的低成本空间方面，也确定了细化的任务目标。在引进有竞争力的创新型企业方面，政策对于科技创新项目和产业项目具有不同的评价体系。东莞市政府于2021年5月22日召开"培育新动能·构建新格局"东莞战略性新兴产业招商大会，首期推出1万亩土地面向全球招商，向全球有意向来东莞落地的客商发出邀请。会议上投资项目总额达1483亿元，全市统筹规划了60平方公里土地，规划了七大战略性新兴产业基地。七大基地的规划立足新动能的产业需求，将成为东莞发展的新动力。

（六）需重点注意的几个问题及实施难点

1. 处理好"管多"与"管少"的关系

在总体规划设计下政府主导收储统筹土地，从本质上区别于以往市场机构按照产业园区开发及运营的模式自主开发，政府根据全市统一部署进行开发的形式更突出。更考验政府在制度设计、规则制定、管理运营方面的能力，既要避免只是举旗子、挂牌子的现象，也要避免事无巨细、亲历亲为的情形。做好前瞻性、规律性设计，做好不可引进项目的负面清单，做好牵头部门与其他部门的协调配合，制定好各部门配套政策文件，避免目标过于短视，避免基地内企业只是单纯地市内异地搬迁、避免科技与产业"两张皮",避免对创新型中小企业的忽视等。在管理架构的设计、在人员的配备上一定要发挥专业机构专业人员的力量,发挥好政府职能部门的政策优势、资源优势,也要依靠战略咨询机构的专业服务优势,还要遴选出长期稳定的专业服务队伍。

2. 处理好基地行业领域方向定位中"大"与"小"的关系

在基地七大方向确定基础上,要进一步找准基地每个细分领域的重点发展序列。在生命健康技术中找到东莞值得发展的医疗器械、诊疗设备等重点子方向出击,在新能源技术方向重点发展锂离子电池、消费电池、太阳能光伏设备等子方向,再进一步深入剖析每个细分链条上的关键发力点。针对人工智能的工业软件、EDA 平台、算法等方面的不足,与国内外重点的科研平台、科学家进行产学研合作,通过组团式的合作模式、点对点式的对接模式等,尽快为基地内企业匹配到能够提供创新成果的源头机构和科研院所。

3. 处理好创新链条上"远"与"近"的关系

既要在快速转换科技成果、形成产品方面跑出加速度,争取做大做强集群的总产值和影响力,更要兼顾远期的目标,在招商的源头方面预判好发展的主要趋势,避免引进一些产能过剩、产品技术落后易淘汰的企业,尤其注意培植有竞争潜力的黑马。以精密仪器为例,2020 年在东莞市 6385 家高新技术企业中,仅 248 家属于该领域,营收规模也不到 200 亿元,但是精密仪器应用范围广泛,尤其是科学分析仪器/检测仪器、新型自动化仪器仪表、精确制造中的测控仪器仪表、高档数控装备与数控加工技术、敏感元器件与传感器等存在许多面对贸易封锁和技术禁运情况下的关键技术,而这个领域却属于企业发展迅速、规模加速扩张的时期,东莞也涌现了奥普特、优利德、宇瞳等一批新上市企业,还有每通测控、三姆森等准上市企业。因此,创新链条上目前产值体量并不大,但具有发展前景的细分行业领域正是基地要关注和培育引进的。

4. 处理好基础设施安排上的合理布局关系

在设施安排上要有容纳企业的发展空间,"标准地"的设计上既要符合入驻企业的需求，也要留足一定空间给公共服务平台包括研发公共服务平台、测试服务平台、成果转化服务平台。"标准地"是以"极简审批"为核心的改革创新制度，为符合准入条件的投资项目通过共享方式统一进行前置评估，试行审批"带设计方案"的出让制度。设计方案的编制和审查得到前置完成，"标准地"的供给既要公开透明，又要进行全过程的监管，对于企业来说，企业承诺和企业信用非常重要。

5. 把握好低成本空间的重点支持方向

认识到低成本空间的重要任务就是为弱小而有发展前景的高成长性企业提供孵化培育后充足的成长空间，严格把关低成本空间的对象，推动服务机构、新型研发机构运用自身的资源优势、人才优势、渠道优势，找到高水平的研究团队、高水平的中小型科技创新企业，共同成长，共同成就。低成本空间通过推行"先租后让、租让结合"的产业供房方式，为未来有能力在资本市场挂牌上市的企业提供了最佳解决方案。达到既定目标后再采取协议方式将其出让给企业，可以满足即将上市的瞪羚企业对于上市资产投资的要求。

6. 处理好基金规模和投融资效率的关系

东莞战略性新兴产业引导基金的目标是设立 100 亿元，并且形成 500 亿元战略性新兴产业母子基金群，通过财政资金的杠杆作用，带动社会资本、国有资本多方参与、共同投资。从资金总盘子看，远超过近十几年来东莞引导基金规模的总和。"十三五"期间，东莞虽然已经设立 20 亿元产业引导基金，但是一直在政府引导基金的推进中与广、深等有较大的差距，这与东莞制造业大市的地位不符。战略性新兴产业引导基金的设立有望改变东莞政府基金盘子太小、投资数量太少、退出情况不理想、引导效应不足的局面。战略性新兴产业引导基金将委托市属国有企业东莞金控集团管理运营，一方面为做大做强市属国有企业奠定了基础，另一方面为基金服务实体经济重新找到出路。对比深创投、珠海华发集团等国有投资机构，东莞国有资本的投资仍处于起步阶段，需要在机制体制上进行更大力度的改革创新，建立好投资中的容错免责清单，将成为东莞市政府和市属国有企业的重要任务，才能最大限度地发挥国有资本的创新支持作用。

四　其他城市战略性新兴产业基地建设启示

深圳的战略性新兴产业基地建设起步较早。"十二五"期间，深圳就确定了要抢占生物、新能源、互联网、新材料、新一代信息技术等战略性新兴产业的制高点，并且在《深圳市国民经济和社会发展第十二个五年规划纲要》中提出"重点布局建设12个服务功能突出、产业特色鲜明的战略性新兴产业基地"和"打造10大产业链关联效应明显的集聚区"。基地建设方面，大疆机器人创新总部基地、柔宇国际柔性显示基地、中芯国际12英寸芯片生产线、坪山新能源汽车零部件基地等在坪山新区、光明新区等相继建设投产。值得借鉴的经验是坚持创新驱动为首要原则，将应用牵引作为第二动力，在产业体系建设上突出"高、新、软、优"，为高质量发展做好了"深圳质量"的先行样板。2018年以来，深圳在建设国际科技创新中心的过程中通过十大行动计划规划建设了十大新兴产业集聚区，为培育2~3个千亿级产业集群和若干个百亿级产业集群而加快重大载体的建设。基地建设方向清晰，形成了以产业集聚为规划总体方向，以打造全国领先的集成电路产业基地、生物与生命健康基地、世界知名的第三代半导体新兴产业基地、百亿级航空航天、海洋产业基地、深港科技创新特别合作区等为具体目标。在战略性新兴产业基地的建设推进中，深圳注重龙头制造业企业、高端服务业企业、高端人才等引进齐头并进，尤其是国家级重点实验室、企业技术中心、深港技术协同研发平台、测试服务平台的共同落地和软环境建设。

战略性新兴产业基地在长三角江浙一带既是市场的必然选择，也是由于当地政府部门的积极部署。从2014年以来长三角陆续建立了产业基地，但是产业基地的产业类别比较分散，重点是为企业腾出空间发展，留住企业总部，但是随着形势的变化，跟踪近期这些地区的情况，会发现：基地建设的特色方向正逐渐转向提升高技术、高附加值的产业方面，也逐渐向细分领域方面发展。如从无锡惠山特种冶金新材料产业基地的发展来看，对产业基地的重点扶持增强了企业的技术研发能力和市场竞争能力。江苏苏州多年来GDP排名全省第一，苏州在加大产业基地建设、吸纳优质资源方面有较大的优势。苏州生物医药园区经过十多年的发展，形成了新药创制、医疗器械、生物技术等特色产业集群，园区生物医药产业在2018年实现产值800亿元。通过市场强大的力量以及政府强有力的推动，苏州在新材料园区集聚方面也很有优势。以苏州工业园区纳米产业园，即苏州纳米城为例，它吸引了全国各地大量的新材料优质企业落户。一方面是环保设计、基础设施等整体设施规划到位；另一方面是得益于新材料方面的科研院所多年来扎根落地，高层人才聚集，成果转化和技术转移的效果明显。中科院苏州生物医学工程技术研究所、中科院苏州纳米技术与纳米仿生研究所等的成果落地实施得到很好的验证。在数字经济基地建设方面，苏州发展速度尤其令人瞩目。2016年苏州阿里巴巴创新中心正式启动运营，2019年微软人工智能创新中心落户，2020年又相继签约微软云芯智能产业协同创新中心、360政企安全集团总部和7个国家级安全基础设施平台，2021年初，继华为四大总部六大中心明确落户苏州后，苏州市政府又与腾讯公司签署战略合作协议，腾讯公司将在苏州建设"一基地、四中心"，"腾讯（苏州）数字产业基地"成为腾讯公司在长三角区域设立的首个数字产业基地，这种建设模式正是以腾讯生态圈打造为核心，带动相关产业投资，形成预计200亿元的生态经济年产值。

安徽合肥正在全力打造"全国新能源汽车之都"，以新能源汽车龙头企业落户基地为牵引形成该产业链的完整体系。2020年蔚来和江淮正式启动了先进制造基地的扩建工作，2021年蔚来第10万台量产车在江淮蔚来先进制造基地量产下线，一季度新能源汽车同比增长创历史新高。合肥市聚焦新能源和智能网联汽车的大发展，并且不断升级和推动相关产业链，在新能源汽车的购置补贴、充电（加氢）基础设施建设、绿色出行等方面打出了政策的"组合拳"，在技术创新体系方面支持安凯国家电动客车整车系统集成工程技术研究中心，江淮、国轩高科国家级企业技术中心等建设。在创新价值链建设方面，以动力电池全价值链建设为目标，加大"三电"及核心零部件产业链企业引进力度，同时构建动力电池回收和再生资源循环利用生态体系。

五　东莞市战略性新兴产业基地发展路径探索

（一）突出规划引领、政府引导、创新先导

1. 形成科技产业联动领导机制

成立推进科技产业联动发展的建设领导小组，以科技自立自强为核心，以产业链创新链融合发展为导向，形成科技产业联动机制和跨区域协调机制，选准切入口，合理布局，精准定位，突出本地特色，深入分析各区域产业体系的优势特点和短板，进行强链和补链。将产业集聚功能与高水平科研平台及创新团队等创新要素整合功能结合起来形成创新综合体。

2. 形成科技创新发展的分类评价体系

基地是制度试点和创新的试验地，建立单独的分类科技创新项目评价体系，不唯 GDP 论，重视 GDP 中的 R&D 影响因素；科技人才与产业人才实施分类评价，同时培养一批整合型通才；分类对待科技评价指标与经济评价指标的差异性，突出研发投入、中小企业培育等系列指标；在推动企业发展过程中围绕产业链的需求，配齐创新链的要素。让工艺技术、核心关键技术在产业链每个环节得到充分研究和充足的投入。战略性新兴产业基地的空间范围不大，这有利于突破政策机制的阻碍，集中火力，开足马力，实现既定目标。

3. 形成创新先导服务联合体

战略性新兴产业基地要发挥科技在产业发展中的先导作用，建议设立分类政策，虽然每个领域每个部门各有发展侧重点，但是仍然要突出创新先导，形成创新协同发展格局。在科技自立自强的框架下，形成科技创新联合体，建立多方共赢、协同整合的科技创新联盟，与基地通过产业链上下游相

互连接形成的产业发展平台融为一体。高度重视关键环节和产业发展所急需的关键技术，通过在基地建立企业技术创新中心、联合实验室，通过联合攻关的形式解决高精尖的难点问题、芯屏核等"卡脖子"问题。开展高水平产业图谱和创新图谱梳理，为精准招商、精准服务打基础。

（二）形成创新链与产业链融合发展的机制

1. 推动创新链成为价值链的重要力量

在科技创新链的整合或并购过程中，产业链的参与方式及衔接途径包括产业人才、产业空间、产业资本等要素参与，关键是在产业链现代化水平提升中强化研发设计环节，强化芯片、软件、关键器件等产业链高端环节，并且推动成果转化与大规模生产的无缝衔接。培育一批具有较强研发能力和能够起引领带动作用的月亮型创新领军企业，才能推动产业向价值链高端延伸发展。

2. 推动创新生态体系成为现代产业生态体系的轴心

发挥战略性新兴产业基地的辐射带动效应，带动周边中小企业集聚，与周边镇街产业规划和定位相联动，形成圈层效应和扩散效应；高校研究机构、服务机构、创新平台与领军企业共同形成创新联合体。创新要素与产业要素有序流动，将院士工作站、高层次人才服务站、技术标准、技术研发平台等引入，构建有平台承载、研发力量支撑、资金和服务配套的创新生态体系。

3. 推动创新型领军企业发挥龙头带动效应

引进一批创新链龙头企业、培育一批重点行业领域的链主，尤其是以创新型领军企业为龙头骨干。为在前沿基础技术、先进制造技术方面有核心优势的创新型领军企业发展留足土地空间，配齐资金、人力等要素资源。同时，通过大中小企业融通带动中小企业围绕研发创新建立技术优势，成为创新生态体系的参与者和建设者。

4. 形成战略性新兴产业基地与科技孵化载体的衔接流动机制

推动科技孵化载体与战略性新兴产业基地间创新主体的有序流动，基地外孵化载体毕业的优质企业优先入驻战略性新兴产业基地。孵化载体毕业的企业由于发展速度加快，企业规模扩大，在高速发展期间对土地空间的需求也会迅速上升。同时要在基地内鼓励建设创新协同平台、创客空间、创新资源综合服务中心等科技创新配套服务体系。

（三）持续推进，总结反馈，递进发展，形成闭环

1. 发挥战略性新兴产业基地机制稳步持续推进的长期效应

对标最好最优最先进，高起点谋划，针对短板和不足，重点开展系列规划编制，制定基地发展的总体规划和与之相配套的产城融合设计规划，将合理的空间布局、基础设施、城市公共服务和生产性服务业融为一体，有组织、分步骤地形成基地的专业化、差异化发展道路。土地整备和招商引资工作的完成并不是基地存在的全部意义，只有持续推进基地的总体规模效应增强，基地内创新生态形成，基地企业创新能力显著提升，使之成为高端创新产品的主要供给和输出地，新的经济增长点不断涌现，这才是良好的基地发展形态。

2. 发挥考核指标体系对战略性新兴产业的分类指导作用

建立共性、个性相结合的年度和中长期考核指标体系，突出分类指导，体现差异特色，对基地进行年度评优，对战略性新兴产业进行统计监测、动态跟踪、科学评价。在评价指标体系中将创新活跃度、研发投入、发明专利等科技创新指标纳入考核，体现基础性、创新性、未来性，起到精准施策作用。

3. 建立政策评价指标体系对战略性新兴产业基地政策的动态调节机制

通过对政策体系的动态调整，对于政策实施效果进行不断评估、反馈、持续改进，不断找出基地产业培育的短板和原因，提出针对性强、指导性明确、接地气、可操作的发展建议和服务措施，推动基地的顶层设计、技术研判、项目把关、科研成果产业化。

4. 推动科技服务业与产业服务业全链条全流程导入机制

科技服务业和产业服务业机构共同重点开展产业和创新政策研究，深入

开展产业链专项重点细分领域企业项目研究，有效掌握相关产业的细分领域、产业链构成、重点目标企业等信息，深度剖析东莞市在该产业链创新链中的不同细分领域详细情况，对于延链补链强链的工作方向提出有针对性的政策建议；推动企业创新能力综合服务体系建设，围绕产业创新服务体系的要求，组建一对一产业服务专家团队和工作队伍，助力围绕"技术创新—成果转化—企业培育"关键链路完善服务体系，有针对性地开展重点项目、人才引培、专家咨询等核心服务，进一步提升基地创新发展能级，推动基地创新可持续发展。

六　东莞市战略性新兴产业基地发展前景展望

（一）科技创新对科技产业支撑能力增强

科技创新对科技产业支撑能力增强重点体现在以下几个方面。一是区域科技竞争整体实力不断增强。东莞 2019 年研发投入占 GDP 的比重达3.06％，已经达到发达国家研发投入强度的水平。通过基地建设不断招引产业链和创新链的链主企业，纳入 GDP 统计的全社会研发投入总量会得到更大的跃升，一批批创新型领军企业的核心竞争力不断增强，战略性新兴产业基地整体实力和影响力不断提升，形成良好的带动和辐射作用。二是产业链的核心关键环节得到有效补足，高端创新产品供给能力增强，有效降低部分"卡脖子"技术对产业链和产品的影响，创新链条成为主链条。

（二）政策措施的支撑作用日益体现

政策支持体系良性运转。财政资金用在刀刃上，从直接投资向间接投资转变，从通过资金补助刺激向通过基金支持的方向转变，财政资金有效运用，起到正向作用。国有东莞科技金融创新集团将乘势而上做大做强，以深圳天使母基金为标杆，深入关注 CVC 企业风险投资，不以赢利为主要目标，以寻找制造业好的标的进行直投，为广大实体企业融资出力，助力创新型中小企业做大做强作为绩效目标，推动更多企业走向资本市场融资，在全方位增值服务方面多下功夫。既要运用融资并购等多种手段对大企业、好项目积极跟进；更要让投资前移，坚持投早、投小、投未来的投资理念，真正发挥股权投资基金在战略性新兴产业中的作用。在投资周期上发挥政府引导基金的长线投资理念，坚持价值投资不动摇；在投后管理上，发挥基地生态体系完善的特点，让投后管理能力得到提升的同时，也让市场配套服务更完善、更专业、更全面。通过企业公共服务平台的共享服务和重点企业的专班跟踪服务，政策服务体系有效解决基地内企业机构的各类诉求和困难，推动基地内企业获得高效的政府服务。

（三）产业链稳定性增强，形成产业链创新链协同发展的新局面

高水平的市场经济体制是科技创新机制运行的基础，运行良好、高度统一协调的制度环境是科技创新机制运行的保障，通过推动科技产业深度融合，能够为科技创新可持续发展保驾护航。形成创新链条与产业链条的耦合管理机制，使之既相互交叉渗透又彼此独立，既能循环转换又能保持动态平衡。形成科技创新共同体与产业联盟的嵌入式发展，在最后一公里推动创新链中成果转化与产业链并链合链，创新链与产业链形成同频共振效应。在市场机制和市场需求变化、外部市场的风险和挑战状况下，使信息能够迅速通过创新链与产业链的紧密结合机制，传导至制造端、招商引资端、政策制定端，形成快速反馈、及时消弥影响、实时调适的机制。提高抗风险能力，保障产业链和创新链自主安全可控。

参考文献

史琳、张舒逸等：《新技术背景下产业融合发展效应及启示》，《科技与创新》2021年第2期。

任志宽：《推动产业链与创新链深度融合》，《支部建设》2020年第23期。

李春成：《我国科技经济迎来深度融合的新阶段》，《科技中国》2021年第3期。

王仲智、王富喜：《增长极理论的困境与产业集群战略的重新审视》，《人文地理》2005 年第 6 期。

公丕国、林木西：《新型产业基地建设的理论、路径及优化策略》，《经济研究参考》2018 年第 61 期。

邹坦永：《新科技革命与产业转型升级：技术创新的演化视角》，《企业经济》2021 年第 5 期。

创新治理篇

Innovation Governance Reports

B.14

东莞市科技创新政策研究

曹莉莎　陈奕毅*

摘　要： 科技创新政策是用来引导、激励、规范和支持科学研究、技术开发、成果应用等各类科技创新活动的措施与行为。东莞科技创新政策在经历了"科技东莞"工程、创新驱动发展、国家创新型城市建设三个阶段后，目前已逐渐形成了覆盖"源头创新—技术创新—成果转化—企业培育"全链条创新生态路径的较为完善的科技创新政策体系，未来东莞科技创新政策应该更加注重探索符合东莞实际的科技创新政策体系，在政策制定上充分发挥协同联动功能。

关键词： 科技创新政策　创新要素　创新主体　区域创新

* 曹莉莎，东莞市电子计算中心中级经济师，研究方向为科技发展与科技政策；陈奕毅，东莞市电子计算中心发展研究部部长，注册会计师、经济师，研究方向为科技政策、科技创新管理、区域产业经济。

一 科技创新政策概述

（一）科技创新政策的必要性

1. 科技创新的特征需要政策进行引导规范

科技创新是科学研究和技术创新的总称，具有外部性、准公共物品性、不确定性等特点，正是由于科技创新的这些特征，科技创新政策具备了存在的必要性。第一，科技创新具有外部性，需要科技创新政策内化科技创新产生的外部收益，在内化外部收益的过程当中，创新主体的私人收益率逐渐趋向于社会收益率，确保了创新主体的积极性，科技创新供给将逐步实现最优化。第二，科技创新具有准公共物品性，容易出现搭便车行为，需要科技创新政策对创新主体进行必要的激励，保证科技创新资源投入和产出，让科技创新成果服务大众民生。第三，科技创新具有不确定性，需要科技创新政策减少科技创新过程中出现的各种不确定性因素，如来自技术方面、市场方面、环境方面等，科技创新风险的降低有利于充分保护创新主体开展创新活动的积极性。

2. 科技创新战略落实需要科技创新政策作为实施路径

世界各国越来越重视科技创新在国家发展中的重要作用，纷纷提出重大科技创新战略，如美国、德国、日本等发达国家分别提出《美国创新战略》《德国高技术战略》《科学技术创新综合战略》，并根据国家发展需要对战略适时进行修订。我国自2006年提出建设创新型国家目标以来，不断强化对科技创新战略的布局，党的十八大提出全面实施创新驱动发展战略，并将科技创新摆在国家发展全局的核心，党的十九届五中全会通过《中共中央关于制定国民经济和社会发展第十四个五年规划和二〇三五年远景目标的建议》中提出，"坚持创新在我国现代化建设全局中的核心地位，把科技自立自强作为国家发展的战略支撑"。科技创新战略是指引，科技创新政策是实现战略的方式，科技创新战略的落实需要科技创新政策提供具体的发展路径。

（二）科技创新政策的分类

随着科技创新政策覆盖面不断加大、种类日渐齐全、工具日益多元，系统的科技创新政策体系逐渐形成。我国科技创新政策按照国家创新体系大致可以分为以下五类：创新要素政策、创新主体政策、产业创新政策、区域创新政策、创新环境政策等。

1. 创新要素政策

一般来说，创新要素主要包括科技人才、科技投入、科研基础设施，即人、财、物。我国针对科技人才培育与引进的政策主要体现在：专项人才引进计划，如海外高层次人才引进计划、国家高层次人才特支计划；优化科技人才评价、激励制度；为科研人才营造宽松的创新创业环境。科技投入政策，主要通过科技计划项目支持的方式推进，"十三五"科技计划（专项、基金）分为国家自然科学基金、国家科技重大专项、国家重点研发计划、技术创新引导计划、基地和人才专项五类。科研基础设施政策主要指对具备开展科研活动的基础条件的平台进行资助与支持，如国家（重点）实验室等科学研究类科技创新平台，国家技术创新中心、国家工程技术研究中心等技术创新类科技创新平台。

2. 创新主体政策

创新主体是指开展创新活动的主要承担者，一般包括企业、高校科研院所。企业是技术研发与成果转化的主力，经过多年的摸索与总结，我国的企业创新政策目前已经覆盖企业全生命周期，如通过建立众创空间、科技企业孵化器扶持处于种子期的科技型企业，通过天使投资、创新投资等科技金融方式支持处于初创期的科技型企业成长壮大，通过研发费用税前加计扣除、高新技术企业所得税优惠政策扶持处于成熟期的科技型企业。高校科研院所是基础研究与源头创新的主力，我国针对高校与科研院所的政策，着力于深化科技体制改革，扩大高校与科研院所自主权，强化科技成果转化激励机制，充分调动高校与科研院所转化优秀科技成果的积极性。

3. 产业创新政策

习近平总书记指示，"要围绕产业链部署创新链，围绕创新链布局产业链"，促进创新链与产业链、科技与经济实现深度融合，需要创新驱动发挥其引领性作用，而作为促进两者融合的政策链发挥了重要的耦合作用。产业创新政策主要是针对具体产业开展核心技术攻关、加快创新成果产业化的支持政策，着重于解决创新链前端的技术供给与创新链后端的技术标准及市场推广示范等问题。如新时期我国对促进集成电路产业和软件产业高质量发展就提出"积极利用国家重点研发计划、国家科技重大专项等支持聚焦高端芯片、集成电路装备和工艺技术等领域的关键核心技术研发""加强集成电路标准化组织建设，完善标准体系""通过政策引导，以市场应用为牵引，加大对集成电路和软件创新产品的推广力度，带动技术和产业不断升级"① 等。

4. 区域创新政策

区域创新政策主要是指支持建设各类独具特色与优势的区域创新高地、推动区域协同创新发展的政策。我国最早于 1988 年批准建立国家高新技术产业开发区，在高新区范围内推进高新技术产业优惠政策，谋划改革举措，建设科技创新与高新技术产业的示范区，在此基础上，于 2009 年起建立国家自主创新示范区，鼓励示范区在完善科技体制机制、推进自主创新、发展战略性新兴产业方面先行先试。2008 年我国提出开展创新型城市试点建设工作，鼓励试点建设城市在体制机制、创新政策等方面探索先行，走创新驱动发展之路。"十三五"期间，有序提出将北京、上海、粤港澳大湾区等地打造为具有全球影响力的科技创新中心，支撑创新型国家建设与国家科技强国建设。

5. 创新环境政策

良好的创新环境能促进创新创业活动顺利有序开展，本报告所提的创

---

① 《国务院关于印发新时期促进集成电路产业和软件产业高质量发展若干政策的通知》（国发〔2020〕8 号），http：//www. gov. cn/zhengce/content/2020 – 08/04/content_ 5532370. htm。

新环境政策较为宽泛，包括创新治理政策、创新生态政策、科技金融结合政策。创新治理政策是科技体制改革相关的政策，其目的是深化政府职能转变，促进创新治理体系和能力现代化，如科技计划项目管理改革。创新生态政策主要指加强知识产权保护、营造鼓励创新、宽容失败等环境，也包括与国际社会加强合作的开放创新生态政策。科技金融结合政策指推动科技型企业科创板上市等直接融资政策，科技信贷、知识产权质押融资、建立科技金融专营机构、科技保险等间接融资政策，以及鼓励创业投资等政策。

二　先进城市科技创新政策演进历程

（一）深圳

深圳在"十五"以前的科技创新政策以支持民营科技型企业、发展高新技术产业为主，如1987年出台的《关于鼓励科技人员兴办民间科技企业的暂行规定》、1993年出台的《深圳经济特区民办科技企业管理规定》，为民营科技型企业的发展奠定了良好的基础。1995年深圳提出将高新技术产业打造为第一支柱产业，随后一系列关于支持高新技术产业发展的政策法规如雨后春笋般涌现，1999年的《关于进一步扶持高新技术产业发展的若干规定》、2001年的《加快发展高新技术产业的决定》、2004年的《关于完善区域创新体系推动高新技术产业持续快速发展的决定》等，深圳高新技术产业随之进入快速发展阶段。

"十一五""十二五"期间，深圳市的科技创新政策主要围绕"创新型城市建设""国家自主创新示范区建设"设置。2006年，深圳成为我国第一个国家创新型城市建设试点城市，陆续提出《关于加强建设国家创新型城市的若干意见》、《深圳国家创新型城市总体规划（2008—2015）》，以及涉及科技、人才、知识产权、教育等方面的20个配套政策。这一时期，深圳还聚焦发展战略性新兴产业，密集出台《关于印发深圳新一代信息技术产业振兴发展规划（2011—2015年）的通知》《深圳市关于进一步加快软件产业和集成电路设计产业发展的若干措施》《关于印发深圳市生命健康产业发展规划（2013—2020年）的通知》《关于印发机器人、可穿戴设备和智能装备产业发展规划（2014—2020年）的通知》。

"十三五"时期，深圳科技创新政策坚持创新驱动、基础先行，加强核心技术攻关，促进新技术与新产业融合发展。2016年3月，深圳出台《关于促进科技创新的若干措施》《关于支持企业提升竞争力的若干措施》《关于促进人才优先发展的若干措施》，充分发挥科技创新的支撑引领作用，激发各类创新主体的积极性和创造性。在此期间，深圳深刻意识到基础研究薄弱的问题，2018年出台《关于加强基础科学研究实施办法的通知》，第一次将加强基础研究提到政策层面。2019年以来，随着粤港澳大湾区建设、深圳建设先行示范区等国家战略陆续推进，中美贸易摩擦等环境持续变化，深圳主动从国家层面出发，围绕集成电路、新一代人工智能等"卡脖子"领域制订行动计划，全面进入政策领跑期。

深圳科技创新政策在出台过程中十分重视部门间的协同合作，重大科技事项实行由市领导担任组长，科技、发改、工信、财政职能部门负责人担任小组成员的领导小组制，确保科技政策的科学合理。同时深圳充分重视企业尤其是民营企业作为创新主体的创新活力，鼓励创新活动以市场为导向，完善市场经济体制。

（二）上海

上海"十五"以前的科技创新政策主要围绕"科教兴市"战略开展，政策聚焦强化对企业创新主体的支持和高新技术成果产业化。为贯彻落实国家"科教兴国"战略，1995年上海出台《关于加速上海科技进步的若干意见》，明确实施"科教兴市"战略，并提出促进企业成为技术开发主体、培育高新技术产业。具体措施上，主要运用财政补助、税收优惠、贷款贴息等举措支持企业开展科技创新活动。1998年，上海推出的《上海市促进高新技术成果转化的若干规定》，是我国第一部关于科技成果转化的地方性规范性文件，并于 1999 年 6 月和 2000 年 11 月进行了重大修改。在产业布局方面，加大对电子信息领域、生物医药领域、先进制造领域、新材料领域等的支持。

"十一五""十二五"期间上海市科技创新政策聚焦创新体系的建设，创新主体更加多元化，科技创新政策也逐渐趋于体系化。2006 年 1 月，上海发布了《上海中长期科学和技术发展规划纲要（2006－2020 年)》，明确提出建设以知识竞争力为衡量指标的城市创新体系，以应用为导向开展自主创新。同时出台了《上海中长期科学和技术发展规划纲要（2006－2020 年）若干配套政策》（简称"科技创新 36 条政策"）以及 29 个实施细则或工作方案，上海科技创新政策体系基本形成。① 具体来说，科技创新政策从强化对企业创新主体的支持，转向强化对企业、产学研联合体、创新平台等联合性创新主体的支持，政策工具方面，逐渐注重科技体制机制建设、强化考核评估与监督管理。

"十三五"期间上海市科技创新政策主要围绕打造具有全球影响力的科技创新中心设置，政策聚焦技术创新体系构建和创新环境营造。国家赋予上海建设具有全球影响力的科技创新中心的新使命，2015 年，上海出台《关于加快建设具有全球影响力的科技创新中心的意见》这一纲领性文件，随后陆续出台加大财政投入、科技成果转移转化、开放合作、科技金融、知识产权、众创空间等若干配套文件，全面激发各类创新主体的创新活力，支持各类创新主体针对重点领域开展核心技术攻关，并致力于营造良好的创新创业环境。

上海科技创新政策不同时期的政策重点有所不同。"十五"以前政策聚焦强化对企业创新主体的支持和高新技术成果产业化；"十一五""十二五"期间上海市科技创新政策聚焦创新体系的建设，创新主体更加多元化；"十三五"期间上海市科技创新政策主要围绕打造具有全球影响力的科技创新中心而设置，政策聚焦技术创新体系构建和创新环境营造。同时上海市高度

---

① 顾玲琍：《上海科技创新政策 40 年历程》，《华东科技》2018 年第 12 期。

重视科技顶层规划的设计,如由上海市科委会同科创办、发改、经信、教委、财政等部门共同编制科技"十四五"规划。

(三)广州

广州市为加快实施创新驱动发展战略,打造国际科技产业创新中心,建设科技创新强市,完善科技创新政策体系,形成了以《中共广州市委　广州市人民政府关于加快实施创新驱动发展战略的决定》(简称《决定》)为总指导,若干配套政策进行细化落实的政策框架。其中,《决定》主要内容包括加强源头创新、增强企业创新能力、推进科技成果转化、完善科技创新平台、吸引科技创新人才、加强科技金融等。配套政策主要有加强基础与应用基础研究实施方案、高新技术企业树标提质行动方案、促进科技成果转移转化行动方案、加快集聚产业领军人才的意见、鼓励海外人才来穗创业"红棉计划"的意见、促进新型研发机构建设发展的意见及合作共建新型研发机构经费使用"负面清单"、促进科技金融发展行动方案及科技型中小企业信贷风险补偿资金池管理办法等。

同时,广州市启动新一轮科技计划改革,调整优化专项设置,形成了覆盖科技创新发展全链条的科技计划体系——科学发现,包括基础与应用基础研究项目、基础研究平台运行后补助、支持省实验室建设、支持市重点实验室建设、粤穗联合基金;技术发明,包括重大科技专项、民生科技项目、对新型研发机构认定予以支持;产业发展,包括科技型中小企业评价、培育科技创新小巨人企业、培育高新技术企业、企业研发费用加计扣除、孵化器与众创空间补助、技术合同认定登记、科技保险保费补贴、科技企业上市挂牌补贴;生态优化,包括科技中小企业"以赛代评"补助、创新创业大赛获奖补贴、创业投资补贴、科普专项;人才支撑,包括珠江科技新星项目、红棉计划、广州市产业领军人才集聚工程。

广州市科技创新政策在导向上重点突出企业创新主体、科技创新平台建设、科技成果转移转化、创新人才激励,按照"科学发现、技术发明、产业发展、生态优化、人才支撑"的全链条创新发展路径。

三　东莞科技创新政策的研究

（一）东莞科技创新政策历程

1. "科技东莞"工程"1+N"政策

2006年7月，东莞出台《关于实施科技东莞工程建设创新型城市的意见》，在实施"科技东莞"工程，建设创新型城市的战略方针指引下，东莞出台了11项"科技东莞"工程实施方案，涉及创新财政科技投入管理、科技创新基础条件平台建设、自主创新型企业、科技企业孵化器、产学研合作、科技投融资体系、产业技术创新等，通过设立"科技东莞"工程专项资金，由市财政每年投入10亿元，连续5年共投入50亿元支持东莞科技事业的发展。2012年，东莞调整完善"科技东莞"工程专项资金，出台"1+5+8"政策[①]，相比2007年的11项实施方案，主要增加了对科技项目的资助，涉及科技创新平台建设、重大科技专项、科技计划项目、创新型企业培育、专利促进、配套资助等方面。

2. 创新驱动发展战略"1+N"政策

党的十八大做出实施创新驱动发展战略的重大决策，东莞市委、市政府深入贯彻落实战略部署，高度重视科技创新工作。在市委十三届五次全会及市"两会"上，东莞提出力争"三个走在前列"的目标任务，其中首位是"在实施创新驱动发展战略上走在前列"。2015年4月，《东莞市委　东莞市人民政府关于实施创新驱动发展战略走在前列的意见》，布局了"创新主体培育""科技创新引领""创新载体提升""创新资源聚集""创新创业服务"等七大工程，重点从培育高新技术企业、促进企业研发机构建设与加大研发投入、扶持新型研发机构、促进科技金融发展、科技创新平台建设等

---

① "1"即《关于调整完善"科技东莞"工程专项资金政策的意见》，"5"是"科技东莞"工程专项项目立项审批、专家评审等管理办法，"8"为具体资助实施办法。

方面提出具体举措。这一时期，科技金融政策相对突出，出台了《东莞市创新财政投入方式促进科技金融产业融合工作方案》《东莞市信贷风险补充资金和财政贴息资金管理试行办法》《东莞市创新创业种子基金实施方案》等政策。

3. 国家创新型城市建设"1+1+N"

2018年4月，国家启动新一批创新型城市建设试点，支持包括东莞在内的17个城市建设国家创新型城市。2019年3月，东莞出台《东莞市人民政府关于贯彻落实粤港澳大湾区发展战略全面建设国家创新型城市的实施意见》，提出东莞建设国家创新型城市"源头创新—技术创新—成果转化—企业培育"的全链条创新生态路径。为落实新时期国家、省对科技创新发展的部署要求，完善东莞市创新型城市建设顶层设计，2020年，东莞对原有科技计划体系进行优化调整，提出《东莞市科技计划体系改革方案》，将科技计划体系布局为六大专项，分别是源头创新专项、平台载体专项、科技人才专项、技术创新专项、企业培育专项和成果转化专项。以《东莞市人民政府关于贯彻落实粤港澳大湾区发展战略全面建设国家创新型城市的实施意见》和《东莞市科技计划体系改革方案》为指导，出台了培育创新型企业、建设创新强镇、推进科技金融、建设松山湖材料实验室、重点领域研发项目等7个创新配套政策。

（二）东莞科技创新政策实施效果①

东莞科技创新政策经历了"十五""十一五"时期的"科技东莞"工程，"十二五"时期的创新驱动发展战略，"十三五"时期的国家创新型城市建设。在各个时期科技创新政策的推动下，东莞科技创新综合实力迈上新台阶，创新成为经济发展的主要动力，全链条体系基本构建完毕，形成了具有东莞特色的科技创新优势。

---

① 本部分数据为综合整理东莞市政府工作报告、统计年鉴等信息所得。

1. 科技创新综合实力迈入新台阶

2018 年以来，东莞在松山湖高新区及周边 3 个镇规划建设松山湖科学城，2020 年松山湖科学城—深圳光明科学城连片地区获批为大湾区综合性国家科学中心先行启动区，松山湖科学城承载国家科技发展的战略使命，东莞科技创新跃升"国家队"，科技综合实力迈上新台阶。主要科技指标稳步提升，如全社会研发投入占 GDP 比重从"十二五"末期的 2.36% 稳步提升至 2019 年的 3.06%，仅次于深圳、珠海在全省排名第三，达到世界发达国家与地区平均水平；2020 年，每万人口发明专利拥有量达到 44.22 件，相比 2018 年的 27.76 件，年均增长率达 26.2%。

2. 创新成为经济发展的主要动力

科技创新对产业转型升级的引领支撑作用显著增强，2020 年，全市先进制造业、高技术制造业实现增加值占规上工业企业增加值的比重分别达到 50.9%、37.9%，比"十二五"末期的 46.3%、33.3% 均提升 4.6 个百分点。高新技术产品出口额占出口总额的比重达 43.8%，相比"十二五"末期的 34.2% 提高了 9.6 个百分点。全市地均实现 GDP 达到 3.93 亿元，经济产出密度在全国主要城市居第三位，充分体现了科技创新支撑产业高质量发展的成效。

3. 全链条创新体系基本形成

构建了以"源头创新—技术创新—成果转化—企业培育"为核心的全链条创新体系。源头创新取得突破性进展，全国唯一的散裂中子源大科学装置建成并向世界开放，松山湖材料实验室研究成果"实现尺寸最大、晶面指数最全单晶铜箔库的可控制备"入选中国科学技术协会会刊《科技导报》公布的 2020 年中国重大技术进展，研究成果"基于材料基因工程研制出高温块体金属玻璃"入选 2019 年度中国科学十大进展，实现历史性突破。技术创新体系不断充实，2020 年全市各级重点实验室和工程技术研究中心达到 844 家，其中国家级 2 家、省级 450 家、市级 392 家，规上工业企业设立研发机构比例达 45.5%。成果转化能力持续提升，全市科技企业孵化器 118 家，其中国家级 23 家。企业培育体系成效突出，国家级高新技术企业数量 2020 年达 6385 家，稳居全省第三，认定培育了首批 29 家百强创新型企业、34 家瞪羚企业。

4. 区域创新格局进一步提升

松山湖高新区创新核心地位更加凸显，集聚了一批高水平科研机构与高校院所，建设并谋划了一批国家级重大科技基础设施，创新辐射引领松山湖片区高质量发展的能力显著提升。滨海湾新区成功认定为省级高新技术产业开发区，步入发展快车道。南城、东城、塘厦、清溪、寮步等镇街开展创新强镇建设纵深推进，成为支撑东莞国家创新型城市建设的重要节点，有力提升基层谋划科技创新工作的积极性。其他镇街基础逐步夯实，2019 年中国中小城市高质量发展指数研究成果显示，东莞共有 15 个镇街上榜全国百强榜，28 个镇上榜千强镇，充分显示了东莞发达的镇域经济实力。

（三）东莞科技创新政策的不足

按照前文对科技创新政策的分类，将上海、深圳、广州、东莞 4 个城市现有创新要素政策、创新主体政策、产业创新政策、创新环境政策进行分类整理（见表 1），可以发现东莞科技创新政策还存在以下不足。

1. 东莞源头创新政策相对薄弱

深圳在"十三五"时期专门出台了关于支持基础研究的相关政策，如《关于加强基础科学研究实施办法的通知》《深圳市基础研究项目管理办法》，主要资助方向为组织实施重大基础研究专项、对接国家重点研发计划、下放基础研究立项权、集中布局建设一批重大科技基础设施等。广州也专门出台《广州市加强基础与应用基础研究实施方案》。东莞的城市兴起源于制造，经过几十年的发展，东莞已经形成了完备齐全的产业链体系，然而创新链前端环节，尤其是源头创新仍旧十分薄弱。具体到指标上，以全社会 R&D 经费内部支出结构为例，2019 年东莞基础研究与应用研究费用占全社会 R&D 经费内部支出的比重仅为 3.1%，低于全国（17.3%）、广东省（12.6%）平均水平，也远低于上海（21.9%）、深圳（10.2%）等城市。而从东莞现行科技创新政策来看，缺乏专门的文件对基础研究与应用基础研究等进行支持。

2. 科技成果转化相关政策亟须完善

科技成果转化是促进科技与经济深度融合发展的重要方式。从东莞的情况来看，科技成果转化效率低下。以技术合同成交为例，2019年，东莞技术合同实现金额221.47亿元①，相比深圳（705.02亿元）及广州（1273.36亿元）仍存在较大差距，东莞技术合同成交额占地区GDP比重为2.3%，低于深圳（2.6%）、广州（5.4%）的水平。而科技成果转化效率低下的原因之一在于东莞市科技成果转化的各项相关工作仍然不够明确，具体的政策、工作方案及配套措施仍然缺失。目前深圳已经出台《深圳市促进科技成果转移转化实施方案》，广州相继出台《关于印发广州市科技成果产业化引导基金管理办法的通知》《关于印发广州市科技成果登记实施办法的通知》，上海出台《上海市高新技术成果转化专项扶持资金管理办法》《上海市高新技术成果转化项目认定办法》，东莞科技成果转化的相关实施方案也亟须出台。

3. 镇街科技政策创新不足

各镇街（园区）是东莞区域创新体系的重要组成部分，东莞镇街普遍设有科技专项资金，部分发达镇街如松山湖、东城、长安、塘厦等也出台了各自的科技政策。除松山湖高新区外，镇街科技政策内容以对省、市级项目的配套资助为主，缺乏创新性（见表2）。镇街科技政策创新不足主要受镇街科技工作人员力量不足、专业水平不高等限制，镇街层面无力系统性谋划科技创新工作，财政科技支出以配套性支出为主，难以积极根据镇街产业发展需求自主谋划科技项目。

表1 上海、深圳、广州、东莞科技创新政策对比

政策类型	东莞	深圳	广州	上海
创新要素政策	《东莞市特色人才认定评定实施细则》《东莞市引进创新科研团队项目实施管理办法》	《深圳市产业发展与创新人才奖实施办法》《深圳市海外高层次人才确认办法(试行)》《深圳市优秀科技创新人才培养项目管理办法》	《关于加快集聚产业领军人才的意见》《关于实施鼓励海外人才来穗创业"红棉计划"的意见》	《上海市浦江人才计划管理办法》《上海市科技计划专项经费后补助管理办法》

① 深圳市科创委、广州市科技局、东莞市科技局工作总结。

政策类型	东莞	深圳	广州	上海
创新要素政策	《东莞市引进创新创业领军人才管理实施细则》《松山湖材料实验室建设发展专项扶持办法》《松山湖材料实验室财政专项经费使用管理办法》《东莞市研发机构建设资助管理办法(征求意见稿)》	《关于加强基础科学研究实施办法的通知》《深圳市基础研究项目管理办法》《深圳市承接国家重大科技项目管理办法》《深圳市重点实验室建设和运行管理办法》	《关于印发〈广州市高层次人才认定方案〉〈广州市高层次人才服务保障方案〉和〈广州市高层次人才培养资助方案〉的通知》《广州市加强基础与应用基础研究实施方案》《广州市2021年推进科技创新领域新型基础设施建设实施方案》	《国家科技重大专项资金配套管理办法实施细则》《上海市重点实验室建设与运行管理办法》《上海工程技术研究中心建设与管理办法》
创新主体政策	《东莞市培育创新型企业实施办法》《东莞市2020年国家高新技术企业认定奖励专项资金管理办法》	《深圳市重点企业研究院资助管理办法》《深圳市技术攻关专项管理办法》《深圳市高等院校稳定支持计划管理办法》	《广州市科学技术局关于印发广州市推进高水平企业研究院建设行动方案(2020年—2022年)的通知》《广州市推动高新技术企业高质量发展行动方案(2021—2023年)》	《上海市人民政府关于加快本市高新技术企业发展的若干意见》《关于进一步扩大高校、科研院所、医疗卫生机构等科研事业单位科研活动自主权的实施办法(试行)》《上海市鼓励设立和发展外资研发中心的规定》
产业创新政策	《东莞市生命科学和生物技术产业发展规划(2021—2035年)》《东莞市支持新一代人工智能产业发展的若干政策措施》《关于培育发展战略性产业集群的实施意见》《东莞市加快5G产业发展行动计划(2019—2022年)》	《关于印发进一步推动集成电路产业发展行动计划(2019—2023年)的通知》《关于印发新一代人工智能发展行动计划(2019—2023年)的通知》《深圳市关于率先实现5G基础设施全覆盖及促进5G产业高质量发展的若干措施》	《广州市工业和信息化局关于印发广州市加快发展集成电路产业的若干措施的通知》	《上海市促进产业高质量发展专项资金管理办法(暂行))》《上海市首批次新材料专项支持办法》《上海市高端智能装备首台突破专项支持实施细则》《上海市软件和集成电路企业设计人员、核心团队专项奖励办法》

政策类型	东莞	深圳	广州	上海
产业创新政策	《东莞市加快5G产业发展行动计划（2019—2022年)》	《深圳市促进生物医药产业集聚发展的指导意见》 《关于进一步促进深圳市新材料产业发展行动计划（2021—2025年)》 《深圳市数字经济产业创新发展实施方案（2021—2023年)》	《广州市人民政府关于印发广州市加快生物医药产业发展若干规定(修订)的通知》	《上海市工业互联网创新发展专项支持实施细则》
创新环境政策	《东莞市科技计划体系改革方案》 《东莞市科技计划项目管理暂行办法(征求意见稿)》 《东莞市科技计划项目绩效管理暂行办法(征求意见稿)》 《东莞市科研诚信管理办法(试行)(征求意见稿)》 《东莞市深入推动科技金融发展的实施意见》	《深圳市科技计划项目实施过程与验收管理办法(试行)》 《深圳经济特区科技创新条例》 《深圳市科研诚信管理办法(试行)》 《关于印发促进科技成果转移转化实施方案的通知》	《广州市科技计划科技报告管理办法》 《广州市科技计划项目全过程管理简政放权改革工作方案(征求意见稿)》 《广州市科学技术局关于印发广州市科技成果产业化引导基金管理办法的通知》 《广州市科学技术局关于印发广州市科技成果登记实施办法的通知》 《广州市科学技术局关于印发广州市鼓励创业投资促进创新创业发展若干政策规定实施细则的通知》 《广州市科学技术局关于印发广州市科技型中小企业信贷风险损失补偿资金池管理办法的通知》	《上海市高新技术成果转化专项扶持资金管理办法》 《上海市高新技术成果转化项目认定办法》

资料来源：笔者整理。

表2　东莞部分镇街科技政策情况

镇街	政策名称	主要内容
松山湖	《东莞松山湖促进集成电路设计产业发展扶持办法》《东莞松山湖高新区知识产权资助办法》	松山湖高新区科技创新政策主要涉及促进科技金融发展、支持集成电路设计产业、支持机器人与智能装备产业、企业研发机构建设、知识产权资助等方面。当前松山湖针对源头创新、技术研发、科技成果转移转化、科技企业培育、营造创新环境、科技金融发展与鼓励企业上市挂牌等的实施办法正在征求意见阶段，未来松山湖将形成较为完善的科技创新政策体系
东城	《东城街道创新驱动发展专项资金管理办法(试行)》	通过创新企业培育、创新载体建设、创新人才引进、创新成果扶持等举措，推动东城建设创新强镇，积极融入全市建设国家创新型城市的战略计划。其中创新企业培育包括创新型企业奖励扶持、高新技术企业认定奖励、企业研发投入奖励等举措；创新载体建设包括认定科技创新成果转化示范基地、给予引进项目租金补贴和活动奖励、科技企业孵化器奖励、高层次人才团队双创平台扶持等举措；创新人才引进包括战略科学家团队奖励、省市创新科研团队配套奖励、创新人才引进补贴、人才团队安居计划等举措；创新成果扶持包括创新成果转化奖励、国家省市重大科技专项与科学技术进步奖配套奖励等举措
长安	《长安镇推动科技创新资助办法》	通过科技计划项目资助、培育创新型企业资助、科技创新载体资助、省高新技术产品认定奖励、科技金融融合发展资助、引进科研人才资助、研发投入经费资助、全民科学素质提升资助等举措，支持长安科技创新事业发展
塘厦	《塘厦镇科技创新奖励办法(修订版)》	通过科技创新平台奖励、国家高新技术企业和广东省高企培育库入库认定奖励、研发经费投入奖励、国家科学技术奖配套奖励、省市创新科研团队配套奖励、孵化器和科技四众平台配套奖励、科普及院士工作站配套奖励等举措，促进人才、技术、资本等创新要素顺畅流动

资料来源：根据各政策文本整理。

四　东莞科技创新政策发展方向

（一）完善科技创新政策体系

东莞构建"源头创新—技术创新—成果转化—企业培育"体系，与之对应的科技创新政策应着重以下发展方向。①源头创新政策：引导大科学装置积极服务产业发展需求，支持本土高校积极提升科研创新能力；大力引进国家、省战略科技力量在莞开展源头创新活动，鼓励科研人员面向产业发展需求凝练科学研究方向。②技术创新政策：完善市重点研发计划项目形成机制，优化项目组织方式，集中力量攻克一批"卡脖子"技术；建设一批与产业紧密结合的高水平研发机构。③成果转化政策：落实国家、省关于科技成果转化体制机制方面的政策实施细则，在科研机构与高校中试点赋予科研人员成果所有权或长期使用权；出台科技成果转化具体实施方案，推动技术经理人、技术转移机构等配套服务机构做大做强，活跃成果转化市场环境；成立科技成果转化基金，对符合条件的科技成果转化项目进行风险投资，支持有潜力的项目在莞落地转化。④企业培育政策：全面落实高新技术企业所得税优惠税率，研发加计扣除等政策；优化高新技术企业培育梯队，以推动企业资本市场上市为最终目标，构建高新技术企业培育梯队，形成科技型中小企业、高新技术企业、瞪羚型企业、百强型企业、上市高新技术企业的发展梯队。

（二）提升科技创新治理能力

强化科技创新顶层设计，在全市成立科技创新工作领导小组，并邀请纪委、审计等部门列席，明确科技创新容错纠错机制，制定负面清单，激发全社会创新活力。参考先进城市的做法，如上海市科创委内设有生物医药处、深圳科创委内设有智能装备制造处等，成立专业技术管理部门，主要负责对所属技术领域科技项目的组织、科技招商等事宜。全面提升镇街科技发展工作水平。出台镇街科技工作力量增强三年行动计划，对镇街基层科技工作在人员配置、经费支持等方面给予必要支持，解决镇街科技工作人员薄弱、能力不足、事务性繁重的问题。建立镇街科技发展监测评估体系，定期对镇街的科技发展进行评估，并给予相应工作指导。

（三）强化政策协同联动机制

纵向方面，向上争取更多科技创新资源，尤其是国家战略科技力量，争取在东莞落地大的机构、工程、项目等。向下要调整市镇科技创新工作事权与支出划分。让市级科技部门从众多事务性工作中脱离，将人力、物力、财力资源更多集中顶层系统的谋划、规划、设计、推动，集中于具有全局影响的重点区域、重大项目、重大工程等。普惠性科技创新政策下沉至镇街，由镇街具体落实各项事权，市级科技部门仅下达目标并提供指导服务。如高新技术企业认定及其资助、企业研发投入资助等，由镇街财政科技支出进行资助。横向方面，要实现部门间的政策协同、动作同步，形成合力。打破部门壁垒，主动协同经信、发改等部门谋划一批具有全局重要性的重大工程与项目。

参考文献

赵修卫：《现代科技创新政策发展的四个特点》，《科学学研究》2006年第6期。

《国务院关于印发新时期促进集成电路产业和软件产业高质量发展若干政策的通知》（国发〔2020〕8号），http://www.gov.cn/zhengce/content/2020-08/04/content_5532370.htm。

B.15
东莞市科技人才集聚效应与对策研究

阮 奇 付海红*

摘 要: "人才是第一资源，创新是第一动力"。具有先进创新成果、自主知识产权的科技创新型人才更是东莞转型升级强有力的支撑，对于科技发展和经济建设有着非常重要的贡献。本报告对东莞出台的系列科技人才政策进行梳理分析，并提出了东莞通过"创新团队的整体导入"，引进特色人才、核心人才等方式快速优化地区产业链，成功实现科技人才集聚初级阶段——科研人才数量的提升。未来东莞在实施全链条创新生态战略时的人才政策应注重"源头创新"，加快推进适合东莞社会经济发展的应用型大学建设，提高本土核心科技人才培养质量；同时政府等职能机构应优化科技创新生态环境，整合散裂中子源等大科学装置和华为等科技企业的多方资源，发挥创新人才集聚的"磁场"效应，吸引和培育面向基础研究、面向科技前沿、面向东莞社会经济主战场的创新人才与大师，为加快大湾区综合性国家科学中心先行启动区（松山湖科学城）建设做出贡献。

关键词: 创新科研团队 特色人才 科技特派员 研究生联合培养

---

* 阮奇，东莞市电子计算中心办公室副主任，中级经济师，研究方向为科技创新管理、人才培育等；付海红，东莞市电子计算中心培训部部长，高级企业培训师，研究方向为科技人才、创新创业培训。

引　言

《东莞市人民政府关于印发〈关于培育发展战略性产业集群的实施意见〉的通知》提出，东莞应把培育产业集群作为促进产业基础升级、产业链现代化、提高端制造竞争力、构建现代战略产业体系的重要支撑，实现东莞产业的突围；加快实现"东莞制造"向"东莞智造""东莞创造"的转变。实施意见中的"人才保障机制"进一步明确了：提速实施"人才东莞"强市战略，重点培育一批影响带动力强的领军人才项目和发展潜力大的拔尖人才项目；吸引和支持更多合作高校来莞建立联合培养工作站（或基地），向东莞投放更多研究生培养指标，以产教融合发展模式创新研究生培养工作；进一步加强东莞的科研队伍建设，优化研发人才发展环境，全面提升东莞创新能力，促进东莞战略性产业集群高质量发展。

一　引进创新科研团队与特色人才，
补强东莞新兴产业机构短板

近年来，将人才视为产业基础和动力源泉的"全球抢人大战"愈发激烈。为了吸引更多优质人才，东莞明确提出实施"人才东莞"战略和"科技东莞"工程；除了与国家、广东省的相关政策保持有机衔接外，还结合东莞社会人文、经济产业等特点，出台了一系列特色人才引进政策，其中包括《关于加强高层次人才队伍建设的实施意见》《东莞市引进创新科研团队项目实施管理办法》《东莞市鼓励柔性引进海外专家来莞工作试行办法》《东莞市名校研究生培养（实践）基地研究生补助资金管理实施细则（试行)》《东莞市特色人才特殊政策实施办法》以及配套实施细则等。这些政策无不体现东莞市委、市政府在人才引进上的决心和扶持力度，其中"引进创新科研团队"项目与"特色人才特殊政策"项目助推东莞市产业结构转型升级作用明显。目前东莞全市人才总量超 230 万人，高层次人才超 15 万人，有力支撑了科技创新与产业进步。[①]

（一）创新团队（人才）引进与东莞产业发展

1. 设立东莞配套资金资助入选的广东省创新科研团队

创新科研团队引进项目最早于 2009 年由广东省在全国率先启动，由省财政设立高额的财政资助资金直接组织实施，吸引创新科研团队来粤创新创业，并于同年 11 月正式启动并向社会发布引进创新科研团队领军人才工作。当时东莞正实施"腾笼换鸟"计划，急需国内外的优秀创新创业团队带来的人才和项目，以加快推动东莞社会经济转型升级。东莞市政府组织市内具备条件和有相应需求的企业事业单位和科研机构积极参与引进省创新科研团队项目，并于 2014 年 4 月设立"广东省引进创新科研团队东莞市财政配套资金"，对入选的广东省创新科研团队给予一定比例的经费配套资助；2016 年出台管理办法明确"对入选广东省创新科研团队给予省资助经费 1∶0.5 至 1∶1 比例之间配套资助"。[②] 该项目实施以来，东莞引进广东省创新科研团队总数及获得省级资助资金总额都稳居广东地级市第一名。东莞引进的广东省"珠江人才计划"创新科研团队有 62% 选择落户企业或者创办企业，超过八成领军人才在莞自主创办企业。

2. 设立市级创新科研团队引进专项

为深入实施"人才东莞"战略和"科技东莞"工程，加快东莞产业结构转型升级，促进经济社会可持续发展，东莞市人民政府办公室于 2014 年 4 月出台《东莞市引进创新型科研团队项目实施管理暂行办法》。该办法规定设立市财政专项引导资金对入选的市级创新科研团队分 A、B、C 三类分

① 《东莞全市人才总量已超 235.2 万人，创新创业氛围日益浓厚》，《南方都市报》2020 年 12 月 11 日，https://www.163.com/dy/article/FTIDOQD705129QAF.html。

② 《关于印发〈广东省引进创新科研团队东莞市财政配套经费管理暂行办法〉的通知》，中国东莞政府门户网，2014 年 4 月 30 日，http://www.dg.gov.cn/zwgk/zfgb/szfbgswj/content/post_343200.html。

别予以 1000 万元、800 万元、500 万元的一次性经费资助。在团队项目结题验收后，可再获得不高于其立项资助经费额度的一次奖励经费。从东莞以外引进的创新型科研团队至少由 5 人及以上组成，主要承担创新和科研任务的成员半数以上具有正高专业技术职务或博士学位。以上暂行办法要求，创新科研团队用人单位引进的国内团队成员需在东莞市全职工作，且必须将人事关系转入东莞，引进的海外团队成员则每年至少有累计 6 个月的时间在东莞工作。

东莞市创新型科研团队引进专项实施至今，共引进 4 批创新型科研团队，累计团队数量达到 38 个，已兑付市级创新型科研团队项目财政资金超过 2 亿元。创新型科研团队项目形成"以才引才、以才育才"的人才集聚效应，集聚了具有高专业技术职务或博士学位的相关高端科研人才 500 余人。从引进的创新型科研团队来看，绝大部分属于应用技术研发及产业化类型，集中在高端新型的智能装备、新能源、新材料、电子信息、生物技术及医疗器械、节能环保和技术应用等战略性新兴产业；研究成果达到国际先进或国内领先水平，拥有自主知识产权，产业化前景广阔，围绕着东莞产业发展的核心关键技术问题进行研究，大部分团队在立项 3 年内就可实现成果转化和产业化。像这样创新型科研团队引进成功案例有很多。创新型科研团队引进和成功产业化会变成该领域科技创新高地和人才集聚小高地，最终成为推动产业转型升级的新引擎。

3. 引进创新团队改良东莞生产性服务业结构

早期靠"三来一补"起步的东莞，生产性服务业体量规模小、结构不均衡，融入度不高。为引导东莞产业向价值链的高端发展，21 世纪初期东莞市委、市政府启动了"转型升级"与"筑巢引凤"等系列计划，提升生产性服务业产业链整体的质量。通过引进生产性服务业的创新团队和核心人才等方式改良东莞生产性服务业的结构，促使制造业与生产性服务业协同聚集，最终形成生产性服务业创新生态系统。成功落户松山湖的工业大数据创新团队（省第六批创新创业团队）就是一个缩影。该团队掌握了能准确描绘制造产品全生命周期的工业大数据管理核心技术，可避免各工业生产型企业工业数据知识和技术重复"创造"，促进工业大数据产业链条的效益最大化，促进区域内制造业和生产性服务业深度融合，推进产业规模化和聚集化发展，完善"高端装备制造业创新生态系统"，全面提升东莞乃至全省的制造企业的数字化、网络化和智能化水平。

（二）引进特色人才①

1. 特殊政策助力东莞引才

早在 2013 年，东莞试行"特色人才"计划，制定《东莞市特色人才特殊政策暂行办法》。2015 年 12 月，东莞市人民政府出台《东莞市特色人才特殊政策实施办法》（东府〔2015〕110 号），并先后于 2016 年 2 月、2018 年 2 月、2018 年 4 月修订补充和完善。补充和完善后的办法在特色人才的引进方面，政策更加开放，形式更加便捷，措施更加有效。

2. 配套出台人才优惠实施细则及办理规程

2016 年 5 月，东莞市人才工作领导小组办公室牵头，联合东莞市科技局等 7 个政府部门进一步修订《东莞市特色人才特殊政策实施办法》配套实施细则及办理规程 28 条，其中近一半核心条款涉及人才优惠政策，包括资金配套资助、创业奖励与资助、荣誉激励、人才落户、租房（购房）优惠、医疗保障、社会保险、税收、配偶就业安置及子女入学、薪酬福利和其他等。完善的配套可以真实增强特色人才的归属感、幸福感，增加对人才的吸引力，提高留住人才的概率。

3. 动态调整特色人才目录

为配合东莞产业转型升级发展，打造"技能人才之都"，帮助企业、科研机构引进、留住核心人才，提升企业技术骨干及主要管理者的核心竞争力，东莞在特色人才特殊政策实施办法的配套实施细则中规定《东莞市特

---

① 指在东莞实施创新驱动发展战略、推进产业转型升级过程中重点发展的行业、产业、领域紧缺急需或做出相应贡献的高层次人才；通过认定和评定两种方式产生，不受国籍、户籍和身份限制，重点在莞工作、科研或创业的优秀人才中认定评定产生，共分为"特级人才"和"1 类至 4 类人才"五大类。

色人才目录》是东莞"特色人才"认定评定范围和标准，实行动态调整，由东莞市人才工作领导小组办公室每两年根据东莞的经济社会发展情况调整发布一次。《东莞市特色人才目录》是"特色人才"政策的风向标，最近发布的重点突出：一是突出政策全面性，涉及"创业扶持""引才奖励"等方面的扶持政策，加大人才引进力度；二是突出东莞产业发展导向，依然定位高端人才，围绕经济社会转型需要集聚人才；三是突出引才政策导向，重点引进流失现象明显行业人才及产业发展紧缺急需人才。

东莞出台的特色人才政策与其他地区的不同之处在于门槛更低，更接地气，未强制要求特色人才申请者必须将个人的人事关系或户籍转入东莞方可申领资助奖励。积极为那些有能力、有意愿为东莞市做出贡献的人摆脱困扰，有效缓解现行的人事管理制度、引才政策冲突，有效增强东莞聚才的吸引力。充分发挥综合性国家科学中心先行启动区的国家科技战略平台作用，以重大项目为载体吸引高层次人才，如散裂中子源常驻400多名中科院高端科研人才，服务全球各地科研团队完成实施课题近400项；松山湖材料实验室科研人员达846名，实现科研成果连续两年分别被评为中国十大科学进展与十大重大技术进展。可以预见，东莞广泛吸纳的各类英才，未来数年将会助力支柱产业和优势产业实现规模扩张，在刺激经济增长的同时，进一步增强城市的竞争力。

4. 十年引进创新创业领军人才超百人

为了深入实施"人才东莞"战略，为打造"湾区都市、品质东莞"提供智力支持，促进产业升级和经济社会双转型，东莞自2009年起开始实施市引进创新创业领军人才项目（每年组织评审一次）。根据2018年调整后的最新扶持政策，对入选的创新创业领军人才，按"创新领军人才"和"创业领军人才"两大类别给予资助和奖励。其中，创新领军人才先期给予项目启动资助资金100万元，后期再根据目标完成情况给予不超100万元创新奖励资金；创业领军人才先期给予项目启动资助资金200万元，后期再根据项目完成质量另行奖励最高不超300万元创业奖金。此外，入选创新创业领军人才的还可以享受租房或购房补贴、贴息贷款等一系列优惠政策。

创新创业领军人才项目虽然以个人名义立项，所引进的除了具有高学历、高职称或高级职务（跨国公司高级职务任职资格及经历）的行业领军人物外，还有跟随而来的技术精、善管理、懂市场的创新创业团队。所引进的创业类领军人才所主持的项目或所从事的核心技术领域符合东莞产业发展方向，能优化地区产业链；创新创业领军人才能快速高效补强东莞在战略性新兴产业、现代服务业、优势传统产业和先进制造业等产业领域的优势。东莞已成功引进 10 个批次涵盖电子信息、智能制造、光机电一体化、新材料、资源环境、节能与新能源、生物医药、现代农业等多个领域的创新创业领军人才，引进人才总数超过 100 人，市财政累计投入项目启动资助资金和奖励资金超过 1 亿元。

5. 搭建创赛平台撬动社会力量，助力国内外创业团队驻足东莞

东莞政府积极创造优惠的条件，多措并举，通过撬动社会力量支持这些创业项目团队在东莞落地和发展。创新是引领发展的第一动力。自"十二五"以来，东莞已连续举办 7 届科技创新创业大赛，创赛平台集聚大湾区创新资源，吸引了国内外优质参赛项目 2961 个，累计奖金金额超过 1 亿元，累计获得创业投资超 20 亿元。[①] 大赛平台成功吸引国内外先进技术、优质项目和创新企业落地东莞，吸引优秀人才来莞创业就业，持续激发"大众创业、万众创新"热情，助力打造创新创业生态圈，为东莞经济实现高质量发展提供有力支撑。

东莞坚持"靶向引才"，通过"创新团队的整体导入"，引进特色人才、核心人才等方式快速优化地区产业链，成功实现科技人才聚集初级阶段——科研人才数量的提升。未来东莞在实施全链条创新生态战略时的人才政策应注重"源头创新"，加快推进适合东莞社会经济发展的应用型大学建设，提高本土核心科技人才培养质量；同时政府等职能机构应优化科技创新生态环境，整合散裂中子源等大科学装置和华为等科技企业的多方资源，发挥创新

---

① 《2019 年赢在东莞科技创新创业大赛决赛明日启动》，南方 + ，2020 年 5 月 10 日，http：//static. nfapp. southcn. com/content/202005/10/c3514273. html。

人才集聚的"磁场"效应，吸引和培育面向基础研究、面向科技前沿、面向东莞社会经济主战场的创新人才，为加快大湾区综合性国家科学中心先行启动区（松山湖科学城）建设做出贡献。

二 实施科技特派员计划，助力解决研发和生产难题

（一）科技特派员人才计划概况

1. 早期公益性科技特派员制度

最早于 1999 年在福建南平开始探索和试行科技特派员制度，当时是为了解决"三农"问题尝试创立一项创新科技人才交流体制。填补了农技服务市场空白，连通了农业科技成果转化的"最后一公里"。早期公益性科技特派员制度以公益性为主，科技特派员团队实行"自带干粮"与企业"配酒配菜"相结合①，即项目获得立项时，除了提供经费支持外，进驻企业或农村基层组织再提供一定比例配套经费。后来科技部等部委将此制度进一步创新优化和推广。

2. 广东科技特派员制度

广东是较早推行科技特派员制度的省份。2016 年广东省出台《深入推进科技特派员制度的实施意见》，在全省开始征集农村科技特派员项目，并设立 8 万～10 万元/项目资金资助，技术领域包括电子商务、文化宣传、村居建设、节能环保和种植技术等。同年，东莞理工学院代表的东莞市内高校及科研机构推出了科技创新服务小分队，从中青年教师、技术人员中选拔人员到高新园区、企业等开展产学研等科技创新服务专项活动。在 2020 年（第一批）广东支持农村科技特派员团队立项的 320 个项目中，东莞获得 29 项，全省排名第三。

---

① 《助企业科技创新，这所高校将派出千名"科技特派员"》，广东教育头条，2019 年 12 月 26 日，http：//static. nfapp. southcn. com/content/201912/26/c2932943. html？group_ id = 1 。

3. 东莞市科技特派员制度

2020 年 9 月，东莞总结推进广东科技特派员制度积累的经验，结合东莞产业及人才资源实际情况出台了《东莞市科技特派员实施办法》，坚持"以技术需求为导向、项目任务为载体、分类支持为指引，双向选择、精准选派"的原则推进科技特派员工作。

东莞科技特派员制度吸引市内外高校及科研院所具有博士学位或中级（含）以上职称优秀科技人才服务东莞企业创新和产业发展，建立科技人员服务企业、服务农村基层长效机制，提升基层科技创新能力和区域自主创新能力。

东莞市科技局出台《东莞市科技特派员实施办法》，鼓励市内高等院校、科研院所、新型研发机构和企事业单位相应地建立科技特派员制度，积极创造条件，保障被派遣的科技特派员在原单位的岗位职务不变、工资待遇不变、职务（职级）晋升享有与原单位在岗人员同等待遇，对做出突出贡献的特派员优先提拔任用，为派驻任务保驾护航。

（二）东莞科技特派员项目的主要措施

东莞科技特派员制度坚持问题导向、目标导向、结果导向，扎实做好新时代科技特派员工作。企业科技特派员项目立足于帮助生产企业解决新产品研发和工艺中的技术难题，协助企业建设研发平台、开发核心产品，提升企业技术创新能力和市场竞争能力等。农村科技特派员项目立足于积极开展农业科技服务，推进乡村科技人才培养和农业科技创新平台建设，引导人才下沉，有效缓解农村人才短缺压力，促进农业转型升级和乡村产业融合发展。[1] 东莞完善科技特派员制度建设，积极营造有利于科技特派员项目实施的良好环境，主要措施如下。

第一，东莞市科技特派员项目经评审立项后可获得东莞市财政最高可达 10 万元/项的资金资助。资助款分两期拨付，第一期拨付项目资助金的 60%，

---

[1] 《东莞市科学技术局关于印发〈东莞市科技特派员实施办法〉的通知》，中国东莞政府门户网，2020 年 9 月 14 日，http://www.dg.gov.cn/zwgk/zfgb/szfbmgfxwj/content/post_ 3330642.html。

综合绩效评价结果为"通过"的项目可获得拨付剩余的40%资助金；对于综合绩效达优秀等级的再另行予以1∶1的配套资金滚动支持。对于综合绩效评价结果为"不通过"或"结题"的项目，资助项目剩余资金不再拨付。

第二，建立健全科技特派员服务体系，吸引更多优秀科技人员服务东莞市企业、农村基层。鼓励市内外符合条件的高等院校、科研机构和企事业单位申报认定为科技特派员派出单位。东莞市2020年（第一批）认定了包括东莞理工学院等5家高等院校和广东省智能机器人研究院等7家科研机构在内的科技特派员派出单位12家。2021年的（第二批）认定科技特派员派出单位15家，包括广东省计量科学研究院东莞计量院等10家科研机构和东莞市人民医院等5家综合性医院。

第三，选拔具有扎实的相关技术领域专业知识、较强科研能力，同时具备博士学位的高学历人才或中级（含）以上职称技术人才到企业一线、农村基层开展技术服务。计划用3年的时间建立500人以上科技特派员资源人才库，截至2021年4月，科技特派员资源人才库的人才已超300人。

第四，科技特派员赴派驻单位开展服务期限原则上为一年（人事关系和工资关系保留在派出单位），累计到派驻单位工作时间不少于3个月。

第五，为东莞市内具独立法人资格（基层农村组织）机构搭建科技特派员技术服务需求发布平台，定期征集和发布技术需求，由特派员进行揭榜，立项后将精准派出特派员入驻企业或基层农村组织，为其提供技术指导、咨询与培训等服务，切实解决企业在技术研发过程中遇到的实际问题，助力企业创新发展。

东莞科技特派员项目实施以来，吸引优秀科技人员下沉到企业和农村基层开展研究和服务。东莞积极构建科技特派员服务体系，进一步壮大科技特派员队伍，预计到2023年底，累计派出科技特派员超600人次，服务企业超200家。①

---

① 《东莞市科学技术局关于印发〈东莞市科技特派员实施办法〉的通知》，中国东莞政府门户网，2020年9月14日，http：//www.dg.gov.cn/zwgk/zfgb/szfbmgfxwj/content/post_3330642.html。

（三）东莞科技特派员项目的不足及建议

东莞科技特派员项目实施以来，暴露的一些问题一直影响着该项目的实施效果。第一，科技特派员项目承接以团队形式为佳，每个科技特派员项目承担团队最少应配置 2 名符合条件科技特派员，效果会更好。第二，派出单位仅限于市内机构，不利于东莞人才引进，不利于项目精准匹配。第三，如项目的服务期限为 1 年，因服务期限较短，大多项目成果难以得到充分转化，建议项目的服务期限设为 2 年及以上。第四，对科技特派员项目驻点单位设定及绩效考核不够合理、不够完善；使有限项目资金惠及更多机构，限制驻点单位每年度只可申请一个资助项目，而且出现年度综合绩效评价为"不通过"的就应取消驻点单位下一年度申报项目的资格。第五，派驻单位对科技特派员项目进展情况了解更为准确和高效，项目日常管理工作派驻单位负责比派出单位承接更为合理，包括项目资助金的拨付和管理。

三 东莞联合培养研究生的创新实践

人才是第一资源，产业的创新发展离不开高层次人才的持续供给。科教融合和产教融合式的校企（校所）研究生联合培养是东莞高层次人才培育的有机组成部分，对促进东莞产业与市外的教育资源优势互补、增加东莞应用型人才培育数量、推动高层次人才培育具有不可替代的重要意义。

（一）东莞校企联合式研究生培养现状

2017 年，东莞出台了"名校研究生联合培养"计划，以科技产业发展需求为牵引，探索新工科教育模式，创造性地前移招才引智环节，受到众多高校、企业和研究生欢迎。巧聚国内外英才的探索，对大湾区突破人才瓶颈具有参考价值。

东莞面向经济发展主战场、人民群众需求和科技发展前沿领域，助力企业构建研发人才梯队、扩大研究生联合培养范围，培养满足多领域需要的高层次人才。截至 2021 年 4 月底，共吸引了来自国内北大、清华和境外的香港城市大学、瑞士苏黎世大学等 139 所国内外名校的 1968 名研究生来莞参加培养实践（见表 1），其中博士 356 人、硕士 1612 人。近几年，平均每年新招收超过 450 名研究生来莞培育，参与研究生联合培养（实践）的单位近 400 个，发布了 746 个研发项目和 3847 个岗位需求；累计认定研究生联合培养（实践）工作站 36 个。东莞的名校研究生联合培养（实践）规模不断壮大，为散裂中子源、松山湖材料实验室等科研机构以及一批重点企业提供了稳定的基础研发人才供给渠道，2018～2020 年累计吸引 1500 余名国内知名高校研究生在莞联合培养（实践）。①

表 1   2017～2021 年东莞校企研究生联合培养（实践）情况

单位：人，所

时间	新增数	累计数	参与研究生联合培养高校
2017 年 12 月	347	347	43
2018 年 12 月	618	965	78
2019 年 12 月	453	1418	103
2020 年 12 月	459	1877	128
2021 年 4 月	91	1968	139

资料来源：笔者整理。

东莞地处经济较为发达的珠江口东岸，规上工业企业突破 1 万家（排名全省第一），国家高新技术企业数量达 6385 家，年度 GDP 接近万亿元；但在 2018 年之前东莞没有本土的招收研究生院校，高等教育欠缺，研究生联合培养补足了这一短板。

2017 年东莞市政府设立研究生培育财政专项引导资金，并成立专门统筹研究生联合培养工作机构（东莞市名校研究生培育发展中心），通过整合市内资源（企业、科研院所），与国内外知名高校深化研究生联合培养（实践）合

---

① 东莞市名校研究生培育发展中心。

作，正式启动"政府引导＋校企（校所）联合"培养模式。该联合培养模式打通政府、高校、企业（科研机构）的界限，完全将学生放到实践平台，探索全产业链培养。经两年试行，该模式得到广东省教育厅充分肯定，2019年被广东省教育厅批准成为东莞名校研究生培养（实践）基地。

（二）校企联合式研究生培养（实践）主要做法

1. 提供强有力的政策保障

为保证研究生培养（实践）的质量，规范过程管理，东莞市科技局制定出台了东莞市名校研究生培养（实践）"1＋1＋4"政策体系，分别从基地研究生培养总体工作的指导思想、专项基金使用操作规程、培育机构管理、工作站认定及管理、校外导师管理等方面加强工作保障，完善顶层设计，确保研究生培养（实践）建立新型人才培育体系，创新育才引才模式，吸引更多的高校院所来莞设立"东莞专项"开展研究生联合培养和专业实践。

2. 设立专项财政资金

为了让研究生愿意来、学得好、留得住，东莞在研究生联合培养方面舍得投入，4年已累计投入超过5000万元财政资金以保障研究生培养（实践）计划顺利实施。来莞实践研究生来莞实践期间可免费入住人才公寓，并按硕士1500元/月的标准发放生活补贴。对于在莞联合研究生，研究生基地免费为研究生提供配套齐全的人才公寓，东莞财政提供1500元/月（硕士）或2500元/月（博士）的生活补贴。

3. 项目人才需求库

为使研究生培养（实践）与东莞产业发展实现无缝对接，研究生中心开发了信息管理系统，建立了"项目人才需求库"和"企业导师信息库"两大核心数据库。

建立企业课题发布机制，收集东莞市大型骨干企业、倍增计划企业、高新技术企业、新型研发机构等项目需求。截至目前，参与研究生联合培养（实践）的企业近400家，发布了746个研发项目和3847个岗位需求，大大超出了在莞研究生数量；为研究生来莞联合培养（实践）提供丰富的项目资源保障，保证来莞培养（实践）研究生能"真题真做"。

4. 实行"学校导师＋企业导师"双导制培育模式

为进一步充分发挥东莞产业集聚和企业、研发机构的培养优势，提高研究生培养质量，东莞实施研究生与企业双向选择，将研究生匹配到专业对口、科研方向相关的企事业单位；实施"学校导师＋企业导师"双导制培育模式——研一在学校导师指导下完成基本理论知识学习，研二、研三来莞在企业导师带领下开展课题研究和技能实践。东莞积极整合社会资源，从知名企业家、高级技术人员中选拔认定一批企业导师。截至 2021 年 4 月底，共计认定了 355 名校外企业导师，为来莞实践研究生提供良好的实践指导和管理等相关支持，保障研究生培养（实践）的质量，也为促进校企项目合作奠定了坚实的基础。

5. 建立研究生联合培养（实践）工作站，提升培养质量

为了让高校研究生的实践需求与东莞企业的科研创新需求"无缝对接"，东莞鼓励研发实力较强、研究课题充足、经营状况良好并能够长期作为研究生培养基地的大中型科技企业、新型研发机构，建立研究生联合培养（实践）工作站。截至 2021 年 4 月，累计认定研究生联合培养工作站 36 个，有效提升联合培养质量。促成东莞市的企业、研发机构、高校导师的项目合作，通过项目合作，带动研究生到东莞来，让研究生进一步了解东莞、认同东莞并最终留在东莞。

6. 助力企业构建研发人才梯队

研究生基地通过多渠道挖掘企业科研课题的技术需求和人才需求，建立了东莞企业项目需求数据库。在联合培养对象的选择上，应重点选取研二及以上的研究生来莞进行培养，并于研一下学期开展筛选工作，优先选择有合作基础的高校导师的联合培养项目和研究生。东莞运用政策牵引、服务推动的方式增强东莞市内科技企业参与研究生工作的积极性，深入挖掘企业技术和人才需求，以优质服务提升企业对人才培养的获得感。同时通过举办线上推介会，推动各合作高校"东莞专项"研究生与意向企业进行双选。

7. 深化高校联合培养合作，设立"东莞专项"计划

深化与电子科技大学等的研究生联合培养"东莞专项"计划的实施。2018 年招收第一批 15 名研究生，2019 年联合研究生数量 64 名，2020 年研究生数量增加至 80 名，2021 年的招生指标将达到 130 名。通过实施电子科技大学"东莞专项"研究生培养计划，探索了研究生科研能力在创新中培养、论文写在产品上、研究做在工程中、成果转在企业里的人才培养新路子，得到学校、企业、研究生的高度认同，推动中山大学、华南理工大学、深圳大学等高校纷纷设立"东莞专项"计划。累计吸引了 139 所国内外高校参与，与 40 所高校签订了合作协议，英国诺丁汉大学、澳大利亚新南威尔士大学、香港科技大学、澳门科技大学等一批境外高校，以及清华大学、北京大学、华中科技大学等国内双一流高校纷纷加入东莞的研究生联合培养（实践）计划。

8. 扩大研究生联合培养范围

东莞研究生培育初期只面向能快速转化、产业化的理工科类研究生，2020 年将卫健系统医学类专业联合培养（实践）研究生纳入东莞市名校研究生联合培养（实践）补助范围，未来将进一步向更广阔的领域拓展。积极推进东莞区域内具备条件的企业与高校、科研院所合作，促使合作高校、科研院所向东莞投放更多科研与教育资源，加强合作高校、科研院所与东莞市企业的产学研合作，积极向企业进行成果转化，培养、引进更多高层次人才。

9. 打造科研人员供给新渠道，有力支撑东莞源头创新

一是东莞实施研究生联合培养，为企业提供了基层科研人才的稳定供给来源，为科研基础活动的开展提供了人才保障；也向重点科研机构定向输送了一大批科研人才。仅 2020 学年，研究生基地向中子科学中心、松山湖材料实验室输送的联合培养研究生就达 234 名，成为重要的科研人员供给源。二是构建科学前沿科研阵地，营造浓厚学术氛围。利用具有大科学装置优势的松山湖科学城平台，组织研究生参与松山湖材料实验室粤港澳交叉科学中心冬季学校、松湖论坛、青年论坛，中子科学中心散裂科技创新论坛、散裂学术沙龙等学术交流活动，营造浓厚的科研与学术氛围。

10. 构建科教融合与产教融合培养新模式，深化应用研究型人才培养

以校企双导师为依托，推进形成科教融合与产教融合培养模式，完善研究生培养课程体系。一是以科研项目为抓手，培养应用研究型人才。2020年对 120 名研究生的抽样调查显示，在莞培养（实践）期间人均发表论文数量达 1.76 篇，人均专利申请达 1.12 个，实现了人才培养与促进研发的双丰收。[①] 二是以产业链需求为导向，构建企业研发人才梯队。参与研究生联合培养（实践）的企业覆盖高端装备、生命健康与生物技术、新一代电子信息等重点新兴产业领域，已成为企业构建研发人才梯队的重要渠道。

11. 促进研究生留莞创新创业，为高质量发展提供人才支撑

东莞市委、市政府在多部门的共同努力下，积极营造具有创业就业新一线城市魅力的环境，高效完成"培养好"到"留下来"的接棒工作，促进毕业研究生留在东莞继续研究工作和创新创业，共同推动东莞高质量发展。通过举办来莞研究生专场招聘活动，与合作高校就业办合作搭建专属来莞培养（实践）线上、线下就业推介平台，拓宽来莞培养研究生了解东莞、熟悉东莞、爱上东莞的渠道。鼓励研究生留莞创业，打造创新创业新生力量。鼓励联合培养研究生毕业后，利用研究课题成果及东莞产业资源留莞创办企业，强化东莞产业机构。据东莞名校研究生培育发展中心统计，2019～2020年签离且毕业就业的研究生有 251 人，其中留莞就业 98 人，其中进入散裂中子源、华为等高水平科研机构及著名企业的有 35 人。

（三）存在问题

1. 培养规模相对较小，企业覆盖面较小

2020 年东莞的常住人口已经突破 1000 万人，但在莞培育（包括联合培养及实践）研究生人数每年不到 1000 人，相对于千万级人口的特大型城市来说规模过小。

---

① 数据为综合整理工作报告等信息所得。

2020 年东莞市高新技术企业数量达到 6385 家，居全国第五位、全国地级市第一位；规上企业数量超过 1 万家，排名全省第一。但是，2020 年参与研究生联合培养（实践）的企业不足 400 家，规上企业和高新企业覆盖率都不足 7%。这表明研究生联合培养仍旧处在"破圈"阶段，企业对研究生联合培养了解不够甚至完全不了解的情况十分普遍，许多有技术和人才需求的企业有待挖掘。

2. 联合培养领域不够丰富

东莞市研究生联合培养（实践）主要围绕东莞五大领域十大产业发展进行，招引理工科人才来莞培养实践。为满足人民日益增长的美好生活需要，联合培养领域仍有待扩大。企业与产业发展，技术革新与管理创新缺一不可。产业集聚、发展壮大，会在电子商务、企业管理等领域产生大量需求，目前这些领域的研究生缺乏引进。

（四）研究生人才培育的建议

1. 加强培养政策宣讲

研究生学历以上人才培育依然是重点，以企业需求为导向，加强对东莞市各领域企业的调研，同时与各镇街加强合作，强强联合，摸查企业技术和人才需求，让企业对研究生联合培养有更全面的了解，明确研究生联合培养对企业的重要意义，提高企业参与的积极性。

2. 扩大研究生联合培养规模

让已建立合作的高校及时了解东莞市最新政策，争取长期合作和进一步增加联合培养的指标；对暂未建立研究生培养合作的高校宣讲东莞研究生联合培养政策，争取高校支持，建立东莞研究生联合培养合作，增加联合培养研究生的数量，扩大研究生联合培养规模。

3. 拓宽研究生联合培养领域

与合作高校加强合作，除了原有的理工科人才外，引进金融保险领域、专业服务领域、电子商务领域、运营管理领域的研究生来莞培养（实践），推动联合培养（实践）工作更加丰富。此外，与上述领域具有优势的高校开展合作，满足更多东莞企业对于专业管理人才的需求，助力东莞经济社会稳步发展。

4. 建立新型研究型大学，培育本土研究生

国际化高水平整合东莞区域内科研机构、大科学装置、重点科技企业等社会资源，创新"科教产合作共同体"的培养模式，加快建立大湾区大学和香港城市大学（东莞）建设，培育新型研究型人才。

参考文献

《东莞全市人才总量已超 235.2 万人，创新创业氛围日益浓厚》，《南方都市报》2020 年 12 月 11 日，https：//www.163.com/dy/article/FTIDOQD705129QAF.html。

《关于印发〈广东省引进创新科研团队东莞市财政配套经费管理暂行办法〉的通知》，中国东莞政府门户网，2014 年 4 月 30 日，http：//www.dg.gov.cn/zwgk/zfgb/szfbgswj/content/post_343200.html。

《助企业科技创新，这所高校将派出千名"科技特派员"》，广东教育头条，2019 年 12 月 26 日，http：//static.nfapp.southcn.com/content/201912/26/c2932943.html？group_id=1。

《东莞市科学技术局关于印发〈东莞市科技特派员实施办法〉的通知》，中国东莞政府门户网，2020 年 9 月 14 日，http：//www.dg.gov.cn/zwgk/zfgb/szfbmgfxwj/content/post_3330642.html。

B.16
东莞市激发创新创业活力对策研究

唐魏芳　张江清*

摘　要：　走创新创业之路，既是全球经济发展选择的结果，也是中国政府推动新经济发展的结果。一个城市的创新水平，往往是城市经济实力的重要标志。城市区域创新体系是否健全，往往依赖于当地政府是否有足够的主导创新建设的能力，尤其是较为发达的西方国家城市。政府在城市区域建设创新体系方面有着极其重要的主导作用，比如制定政策引导创新方向、营造有利环境、平衡社会创新主体利益、提供创新研究基础设施与资源等。为此，本报告在总结西方发达国家与中国创新型国家建设经验的基础上，以东莞持续推进创新驱动发展、激发社会双创新动能为主线，提出继续加强政府主导力量、优化创新创业政策服务体系、激发科技企业自主创新活力、推动产业集群集聚发展、大力引进培育创新人才等建议。

关键词：　城市创新　创新创业　创新活力　创新驱动

一　东莞创新创业发展的基本现状

（一）环境情况

东莞，又称"莞城"，广东省地级市、国际花园城市、全国文明城市、

---

* 唐魏芳，东莞市电子计算中心部长，研究方向为创新与创业管理；张江清，东莞市电子计算中心项目服务部长，高级工程师，研究方向为企业研发管理体系与科技金融。

全国篮球城市，广东重要的交通枢纽和外贸口岸。位于珠江口东岸，紧邻广州、深圳，毗邻香港、澳门，地处广州、深圳之间，既是粤港澳大湾区东西两岸融合发展的连接要点，又是广深科技创新走廊的黄金位置，占据了粤港澳大湾区广深港澳科创走廊得天独厚的区位优势，1小时可达五大国际机场，"五纵四横六连"的高速路网四通八达，8条规划地铁无缝对接广、深，具有显著的区位和交通优势。经过改革开放40余年的发展，东莞已成为国际制造名城，与全球超过200个国家和地区建立了紧密的经贸合作关系。

东莞管辖面积2465平方公里，共辖4个街道28个镇，地势东南高、西北低，以丘陵台地、冲积平原为主，两者占据约90%，东南部为山地。2019年东莞户籍人口251.06万人，常住人口846.45万人，其中城镇常住人口779.58万人，人口城镇化率为92.10%。①

（二）产业情况

改革开放以来，东莞紧抓广东先行一步的机遇，凭借着低廉的劳动力成本、完善的周边产业配套以及便捷的交通优势，社会经济发展水平实现了量的飞跃，成为"世界工厂"。2008年后，面对经济危机后的国内外严峻经济形势，东莞市迅速开展"科技东莞""人才东莞""育苗造林"等一系列科技发展工程，以创新驱动发展，经济得以迅速转型升级。2019年东莞GDP达9482.5亿元，总量、增速均位居珠三角前列，GDP水平与诸多省会城市相当，夯实了经济基础。

东莞是享誉世界的国际制造中心。20世纪90年代以后，东莞投资环境日趋完善，引进外资质量提高，城市工业结构逐渐优化，传统的劳动密集型工业企业结构逐步转变为劳动密集与资金技术密集型并存的复合型工业企业结构；新兴产业迅猛发展，以电子信息、精密仪器产业为代表的现代制造业

---

① 《东莞概况》，东莞市人民政府门户网站，2020年12月23日，http://www.dg.gov.cn/zjdz/dzgk/。

和高新技术产业在外资企业的协作下茁壮成长；传统产业比例相应下降，形成门类比较齐全的工业体系；支柱产业逐步显现，纺织业、食品制造业、工艺美术品制造业、电力等能源工业、电子通信设备制造业和电气机械及器材制造业先后在东莞工业中占据主导地位，形成"五大支柱、四大特色"的产业体系。2019 年电子信息制造业对规上工业增长贡献率为 83.9%，其他 8 个产业合计增长贡献率仅 2.5%，且纺织服装鞋帽制造业、玩具及文体用品制造业、家具制造业为负增长，工业增长的拉动支撑作用仍集中在电子信息制造业，工业发展极化态势更趋明显。

2020 年，在新冠肺炎疫情的冲击下，东莞全市 GDP 实现 9650.19 亿元，同比增长 1.1%。全市实现规模以上工业增加值 4145.65 亿元，其中，规模以上战略性新兴产业拉动规上工业增长 5.9 个百分点。截至 2020 年底，全市规上企业数量超过 1 万家，排名全国地级市第二，总产值超过 2 万亿元。一批战略性新兴产业重大项目密集落地，2020 年，全市产业工程项目完成投资 480 亿元，占全部项目完成投资额的 48.8%，同比增长 8.1%。其中，新一代信息技术工程、高端装备制造工程分别完成投资 216.5 亿元、109.7 亿元。[1]

（三）招商情况

东莞市 2019 年引进 4093 宗内外资项目，协议（合同）投资累计近 3000 亿元，比 2018 年的引进投资额增长了 9.6%；实际投资近 1200 亿元，增长 28.9%，单个项目平均规模增长 39.6%。[2] 得益于强化全市招商统筹、为投资"松绑"等系列举措，创智汇、华勤等一批优质产业投资项目，紫光芯云产业城、京东智谷、新能源封装电池等一批重大项目落地，欧菲光、嘉里、华润、恒基兆业、保利等一个又一个国内外产业巨头在东莞立项

---

① 《2021 年东莞市政府工作报告》，东莞市人民政府网站，2021 年 3 月 1 日，http://www.dg. gov. cn/gkmlpt/content/3/3469/post_ 3469380. html#694。

② 《东莞去年全年引进内外资项目 4093 宗　实际投资 1197 亿元》，东莞阳光网，2020 年 1 月 14 日，https://news. sun0769. com/dg/headnews/202001/t20200114_ 16063278. shtml。

投资。

2019 年，东莞先后举办高规格的产业招商会议及投资促进交流会、东莞国际商务区招商交流会、莞港现代服务业对接交流会、2019 粤欧投资合作交流会，并借助中国（东莞）—美国企业投资合作对接会、第十一届加博会等活动的影响力，在 10 余场招商宣传推介会上，积极向国内、国际知名企业及各界人士宣传东莞的投资优势。

围绕市政府 2019 年"一号文"的"拓空间"目标任务，东莞在全市各镇街组建了 16 个市镇联合招商基地，重点承接市招商引资重特大项目，想方设法统筹盘活出 5600 余亩的产业用地资源，用于进一步拓展招商载体空间。

此外，东莞还制定出台《东莞市新型产业用地（M0）开发主体准入认定及项目效益审查管理实施细则（试行）》、《东莞国际商务区招商项目准入管理办法》、《东莞国际商务区招商引资奖励暂行办法》、"投资松绑 30 条"等有关政策，推动破解高成长性创新企业落地难问题。

2020 年，东莞高规格举办了全球先进制造招商大会、"云招商、云温暖"等重大招商关注活动，重点关注现代制造业产业链关键环节、缺失环节的招商引资，推动企业增资扩产项目超过 130 宗，全年实际吸引投资近1500 亿元，增长超过 25%。

二 东莞相应政策分析和研究

（一）构建双创平台，打造创业经济发展新引擎

1. 各类双创大赛成为招才引智的重要抓手

近年来，东莞市深入实施创新驱动发展战略，聚力打造东莞双创品牌，营造创新创业环境，引导创新创业资源，激发全社会的创新创业热情。在创建国家创新型城市的道路上，东莞掀起一波又一波"招才引智"热潮，涌现了各种双创大赛。从 2013 年至 2020 年，东莞已成功举办了七届"赢在东莞"科技创新创业大赛、五届"松湖杯"创新创业大赛、两届东莞市女性创新创业大赛、"赢

在东莞"全球大数据创新创业大赛等东莞双创品牌大赛。双创大赛根据《东莞市重点新兴产业发展规划（2018—2025年)》的工作要求和目标任务，调整大赛行业分类，围绕五大新兴领域、十大重点产业开展创新创业项目的征集及评选工作，优化了行业领域分类，增强了赛事竞争的公平性与项目多样性，更好地对不同行业的参赛项目实施不同类型的服务对接与更具切合性的建议。

大赛从不同的渠道汇聚了人才、技术、资本等各种创新资源，并面向全国征集具有市场化、产业化前景的项目参赛，给予更多的企业或初创者交流、推广、融资、资源共享、设备租赁等各种机会。在大赛实施过程中，东莞及大赛承办单位组织了创业辅导、创业集训营、创业培训、一对一走访及辅导、产融对接交流会等各种线上线下对接服务活动，通过与创投机构、孵化器、科技产业园区、众创空间及高校等单位共同合作，开放资源共享，丰富大赛的组织形式，提升参赛项目的质量，扩大大赛的品牌宣传。此外，东莞及大赛承办单位联合了大赛支持单位及相关机构持续做好项目服务工作，协助项目满足知识产权、实验检测、专业人才、产学研合作、投融资、供应链合作等需求，助力参赛项目落地东莞，并做好项目的后续跟踪工作，从落地注册、申请优惠、提供场地、人才配套等基础服务，到促成项目对接、拓展市场合作、对接需求企业及寻求贷款融资等升级服务，全方位为参赛项目打通管理及市场脉络，为参赛项目保驾护航。7届"赢在东莞"科技创新创业大赛累计吸引了市内外优质参赛项目3224个，累计奖励项目521个，累计奖金金额1.1亿元。据不完全统计，累计获得创业投资近22.04亿元，135家企业在2019年度获得银行信用贷款5.76亿元。五届"松湖杯"创新创业大赛共吸引参赛项目4517个，评出获奖项目139个，有效搭建了技术交流、成果展示、投融资对接、产业对接的综合资源服务平台，成为松山湖独具特色的创新创业品牌，推动了全区创新创业工作走向深入。据不完全统计，五年来，参与大赛的投融资机构、研究院、著名企业等超过300家，参与人员超500人次，累计参赛项目获得风险投资总额超2.6亿元人民币。①

---

① 赢在东莞创新创业大赛组委会。

2. 众创空间和孵化基地等平台的助推力量

自 2015 年以来，东莞市高度重视科技企业孵化工作，相继发布了《东莞市加快科技企业孵化器建设实施办法》《东莞市加快科技四众平台建设实施管理暂行办法》《东莞市科技成果双转化行动计划》《进一步扶持非公有制经济高质量发展的若干政策》《东莞市科技企业孵化器产权分割管理暂行办法》等一系列有利孵化器、众创空间发展的政策，扶持引导各类优质的科技企业孵化器往高质量、专业化、国际化方向发展，注重高质量孵化器、众创空间的发展，积极推动创新创业上水平、始终走在广东省前列，为推动广东省孵化事业做出了杰出贡献。同时，东莞还鼓励龙头企业自主建设科技企业孵化器和众创空间，提供良好的孵化培育、创业服务，帮助东莞市科技型中小微企业和创业项目团队发展壮大。东莞孵化器和众创空间事业发展势头良好，为东莞产业转型和科技成果转化提供了强大平台。

长久以来，传统孵化器的运营模式离不开租金，许多传统孵化器日常运营收入的重要来源之一就是孵化企业的房租。全国各地政府所发布的鼓励孵化器发展的政策中，减租免租是常规条文。单一的收入来源容易造成孵化器增值服务的缺失和盈利模式危机。2019 年末，在全国创新创业环境变化与社会因素的影响下，孵化企业离开孵化器载体，大多数传统孵化器收入大幅下降，生存压力增加。然而，东莞的孵化事业却逆势增长，喜讯连连。2020 年，东莞新增 2 家国家级科技企业孵化器、7 家省级科技企业孵化器、5 家省级众创空间；① 截至 2020 年底，东莞共建有 118 家孵化器、73 家众创空间，其中 25 家国家级孵化器、42 家省级孵化器，24 家国家级众创空间、35 家省级众创空间。②

有此喜人成绩，是因为东莞的孵化器和众创空间积极寻找有价值的深度孵化模式，逐步向专业孵化器和专业众创空间进化。不同于传统孵化器、众创空间，专业孵化器和专业众创空间除了向创新项目、创业企业提供办公场地，还更注重给创新项目、创业企业的辅助服务和创业生态搭建，比如培训

① 根据国家科技部、广东省科技厅网站关于科技企业孵化器认定公示通知整理。
② 东莞市科技企业孵化器统计数据库。

辅导、融资对接、活动沙龙、财务法务顾问等。据了解，东莞的专业孵化器从发展到现在，经历了四个阶段：1.0 时代是造房子，此时的孵化器是空间开发商；2.0 时代是物业管理运营并承担部分招聘、通信功能，这时候的孵化器从空间开发商成为集成服务商；3.0 时代孵化器开始确定产业领域主题，将相同产业领域聚集到一个园区发展，使企业不出园区找到供应商成为现实；4.0 时代则通过股权投资与企业成为命运共同体，这时候的专业孵化器不再是旁观者，而是企业成长的见证者和合作者。从 1.0 时代到 4.0 时代，社会对孵化器的专业度都有着越来越高的要求，比如有的专业孵化器专注互联网金融创业孵化，有的专业孵化器侧重生物医疗，有的专业孵化器偏爱人工智能、智能硬件等"风口行业"。而有的专业众创空间设立了天使或早期基金，为创业团队和中小微互联网企业提供创业辅导、天使投资；有些专业众创空间能帮助初创企业进行鼓励、补贴政策的申请，有些专业众创空间还通过与第三方合作的方式提供工位注册的工商服务等。

3. 创业服务平台要素的形成

科学仪器是科技创新的一种重要的必不可少的科技资源。国内、国际上有相当一部分科技成果，是源于科学仪器及测试方法的创新。近年来，中国的科学仪器规模不断扩大、覆盖领域不断拓展、技术水平明显提升，但是大部分仪器设备处于封闭、闲置的状态，使用率不高。与此同时，大量的科技型小微企业在创新领域非常活跃，却没有能力购置、运行、维护大型科学设施和仪器设备。仪器设备是很多企业研发、生产、检测等环节不可缺少的资源。中国政府已经注意到大型科研设施与仪器普遍存在利用率和共享水平不高的问题，并开始着手解决。高精尖科研仪器设备开启共享服务，不仅能提高仪器设备的使用率，而且能为有需要的企业切实"减负"。

2019 年起，东莞着手对科研设施共享计划的可行性、可持续操作性开展考察调研工作。经过机构考察、实地调研、高校协调等多方面工作，2020 年 11 月 24 日，东莞市科研仪器设备共享平台正式启动运行，标志着东莞市大型科学仪器设施资源开放共享迈出了重要的一步。

东莞市科研仪器设备共享平台采用统一规划、资源共享、市场化运作原则，搭建政府、高等院校、科研院所与企业之间的桥梁，开展多层次的仪器设备共享服务，为东莞地区乃至粤港澳大湾区的企业提供共享服务；并且融合了云计算、大数据、物联网等新一代信息技术，实现了仪器查询、预约、使用、管理等一系列业务流程，使科研仪器共享管理工作更加智能、开放、科学。

目前，该平台已汇集了中国散裂中子源、松山湖材料实验室、东莞市质量监督检测中心、东莞理工学院、广东医科大学以及众多新型研发机构和龙头企业等49个单位，共计3338台科研仪器设备，涵盖生物医药、电子电气、化学化工、机械等21个行业领域，包括透射式电子显微镜、大型热真空试验系统、MRI核磁共振成像系统、工业CT等一批高精尖仪器，为东莞优化区域创新环境、加速科技成果转化和产业化提供了重要助力。

（二）汇聚科技力量，构建全链条科技创新体系

从广深科技创新走廊创新要素的分布来看，广州集聚了众多的高校和科研院所，深圳有密集的创新企业和金融机构，作为广深科技创新走廊重要的创新节点，东莞如何与广州、深圳的大学园区、科技园区等资源共享、产业链互补，形成区域创新共同体，实现大湾区"产—学—研—用"高度融合，这是对东莞探索统筹发展战略、践行开放创新促进产业转型的重大考验。

在中国首个、全球第四个散裂中子源的"国之重器"——中国散裂中子源落地东莞后，东莞就进入了依托中国散裂中子源的大科学装置核心作战模式。2017年11月，广东省委、省政府提出在中国散裂中子源周边建设先进同步辐射光源的构想。以此为契机，东莞中子科学城开始动工建设。

紧接着大科学装置如南方光源、先进阿秒激光等重点项目加快建设，东莞从依托中国散裂中子源大科学装置的"单核"作战模式进化成科技"集群作战"时代。更重要的是，在大科学装置加速汇聚东莞的同时，龙头企业、平台、科研机构、大学等以众星拱卫之势纷至沓来，蔚然成势。华为终端总部迁入落地，东莞材料基因高等理工研究院先进材料科学园动工建设，

湾区大学（松山湖校区）工程勘察设计招标预公告、东莞理工学院4个新组建学院及平台揭牌、东莞先进光纤应用技术研究院奠基、松山湖材料实验室"松湖之材"产业育成中心正式启动、东莞市科研仪器设备共享平台对外开放……从高端科研到产业链聚合，从人才培育到科技成果转化，多平台、多机构在东莞相继成立，龙头企业、集团总部陆续落户东莞。

2020年1月17日，中子科学城正式更名为松山湖科学城。此时作为东莞创新驱动发展的重要引擎，松山湖科学城的科技创新要素加速云集，全方位推进全链条科技创新体系的加速构建。

在中子科学城正式更名为松山湖科学城之后，仅2020年短短一年的时光里，东莞松山湖科学城面积由原来的53.3平方公里优化调整至90.52平方公里，涵盖了松山湖、大朗、大岭山和黄江等"一园三镇"的相关区域。其中，与深圳毗邻的黄江被首度纳入科学城范畴。

按松山湖科学城建设规划，科学城总体空间布局由原来的"两核一轴多区"，经过调整、全新升级为"一轴一区两心四组团"。"一轴"意为一条科技创新轴，主要串联松山湖科学城和光明科学城，"一区"代表大科学装置集聚区，"两心"即城市配套服务中心、科技创新服务中心，"四组团"囊括城市综合服务组团、中央科技创新组团、西部门户科创组团和东部合作示范组团。

东莞的重大科技创新资源从散裂中子源单一装置，到散裂中子源、南方光源和先进阿秒激光等一群大科学装置，源头创新的资源加速集聚，科技创新生态发生深刻变革。

2020年7月24日，占地397亩、总建筑面积53万平方米的东莞松山湖国际创新创业社区正式揭牌成立，推动社区国际化、年轻化、智能化、生态化建设，提供低成本办公空间和居住空间，旨在将东莞松山湖国际创新创业社区建成先行先试政策的特区和高新技术企业、科创板上市企业的摇篮，并使之成为科技孵化载体的标杆，打造成"创新创业不夜城"。

东莞松山湖国际创新创业社区自成立至今业已举办了多场富有重要意义的科技创新活动。两次华为开发者大会、2020中国·松山湖新材料高峰论坛、连续三届粤港澳院士峰会、松山湖港澳青年科技交流大会、院士峰会IBT成果发布会、青少年人工智能创新挑战赛、松山湖人才之夜等大型活动的成功举办，带来了人才虹吸效应和"科研—产业—资本"的高效对接；2020年松山湖创新创业大赛吸引来自全国的940个项目同台竞技，第五届中国创新挑战赛（广东·东莞松山湖）征集企业技术需求200多项、促成意向合作签约30项，创新创业的热潮持续升温。

在人才、技术、设施、平台等创新资源的带动下，东莞在科技成果方面收获颇丰。2020年7月，被称为中国首台自主研发的加速器——硼中子俘获治疗实验装置，在散裂中子源成功研制，有望为中国肿瘤治疗带来技术性改革；2020年8月，松山湖材料实验室先进陶瓷与复合材料研究院成功研制出抗冲击耐磨损的金属基陶瓷复合材料制砂机衬板，将有助于研发生产机制砂石行业的新型材料；由松山湖材料实验室研究开发的"基于材料基因工程研制出高温块体金属玻璃"项目入选为2019年度中国科学十大进展。

另外，东莞电子信息、新材料、生物医药等新兴产业蓬勃发展，涌现一大批创新能力突出的龙头企业与新锐企业。截至2020年底，东莞全市规模以上工业企业数量突破1万家，国家高新技术企业6385家，数量位居全国地级市前列。先进制造业占规模以上工业增加值的比重达到50.9%，规模以上工业企业设立研发机构比例达到43.3%，R&D投入甚至达到发达国家水平。此外，有超过50位院士常年在东莞开展科研活动，全市共引进60名国家高层次人才和38个省级创新科研团队，成为广东全省地级市引进人才数量第一名。[①] 这一个个数据都体现着东莞这座传统制造业强市的创新发展逻辑与改革底气。

从大科学装置加速建设，松山湖科学城横空出世，到松山湖国际创新创业社区正式成立，松山湖科学城的科学功能延伸；从华为终端总部等龙头企业云集，众多产业链的明星企业相继加盟，到众多新型研发机构齐聚发展，孵化优质企业，高层次人才团队落户东莞……勇于改革创新的东莞正迎来新

---

① 《2020年东莞市国民经济和社会发展统计公报》、《2021年东莞市政府工作报告》和《"十三五"时期东莞经济社会发展成就系列分析报告之一：贯彻新发展理念高质量发展迈上新台阶——"十三五"时期东莞经济社会发展综述》。

一轮全新的高速发展。

以松山湖科学城为平台载体，东莞创新驱动发展的核心引擎已经积蓄起强劲动力。依托全链条创新体系，以创新链带动产业链、人才链不断完善，一座湾区创新之城正在加速崛起。

（三）出台系列政策，加速科技成果转化

科技成果转化是指为提高生产力水平而对科技成果进行后续试验、开发、应用、推广，直至形成新技术、新工艺、新材料、新产品，发展新产业等活动。国家推行实施创新驱动发展，促进科技与经济结合，其中一个重大具体举措就是推动科技成果转化。东莞市自 2005 年实施"科技东莞"工程以来，出台了一系列科技政策，对推动科技创新和产业转型升级起到了重要的作用。

1. 《东莞市科技成果双转化行动计划(2018～2020年)》

推动科技成果转化，促进科技与经济结合是国家实现创新驱动发展的必然之路。近年来，国家和广东省分别修订出台了相关法律法规与政策条例，以政府的主导力量改革促进科技成果转化的体制机制，大力营造鼓励科技创新的良好环境，如国家在2015年修订的《中华人民共和国促进科技成果转化法》、广东省政府在2016年审议通过并发布的《广东省促进科技成果转化条例》。东莞市也迫切需要研究制定一系列促进科技成果转移转化的法律法规，推出强有力的措施打通科技成果转化各环节的脉络，加快实施创新驱动发展战略。

高校、科研院所是开展科技研发活动的主力军，拥有大量具有相当价值的科技成果，但据不完全统计，大部分高校、科研院所的科技成果转化率不足20%，有的甚至不足10%。主要原因包括：在制度建设方面，虽然国家和省相关政策已明确高校、科研院所拥有对其科技成果的自主使用权、处置权和收益权，但由于相关细则和地市办法尚未出台，实际操作过程中高校、科研院所仍然害怕造成国有资产流失，不敢贸然转化科技成果；在评价机制方面，当前对高校、科研院所科研人员的考核仍以论文发布、专利授权、项目承担等为主，不大重视科研人员科技成果转化的数量和效率；在配套服务

方面，东莞市各类公共创新平台和科技中介机构的服务功能尚待完善，难以满足高校、科研院所对科技成果转化的需求。

科技成果转化涉及技术研发、鉴定登记、价格评估、成果交易、平台搭建等各个方面，除了要有良好的政策配套以外也需要建设规范活跃的技术市场。各级政府和部门在推动科技成果转化时不仅要解决高校科研院所面临的各种实际问题，更需要引导营造良好的市场环境，进一步完善技术市场的功能配套，真正建立起以市场需求为导向的成果转化体制机制，充分调动各类创新资源支持成果转化全环节、全链条工作。

为贯彻落实国家和省关于促进科技成果转化工作，解决东莞市高校、科研院所在科技成果转化中所面临问题，营造宽松活跃的科技成果转化环境，东莞市人民政府于2018年3月2日正式发布了科技成果双转化的行动计划。其目的就是要结合实际，既要以供方市场为主导，做好科技成果转化工作，又要以需方市场为主导，积极搭建成果转化平台，实现科技成果供需双方的双转化。目标是到2020年，东莞全市累计建设运营不少于10个科技成果转化平台、挖掘发布不少于10万条科技成果供需信息、实现100%以上的技术交易合同额增长、举办不少于100场科技成果对接活动、培训500人次以上的技术经理人、推动大部分的东莞高校和科研院所设置成果转化管理岗位、推动一半以上的高校、科研院所单独或联合其他单位设立专门的科学技术转移机构。

行动计划配套措施包括：①制定双转化政策法规；②强化双转化供给需求；③搭建双转化线上平台；④开展双转化线下登记；⑤建设双转化实施载体；⑥完善双转化市场机制；⑦实施双转化科技项目；⑧开展双转化各项活动；⑨培养双转化人才队伍；⑩加强双转化资金扶持等。东莞市实施科技成果双转化行动计划，一方面是从供给侧发力，推动高校、科研院所及企事业单位、人员将其所形成的科技成果加快推向市场，实现产业化；另一方面是从需求侧发力，大力挖掘不同市场主体的技术需求，以需求为引导，推动各单位和人员研制的能够满足市场需求的科技成果实现直接转化。

2. 《东莞市推进科技成果产业化实施办法》

自《东莞市科技成果双转化行动计划（2018~2020年)》发布后，东莞科技创新体系得到了优化，科技成果转化方面也是成绩喜人。东莞市新型研发机构统计数据库中数据显示，2018年东莞全市的新型研发机构累计共孵化1383家初创企业、引进了5551名中高级技术人才、推动了2项院士成果转化项目。

为加快国家创新型城市建设，构建更完善的科技成果转化体系，2019年4月，东莞市政府提出创新工作的2020年与2025年阶段性目标，从科技创新体系的初步建设到科技创新全链条的初步形成，再到国家科技成果转化示范区的建成。

随后，东莞市政府就制定了《东莞市推进科技成果产业化实施办法》，通过采取一系列针对科技成果转化及产业化的利好措施，拓宽成果引进渠道，加大科技成果引进力度。比如，认定一批符合条件的科技成果产业化项目并提供资金资源支持；认定一批符合条件的科技成果转化示范基地并给予基地内项目厂房租金补贴；扶持科技平台载体引进优秀科技成果并给予引进奖励；给予成功举办科技活动的已备案的科技成果转化平台活动项目补贴；对成功挖掘企业技术需求并撮合对接的科技平台，给予一定的资助；对符合条件的优秀科技成果产业化项目实施引导基金跟投机制；对于在东莞双创系列大赛获奖的优质科技成果项目，在落户东莞并成功产业化后，予以资金支持。

3. 《东莞市深入推动科技金融发展的实施意见》

2020年以前，虽然东莞市政府及相关职能部门曾发布过一些有关科技金融的文件，但由于缺少一个科技金融政策总纲作系统性的指引，所发布的各个科技金融文件并没有较强的关联性，难以连贯、高效地扶持企业的科技发展与转型升级。因此，在全面建设国家创新型城市的浪潮下，东莞深入推动科技金融发展，提出了《东莞市深入推动科技金融发展的实施意见》（以下简称《实施意见》)，采取更高目标、更大力度、更新举措的系统性指导以融合东莞科技和金融，促进东莞科技创新、金融创新双驱动，加快东莞产业转型升级。

该《实施意见》以打造粤港澳大湾区和广深港澳科技创新走廊科技金融

创新高地为目标，围绕东莞现有的优势产业，部署产业创新链、完善产业资金链，创新科技与金融结合的体制机制；以服务东莞创新创业主体、"普惠为先"为原则，引导东莞本土的金融机构以科创企业特点和需求为出发点，提供与其匹配的创新的金融产品服务，使企业以更低的融资成本选择更多、更精准的融资渠道，更快地实现融资，加快其转型升级和实现高质量发展。

该《实施意见》从扶持种子期、初创期、成长期科技企业，发展人才和服务体系，完善配套措施等五个方面深入推动科技金融发展。①扶持种子期科技企业快速成长。鼓励金融机构为在孵企业提供信用贷款；支持东莞科技创新金融集团有限公司对市内种子期科技企业项目进行直接投资等。②扶持初创期科技企业加速发展。安排"三融合"专项资金引导合作银行发放非实物抵押的信用贷款；鼓励开展商标专用权质押融资、专利权质押融资，给予贷款贴息和评估费用补贴等支持；支持科技服务机构为小微科技企业开展融资服务等。③扶持成长期科技企业成熟壮大。对后备上市科技企业给予政策、资金、人才培育、用地等支持，推动科技企业上市；支持科技企业通过发债等进行融资，按其直接债务融资额给予部分贴息；对投资本地企业达到一定规模的创投企业进行投资奖励等。④发展科技金融人才和服务体系。鼓励高等院校建立科技金融教育、培训和研究基地；支持培养科技领军人才、金融领军人才；鼓励科创金融集团联合相关园区、镇街或行业龙头企业等共同设立创业投资或科技产业投资基金，拓展天使基金、创业投资、并购基金、融资担保、融资租赁业务及科技金融信息服务等，提供覆盖企业种子期、初创期、成长期、成熟期各阶段的全链条服务。⑤完善促进科技和金融结合的配套措施。加强金融基础设施建设，如信息安全、金融云、大数据储存等；进一步完善全市科技、金融与产业信息共享交流平台，建立完善项目成果大数据库、金融机构资源信息库等；采取财政拨款、银行贷款、创投机构跟投的拨投贷联动扶持方式，推动企业获得更多优质的融资支持；由银行业金融机构推选一批金融高级资深人才作为金融顾问，与有融资需求的中小微型企业进行结对等。

《实施意见》按照企业种子期、初创期、成长期三个阶段的生命周期，形成系统性的扶持政策，根据企业不同阶段的特点和需求针对性地推出不同的融资扶持政策，为企业量身定做精准服务。通过信用贷款风险补偿、融资贴息补助、上市或融资奖励等手段，扶持种子期科技型中小微企业快速成长，扶持初创期科技型中小微企业加速发展，扶持成长期科技型中小微企业成熟壮大。

4. 东莞市2020年国家高新技术企业认定奖励专项资金管理办法

突如其来新冠肺炎疫情对中国经济社会及人民生活等各方面均造成了不容忽视的影响，特别是抗风险能力较弱的中小微企业所受冲击巨大，生存危机加剧。为深入贯彻落实党中央、国务院有关统筹推进疫情防控和经济发展的指示，东莞市政府、东莞市科学技术局在依据"保企业、促复苏、稳增长"的原则要求下，统一部署，促进高新技术企业稳定增长。东莞市科学技术局于2020年7月9日出台了扶持国家高新技术企业认定奖励的专项资金管理办法。东莞市的大多高新技术企业为中小型企业，而原专项资金管理办法要求申报企业需通过高企认定后才能获得奖励，资助周期较长，导致中小企业对申报高企积极性不高，因此结合东莞科技企业的实际情况，新修订的专项资金管理办法于2020年12月7日完成并印发，对原办法的资助方式、申请条件、审拨流程、预算资金、资金使用限制进行优化调整。

第一，调整资助方式。新修订的专项资金管理办法对通过2020年高企认定的企业进行了细化分类，资助方式也跟着调整，分别为：对申报当年高企认定且被广东省科技厅受理的企业给予申报奖励、对通过当年高企认定的企业给予认定奖励。

第二，调整申请条件。对于申请条件，删除了原专项资金管理办法中的"通过2020年高企认定"，而调整为"申报高企认定并省厅受理"和"通过高企认定"两类之一的东莞企业即可申请。

第三，调整审拨流程。原专项资金管理办法中要求各镇街（园区）指挥部根据省级相关部门公布的名单组织辖区内企业申请，这对各镇街（园区）指挥部组织企业申报的积极性有所影响。新修订的办法则调整为由各镇街（园区）指挥部先自行组织企业申报专项资金，再上报市级相关部门审核，不但充分调动了镇街（园区）的积极性，而且让更多的符合申报条件的企业受惠。

第四，放宽资金使用限制。新修订的管理办法中除了明确存在重大违法违规情况的企业按法律法规规定不予资助外，对其他一般情况放宽限制，进一步扩大企业受惠面。

三 国内外双创城市活力打造模式及借鉴

（一）国内双创城市基本建设情况

2020 年 1 月以来，全国各地人大会议和政协会议陆续召开，根据各地区的实际部署 2020 年政府工作。大部分直辖市和东部发达地区城市的政府工作有一个共同点，那就是把科技创新作为 2021 年工作的重点内容，并提出了具体的发展方向。

1. 国内各地政府科技创新工作举例

（1）广东省

以广州、深圳两大城市作为两个核心，分别牵引带动周边城市群科技、经济的发展，形成优势互补、高质量发展的两大核区经济布局。一是全力支持深圳改革创新，努力创建中国新时代的先行示范区；在深圳这一副省级城市率先实施综合授权改革试点，赋予更多的管理权限。通过建设综合性国家科学中心、光明科学城、深港科技创新合作区等一系列标志性科技项目，为突破关键核心技术攻关提速，加快战略性新兴产业发展。二是支持广州实现"老城出新出彩"，强化广州的产业、环境、社会、科技等城市功能，营造国际化商业环境，全面提升城市品牌效应；大力发展新兴产业，打造国家级科技创新中心试验区，增强广州的省会城市综合功能。

以建设科技创新强省为目标，优化科技发展与人才发展机制，大力提升省级科技创新实力。一是打造科技创新优势环境。推动珠三角地区各地市、县区全面建设新型孵化器、众创空间，通过创建一批国家级知识产权保护中心，保护合法的知识产权，加大侵权的惩罚力度，营造良好的知识产权环境。二是强化科技原始创新。采用揭榜制等新形式，加大对关键核心技术攻关的支持力度，加快研发重大科技产品和装备，鼓励龙头企业建设国家级创新中心和研发机构，支持大中小企业和科技载体协同创新，增强科技创新优势。三是抢占创新人才新高地。推进产学研人才培养计划，支持科技型企业、高校和科研机构之间实施科研人才发现、培养、激励机制，加快拔尖人才和创新人才培养。

大力推动现代化产业的高质量发展，提高现代化产业的基础水平，加快产业链现代化创新体系建设。一是大力提升先进制造业产业链水平。以新一代信息技术、智能制造为重点对象，着力提升产业能级和水平，培育具有世界级先进水平的先进制造业集群，培育产业链关键环节或产业控制力强的领头企业，为重大产业项目或企业的引进提供政策、土地、能源等资源保障。二是积极发展具有数字化、网络化、智能化特色的特色优势产业。支持各地市在自身主导产业和特色产业的基础上，探索发展产业转型升级，培育行业龙头企业和专精特新中小企业，支持企业加大设备更新和技术改造的投入。三是推动互联网、大数据、人工智能与现代服务业的深度融合，积极发展数字经济，探索区块链技术和产业创新发展的新业态新模式。

（2）浙江省

通过实施产业链协同创新计划、培育先进制造业集群、创建新能源产业创新研究院、推进特色经济工程、实施传统制造业智能化改造行动等一系列措施，推进浙江省的创新强省和制造业高质量发展建设工作。

通过实施"一号工程"数字经济倍增计划、积极发展四大类经济产业、实施城市大脑等标志性工作、做强第三代半导体等未来数字产业、加快推进工业互联网设备连接和企业服务，全力推进浙江省数字经济建设、加快浙江省各行业领域的数字化改造与平台建设，尽快基本建成国家级创新型省份。

（3）北京市

作为中国的政治文化中心，北京在科技创新方面的投入相当大。针对国家重大科技任务、重大项目、重点研发计划，北京采取加强顶层设计、深入统筹协调、积极争取承建、超前谋划设立、强化技术攻关、促进成果转化等一系列手段，加快构建国家重大科技科研体系，提升北京在全国重大科技领域的话语权。

深化"科学"与"城"的连接功能，发挥北京"三城一区"的支撑引领作用，针对科技任务的审批权限实行分区域、分步骤的赋权和下放。对于中关村科学城，优先以基础研究为主要任务，联合高校科研院所、孵化器、产业龙头企业等，强化要素创新，加快深度融合，努力培育出在全球具有强影响力的创新型原创成果企业。对于怀柔科学城，以综合性国家科学中心为重点建设任务，优化基础科学设施运行机制，加快交叉领域研究平台建设，完善城市区域服务和配套功能，不间断地补齐创新要素短板。对于未来科学城，重点布局"能源谷"与"生命谷"的东西分区，既要提高城区内各创新要素的活跃度和聚集度，又要深化与国有企业合作，营造"企业＋服务平台＋高校"的创新生态。对于北京经济技术开发区，以对接中关村科学城、怀柔科学城、未来科学城这三大科学城的科技成果转化为目标，加大开放力度，解决服务体制和引资机制的问题，打造国际化、专业化的科技成果转化运营服务团队，围绕机器人和智能制造产业、新一代信息技术产业、生物技术和大健康产业、新能源汽车和智能网联汽车产业这四大主导产业，进一步开展国际产业合作。

北京抓住当下全世界产业链调整机遇，出台现代化经济体系实施计划文件，以集成电路、工业互联网、车联网、医药健康等产业作为重点，加快产业链创新生态体系建设，推进国有资本在产业链中的布局调整，实施重点产业数字化、智能化、绿色化改造。

在资金、土地、人才、国际合作等方面，北京亦出台了针对性较强的政策与措施进行支撑。加强财政资金整合，加强产业用地全生命周期管理，加强对人才的落户、住房、医疗、子女教育等保障，支持建设国际科技合作平台，积极对接国际科技项目，鼓励国际科技项目在京落地等。

（4）南京市

南京市结合自身产业特点，提出了产业动能转换和构建现代化产业体系的目标任务。通过主导产业地标的强化再造工程、实施产业地标强链计划、实体产业经济培育工程、数字产业转型升级等手段，争取创建国家级先进制造业产业集群，加快培育实体经济新的增长点，推进数字化融入产业化进程，增强南京主导产业在国内外的竞争力。

通过推进园区企业化运作改革、打造高新技术产业开发带、扩大科技创新基金规模、加大对科技创新企业投资力度等方式，进一步优化城市科技创新体制机制，深化南京创新名城的建设。

（5）东莞市

东莞以制造业为立市之本，夯实先进制造业无疑是东莞实现高质量发展的重中之重。为此，在2020年的政府工作中，东莞推行制造业高质量发展行动计划，抓好重点、补强关键，促进传统制造业向"强、大、精、优"迈进。采取着力打造更多的先进制造业集群、建设4个5G示范区、大力培育6个重要的战略新兴产业、实施"工改工"M0用地专项等一系列具有东莞产业特色的改造措施。

东莞以全力构建"中心城区—松山湖—滨海湾"为城市建设总体宗旨，将中心城区作为东莞的中心地区，以建设国际商务区为重点，加快产业配套建设以提升东莞湾区都市的形象；松山湖拥有松山湖科学城，与深圳光明科学城连接，在被国家纳入综合性国家科学中心先行启动区后，全面开发建设，大科学装置、材料实验室等建设迅速，被迅速打造成高科技企业、高端人才会集的科技创新之城；滨海湾，作为东莞"未来城市"的标杆地区，加快推进与香港城市大学共建大湾区大学，着力办好大湾区院士峰会、高层次人才活动，吸引全球优秀人才聚集东莞，快速抢占新时代高层次人才高地。

2. 国内各地政府科技创新工作的趋势

第一，创业群体多元化。全球创业环境的日益完善，创新要素的日趋完备，催生了更多创新创业者，促进了更广泛创业群体多元化合作。未来，高端科研人员、科技成果经理人、风险投资家等高端人才将组成联合创业群体，引导行业创新创业；跨区域创业者等高质量、专业型创业群体则成为创业的主力军，以普通创业人群作为底层基础。

第二，创新创业领域和方向变革。新一代科技革命和产业变革加速演进，多重技术的交叉融合，导致新应用场景和新商业模式不断衍生。跨界融合、前沿未来产业、基础研究等将是中国未来创新创业的热点领域和方向，将催生更多具有战略性、创新性、颠覆性的新企业、新业态。

第三，数字经济推动大数据平台型创业出现。数字经济促使网络与现实生活日益融合，大数据成为配置生产资源的重要依据。在数字经济的发展和推动下，产业的生产方式由"标准生产＋集中生产"向"定制生产＋分布生产"转变，而全球化、大数据的网络平台就成为数字经济的主战场。目前，由数字经济与生活消费深度融合而产生的产业领域已衍生一批网络创业平台；相信未来，创新创业的重要方向将是围绕着产业、城市发展等方面的大数据平台。

第四，科技型创业是成果转化的新形态。未来，以前沿科技商业化为基础，以市场需求为导向，科学家、企业家、投资者深度合作的高端创业形态，将成为科研机构成果转化最有效的途径，不仅能催生大量爆发式成长高新科技企业，而且将推动创新创业基础技术条件与研发生态环境的颠覆性变化。

第五，专业化众创空间提供创新创业一体化的实现路径。从以往孵化器、众创空间转型升级之路可以看出，建设专业化众创空间是企业、高校科研院所、新型研发机构等创新主体平衡低成本技术创新与实现高经济价值的有效方式。龙头企业建设符合自身主营业务的专业化众创空间，培养、孵化产业链上下游企业，通过联合研发、共享品牌渠道资源、开展投资并购等方式，为创业企业赋能，实现转型升级和新业务的拓展。高校建设专业化众创空间，充分发挥高校学科技术优势，聚焦前沿产业领域，开放共享学校的科研设施、导师团队、技术积累，重视发掘学生及科研人员的创新潜力，探索新产业发展方向。新型研发机构建设专业化众创空间，利用自身产业创新和体制优势，为创业企业提供科研条件平台、供应链资源对接、检验检测、创业投资、创业导师等行业专业化服务，推动技术成果与市场进行的有效结合。

（二）国外双创举措分析

1. 德、美、英等发达国家的创新举措

第一，调整国家创新战略。为了继续保持制造业国际领先的地位，在中国制定《中国制造2025》之前，德国就提出并实施"工业4.0"战略。所谓的"工业4.0"，就是将工厂智能化提升至国家战略层面，国家对互联网与物联网、信息安全、智能工厂、云计算等领域进行部署。美国以"工业互联网"为技术基础，以抢占先进制造业制高点为目的，从"先进制造伙伴计划"到"先进制造业国家战略计划"，将推动先进制造业发展从国内区域层面提高到国家战略层面，同时，又创建国家制造业创新网络，增强美国企业在科技研发和技术创新发展之间的交融，重塑美国在世界先进制造业中的竞争力。作为工业革命发源地的英国则发布了《工业2050战略》，提出将信息技术、新材料等领域融合到先进制造中，利用科技力量从设计、制造、服务等方面改变产品。

第二，培养高层次创新型人才。在培养高层次创新型人才方面，德国主推建设创业型大学，即通过对高校学生进行个性化测试，根据个性化测试结果来指导高校学生从事高匹配性工作或创业发展，这种模式对培养跨学科人才、创新实用型人才有良好效果。近年来，为配合"工业4.0"的实施，德国将创业型大学与其国家战略相结合，衍生出"4.0学习工厂"模式，再与企业生产过程环节相匹配，模拟"工业4.0"自动化生产线操作进行教学，形成极具产学研特色的德国人才培养模式。美国在培养、吸引人才方面也有其独特方式，例如通过人才签证计划、"人才绿卡"等措施吸引大批外国人才前往美国，又通过提供科研资金留住科研人才，鼓励跨国公司在国外设立研发机构，通过高薪聘请、股权等方式就地招揽人才，所形成的科技成果归美国跨国公司所有。英国则将高层次人才的审批标准和权限下放到企业、高校与科研机构，使其拥有人才自主决策权，提高企业、高校与科研机构对内

培养、对外引进人才的积极性；另外，英国政府还设立了专项基金，用以资助创新人才培养和创新创业活动。

第三，加强政府主导。首先是完备的法律体系保障。多数西方国家的知识产权法律体系有很多共同点，如鼓励创新发明，并严格保护知识产权的合法性，支持促进技术转移和推广。如德国，形成了覆盖了整个技术知识产权体系的法律体系，既鼓励德国本土企业和个人进行创新创业，又保护本国企业、外国企业和个人在德国获得的知识产权。如美国，通过《技术创新法》促进创新技术的推广和应用。像英国的《知识产权法案》，对不同规模科技创新企业的知识产权给予有效而直接的保护。其次是综合实施政府采购、税收和补贴等多种辅助政策。德国推行中小企业专利行动政策，动用政府资金向创新企业实行专利申请费用补贴和产业化资助，以减少创新企业的知识产权成本，并且该政策的准入门槛低，申请程序简便，补贴力度大。一些欧洲国家则实施专门税收政策——"专利盒"，对拥有专利的企业给予降税减税优惠。

第四，扶持中小型科技企业。欧盟和美国对于科技型中小企业有一定的扶持，主要是通过资金方式。如推进中小企业和科技机构合作，加快科技创新；设立专项资金，资助中小企业科研开发；通过金融机构向中小企业提供贷款、担保、股权等渠道，为中小企业提供科研资金。

2. 西方国家促进创新的举措特点

第一，将科技创新列为国家发展战略的重点，出台相关政策，由政府出面引导，并关注全球经济发展趋势，结合国家的实际，及时调整国家科技创新战略。第二，创新人才是科技创新发展的第一要素，各个国家为了抢占人才高地，牢牢地把人才掌握在自己手里，用尽一切方法、手段、资源留住、引进、培养高层次创新人才。第三，以政府为主导，建立知识产权法律体系，完善知识产权保护机制，在引导、促进和保障科技持续创新的同时，加强对知识产权的保护，推进科技成果转化和产业化，降低知识产权申报、维护成本，提高科技企业、团队、个人进行创新创业的积极性。第四，一个国家中企业数量最为庞大的是中小型企业，同理，科技型中小企业在科技型企业中占比也最大，这类企业在推动经济增长、吸纳就业、减少贫困以及推动技术创新等方面有最明显的优势，西方国家为科技型中小企业的健康发展所做出的努力，为我们提供了很好的借鉴。系统性扶持政策、广泛的科技金融渠道等都有利于科技型中小企业更好地成长。

四　东莞双创活力展望及建设建议

科学技术是推动社会经济快速发展的重要力量，科技人才是科技创新的第一要素。美国、德国、英国等西方国家在科技创新发展的过程中已取得了明显成效，也获得了丰富经验。一个国家、一个城市践行科技创新驱动发展是大势所趋，当创新创业成为一个国家、一个城市经济发展的新助力，那么其经济发展也将会迈上新台阶。东莞提出实施创新驱动发展战略较晚，在构建以企业为主体、市场为导向，产学研结合的创新创业体系过程中，西方国家的成功经验值得借鉴与仿效。

（一）加强政府主导力量

推进科技创新体制机制改革是科技创新与经济发展的良好黏合剂。从西方国家科技创新的成功经验中可以看到，创新驱动发展是以企业为导向，政府起主导作用：布局科技创新基础研究和前瞻技术攻关，提供良好的扶持政策和创新环境，而不过多干预企业之间的合作与运营。因此，在推动大众创新创业过程中，政府需要与时俱进，更加科学、高效地扮演好主导角色。一是完善科技创新政策体系，在战略布局、政策制定、任务落实、服务跟进等环节协调创新要素，以政府作为总引向，各职能部门权责明确，既要各司其职，又能互通互补，保障各项科技创新政策与措施平稳落地、跟进有效、服务到位。二是在打造专业孵化器、众创空间等创新创业公共服务平台的过程中，吸收借鉴国内外先进经验，合理配置和调动创新资源，为科技企业提供精确高效的服务。

（二）优化创新创业政策服务体系

随着中国双创政策大体系的逐步形成，优化提升各个城市现有政策成为当前需迫切解决的问题。在综合科学评估的基础上，找出当地区域当前双创政策最大短板，着力解决短板，继续加大区域创新创业相关政策服务的改革力度。同时，要不断总结经验，巩固已有优势政策，进一步明确并长期坚持有利的政策服务。

（三）激发科技企业自主创新活力

推动庞大的科技企业自主创新是实施创新驱动发展战略、提升经济水平的重要力量。政府引导方向与提供政策支持，引导龙头企业、行业领军企业建立研发机构，鼓励大型企业、龙头企业在核心关键技术攻关、基础科技研发以及高新技术创新等方面发挥引领作用，牵引带动产业链中小企业参与科技创新活动。建设更多的科技资源共享平台，将研究新成果、新技术、科研设备以及各种信息通过平台共享给各类企业，保障中小企业及时了解最新的科技相关信息，更好地加入科技创新行列。鼓励创新基金、科技载体、科技金融机构以技术转让、知识产权入股、科技融资、商业模式创新融资等多种投融资方式，为科技企业尤其是科技中小企业提供技术、资金、资源，推动企业开展科技创新、自主研发活动，协助企业发展成长。促进科技创新创业活动的组织举办，搭建创新创业平台，举办创新创业大赛，鼓励企业积极参与国内外科技创新活动，推动科技思维碰撞，提高自身创新水平，激发科技创新活力。

（四）推动产业集群集聚发展

从国内外的成功经验来看，全球化的群体创新成为现实，多个产业集群联合组建更大的经济体，能更多地推动和突破科技创新。产业集群是科技计划的支持对象，产业集群里各个企业、高新、科研机构等科技主体的高效合作，有助于大幅度减少科技计划的完成时间，提升科技项目质量。在"十三五"以后，中国虽然已经步入产业集群发展阶段，但产业发展仍处在转型升级的关键时期，产业集群的构成还存在着不少优化和进化空间，部分高新区和经济开发区仍是以简单的企业地理集聚为主，以产业集群创新来推动产业链发展方面有待加强。因此，建议东莞从科技产业战略发展的高度制定系统性的产业集群培育计划，聚集产业链创新资源，加快产业链上中下游企业、人才和技术成果等创新要素的聚合，以产业链为集聚模式，对重点区域、镇街（园区）特色产业的产业集群出台针对性较强的配套政策，加强产业集群内部发展建设，建立产业集群科技创新服务平台或网络，推动产业向价值链中高端发展，同时做好产业集群的延伸工作，着力挖掘和发展战略性新兴领域产业的新增长点。

（五）大力引进培育创新人才

高层次创新人才是建设国家创新型城市和推动经济高质量发展的重要助力。高层次创新人才的培养与引进需要政府、企业、公共研发机构、教育培训机构以及金融机构等多方密切配合，才能有效提升工作效率。一是政府要强化责任机制，加强顶层设计。作为掌舵手，政府的职责是负责政策引导、营造环境等顶层设计工作。结合实际，可以适当下放创新人才的培养、引进、选择和管理权限，明确各方主体责任；制定人才政策架构，从人才培养、人才引进、人才激励等方面出台相应的政策支持和保障体系，集中整合资源，推动人才工作；加强创新人才梯队设计，引导和激励国内、省领军人才立足东莞，培育中青年创新人才和专业技术人才，尤其是在稀缺领域的高层次人才引进和培养上，给予政策上的倾斜，逐步建成合理的创新人才梯队；实施符合实际的激励措施，不仅要有效保证创新人才的科技创新成果得到相当的物质利益回报，提高创新人才工作与创新活力，而且要给予创新人才在精神方面的需要，如社会荣誉、社会责任感、个人荣耀等，大大调动市内外创新人才在东莞创新创业的积极性，也增强东莞对创新人才立根发展的吸引力。

参考文献

《权威发布 | 2021 年东莞市政府工作报告》,东莞市人民政府门户网站,http://www.dg.gov.cn/jjdz/dzyw/content/post_ 3465691.html。

《东莞去年全年引进内外资项目 4093 宗实际投资 1197 亿元》,东莞市人民政府门户网站,http://www.dg.gov.cn/jjdz/dzyw/content/post_ 2773575.html。

张玉婷、史浩:《借鉴发达国家创新举措推动天津市"双创"工作》,《海峡科技与产业》2017 年第 1 期。

张洁:《发达国家高层次创新创业型人才开发的政策与启示》,《科教文汇》2018 年第 33 期。

张春凤:《发达国家中小企业扶持政策比较及启示》,《社会科学战线》2014 年第 6 期。

吴作义:《发达国家促进制造业创新的最新举措》,《宁波通讯》2016 年第 17 期。

《中共中央关于制定国民经济和社会发展第十四个五年规划和二〇三五年远景目标的建议》,《人民日报》2020 年 11 月 4 日,第 1 版。

王志刚:《坚持把科技自立自强作为国家发展的战略支撑》,《旗帜》2020 年第 12 期。

B.17
东莞市创新创业生态体系建设研究

邱奕明　孔建忠*

摘　要： 创新创业生态体系的建设与培育，对激发社会经济活力、促进经济长远健康发展具有至关重要的作用。本报告阐述了创新创业生态体系所需的关键要素，分析东莞创新创业生态体系的要素条件基础，并以东莞在打造创新创业生态体系时遇到的问题为导向，研究东莞在优化创新创业生态体系过程中的实践，并以东莞在建设创新创业生态体系时遇到的基础研究、高端人才、政策、成果转化方面的不足为导向，发现东莞市在建设创新创业生态体系的过程中围绕源头创新、人才引培、完善顶层设计、凝聚多方合力的做法，对进一步优化东莞的创新创业生态体系有重要作用。

关键词： 创新创业　生态体系　东莞

一　创新创业生态体系简述

创新的本质是突破常规，是指人们为了发展需求或者满足社会日益增长的需求，通过现有的知识储备、信息资料、基础条件等进行升级、开拓或破坏性改变，从而产生某些别具一格、有价值的新事物或者新产品，并且现在

---

* 邱奕明，东莞市电子计算中心工程师，研究方向为创新与创业管理；孔建忠，东莞市电子计算中心助理研究员，中级经济师，研究方向为科技创新与产业发展。

或者未来会获得一定效果的行为。创业是创业者及创业伙伴对他们所有拥有的资源和发展路径进行优化整合，从而创造出更具经济或社会价值的事物。创新和创业虽然不属于同一范畴，但在创业活动过程中，可不断优化和总结资源，实现创新升级。以创新为基础的创业活动称为创新创业，创新创业中的创新是创业的基础及前提，创新带动着创业，而创业是创新的载体及呈现，创业可以促进创新，两者结合形成一个由创新创业主体与创新创业环境要素所构成的生态体系，该体系是一个复杂的有机整体，不可分割，并且其形成具有推动创新创业的功能。

二 东莞市创新创业生态体系要素的基础

创新创业生态体系是由企业、政府、高校及科研院所、科技中介服务机构、科技金融机构等多种参与主体以及其所在的经济、产业和科创等环境所构成的有机整体。在此有机整体中，企业是创新创业的直接参与主体，政府是创新创业生态体系发展的主要推动者，高校及科研院所是创新创业的主要传播者和实践者，科技中介服务机构是创新创业的桥梁，科技金融机构是创新创业生态系统的重要支撑。

（一）参与主体要素情况

1. 企业

企业是创新创业生态系统的主力，它们往往能打破现有商业模式，以自身为中心进行创新创业活动，具有原始创新动力及活力。东莞市牢牢抓住培育高新技术企业这一要点，从 2015 年至今先后出台了高新技术企业"育苗造林""树标提质"计划、《东莞市培育创新型企业实施办法》等，实现了从数量优势到数量与质量双重优势的转变，打造"百强企业—瞪羚企业—高新技术企业"的创新型企业培育梯队，实行分类扶持推动高企实现高质量发展。在各项举措的支撑下，高企数量高速增长，目前，东莞市高企总量达到 6385 家，稳居全省第三；全市 3435 家企业获得科技型中小企业评价入库编号，数量居全省第三；并涌现一批龙头企业或"隐形冠军"，如华为终端、ATL、复安科技、众生等，形成了一批创新型企业集群。有33家高企在境内上市，占全市上市企业数量的80%，6家高企登陆科创板。

2. 政府

政府相关部门通过在政策方面进行顶层设计、规划和引导，加大对科技企业、科研机构、孵化器以及服务机构等市场主体建设、资源整合机构的支持力度，推动众多主体向前进，协调多元主体的行为，对整个创新创业生态的优化起着推动、协调规范的作用。自东莞市出台《关于实施"科技东莞"工程建设创新型城市的意见》以来，"十一五"期间每年投入不少于10亿元，"十三五"期间每年投入不少于30亿元，可见政府对科技创新的支持力度也在不断增大。"十三五"期间，东莞以"科技东莞"工程为基础，形成了较为完善的科技政策顶层设计，出台的《东莞科学和技术发展"十三五"规划》《东莞市建设国家自主创新示范区实施方案（2017-2020年）》，对部署东莞科技发展工作、实施创新统筹协调机制、培育新兴产业、完善区域创新体系、深化科技金融融合都起到极大的作用。

3. 高校及科研机构

东莞近年来大力推动发展教育及科研，这对于创新科技发展十分有益。截至目前已有9所高校，从2006年起，东莞陆续吸引了华中科技大学、电子科技大学、中国科学院等高校及科研院所来东莞参与校地共建新型研发机构，实施科技研发、成果转化、企业孵化育成、集聚高端人才等任务。十年间，东莞建立各类新型研发机构达30余家，拥有国家级重点实验室、国家级工程中心、省级重点实验室、省级工程中心等各类平台400余家。

4. 科技中介服务机构

科技中介服务机构是指为服务对象提供科技创新活动、科技创新服务的单位，旨在聚集社会科技资源，整合相关配置服务，为服务对象解决一系列问题。目前最常见的服务机构包括企业项目申报机构、技术转移支持机构、科技金融平台、创业服务平台、工程技术研究中心、科技监理中心、科技评估中心、情报所、知识产权事务中心、股权交易中心、科技企业孵化器、研发机构等，它们能够从供求双方的需求出发，通过多种渠道实现一定的资源匹配和成果服务。据统计，东莞已有300多家科技中介服务机构，深入企业或客户服务的第一现场，为科技发展提供助力。

5. 科技金融机构

科技创新离不开金融，如果说科技是第一生产力，那么金融就是第一驱动力。企业如何获得金融的助力一直是一个普遍性的问题。自2015年东莞制定《东莞市促进科技金融发展实施办法》以来，在此政策的引导下，各类民间金融要素加速向东莞聚集，全力支持东莞科技型企业做大做强，在推动产融深度融合发展上迅速打开了新局面。为了推动科技金融融合，助推科技创新，东莞还建立科技金融数据库，开发了科技创新大数据。此外，东莞还成立了3家科技支行，先后认定镇街、银行及相关孵化器科技金融工作站51个，进一步完善了市、镇（街道）、园区、银行联动的科技金融公共服务体系。

（二）环境要素情况

1. 经济环境①

2020年东莞市生产总值达9650.2亿元，这五年来，年均增长了6.5%，人均地区生产总值超过了11万元，在各行各业的快速发展及创新转型升级下，东莞目前的发展已经达到高收入经济体水平。公开数据显示，2020年，东莞一般公共预算收入达到694.7亿元，是2015年的1.3倍；税收总额达到了2153.2亿元，是2015年的1.5倍，贷款余额达到了1.2万亿元，是2015年的2.1倍；全市市场主体的数量也超过了134万户，是2015年的1.8倍；规上工业增加值达到了4000亿元，是2015年的1.5倍；高企总数达到了6385家，是2015年的6.5倍。5年实际利用内外资5326.7亿元，完成了固投资金9615.2亿元，外贸进出口收入在1.3万亿元以上，拿下全国

---

① 本部分数据为综合整理东莞市年度报告、统计年鉴等信息所得。

第 5 名。此外，各镇的发展也势如破竹，持续增长，长安、虎门、塘厦、南城、东城等 5 个镇街更是进入 500 亿元俱乐部，15 个镇街拿下全国百强镇荣誉，所有次发达的镇街均超过 100 亿元大关。

2. 产业环境

从产业结构来看，东莞依托电子信息、装备制造、纺织服装、食品饮料、家具制造等"五大支柱、四大特色"产业不断优化升级。同时，新一代电子信息、机器人、智能终端、新能源汽车等新兴产业不断发展壮大，而先进制造的特色越趋明显，先进制造业、高技术制造业分别占规上工业增加值的 50.9%、37.9%，成为工业增长的主要力量。如东莞以补链、强链、拓链为导向，聚焦产业链关键环节、核心环节、缺失环节，举办了高规格、高级别的全球先进制造招商大会，吸引一批重大项目来莞，为地区树立了品牌，同时带来了更多上下游产业链资源的聚集。

3. 科创环境

为打造创新创业发展的良好环境，东莞市不断推动科技孵化育成体系建设提质增效，引导科技企业孵化器及众创空间的高质量发展，逐渐形成众创空间—科技企业孵化器—加速器的全孵化链条，促进了科技企业孵化器规模与能力不断提升，成为新兴产业培育和新旧动能转换的重要力量。据不完全统计，截至 2019 年底，东莞市孵化面积已达 1974572 平方米，在孵企业总数量达 3806 家，带动就业达 54097 人。已认定国家级孵化器 23 个、省级孵化器 38 个、市级孵化器 96 个，国家级众创空间 24 个、省级众创空间 31 个、市级众创空间 30 个，国家级孵化器数量居全省地级市第一。①

同时，东莞市还营造良好的创新创业氛围，吸引全球科技创新创业团队落户东莞。东莞自 2013 年开始，连续举办了 7 届"赢在东莞"科技创新创业大赛，吸引了市内外优质参赛项目 3224 个，累计奖励项目 521 个，累计

---

① 数据为综合整理年度工作报告等信息所得。

奖金金额 1.1 亿元。据不完全统计，累计获得创业投资近 22.04 亿元，135 家企业在 2019 年度获得银行信用贷款 5.76 亿元。[①] 大赛为全球创新创业团队提供了良好的资源对接平台，营造了浓厚的创新创业氛围。

三　东莞创新创业生态体系建设面临的挑战

（一）基础及应用研究环节薄弱

基础研究是指一种不预设任何特定应用或使用目的的实验性或理论性工作，其主要目的是为获得（已发生）现象和可观察事实的基本原理、规律和新知识。应用研究是指为获取新知识，达到某一特定的实际目的或目标而开展的初始性研究，是为了确定基础研究成果的可能用途，或确定实现特定和预定目标的新方法。

科技是第一生产力。大国之间的竞争中，科技是一个至关重要的领域。而科技的进步是以扎实的基础理论研究为支撑的。《国家中长期科学和技术发展规划纲要（2006－2020)》对今后十五年科技工作做出了总体部署，提出了建设创新型国家的总体目标。强大的基础及应用研究是建设世界科技强国的重要基石，也是跻身世界科技强国的必要条件，同时，基础研究也是体现一个国家或地区科技创新竞争力持久度的重要指标。

2019 年，东莞市 R&D 经费支出总额为 289.96 亿元，其中基础研究与应用研究费用为 8.98 亿元，基础研究与应用研究费用占全市 R&D 经费的比重为 3.1%，相较上海、合肥、深圳等城市还有不小差距。基础研究环节的缺失使企业缺少原创性、关键性技术，极大地制约了企业附加值的提升。在产业上表现为，东莞产业科技活动集中于模仿创新，在核心技术与关键零部件上受制于人，导致产业长期处于全球价值链的中低端。

---

① 《2019 年赢在东莞科技创新创业大赛决赛明日启动》，南方＋，2020 年 5 月 10 日，http：//static. nfapp. southcn. com/content/202005/10/c3514273. html。

（二）高端人才短缺

创新驱动实质上是人才驱动，东莞要实现产业升级，人才是关键。过去的东莞因劳动密集型产业而兴旺，有大量的外来劳动力，但近年来随着人口红利逐渐消逝，加上产业转型升级提速，东莞企业对高端水平人才需求呈稳步上升趋势。但东莞人口结构的转变相对缓慢，技术研发人员、科研人员、高端生产性服务人员等高层次人才供给不足。原因在于：①东莞高端人才培育能力不足，因为高校是高质量人才的最主要来源，而东莞暂时没有一流的高校及学科，高校的数量也不足；②对外部高端创新资源没有突出的吸引力，高端人才需要依靠外部供给，而东莞的创新氛围、城市环境、生活配套等方面都不如深圳、广州这些周边的一线城市。

（三）政策难以跟上新形势

自2005年东莞实施"科技东莞"工程以来，东莞市围绕科技创新以及产业转型升级等方面内容陆续出台了系列惠企政策。但随着创新要素向创新驱动的发展转变，以及创新驱动发展战略深层次工作的推进，原有政策的管理形式及绩效目标，逐渐难以满足新形势的发展需要，需要不断更迭换代。着眼建设综合性国家科学中心东莞布局的需要，东莞从技术创新向源头创新进行了提升，原有政策不能完全满足对源头创新的支持，必须通过补给更多围绕源头创新发展的政策支持。

（四）成果转化率低

科技成果转化是指为提高生产力水平而对科技成果所进行的后续试验、开发、应用、推广，直至形成新技术、新工艺、新材料、新产品，发展新产业等活动。推动科技成果转化工作是实现创新驱动发展的重要方式，也是促进科技和产业互补结合的重要手段，更是贯彻习近平总书记关于科技创新重要论述、实施创新驱动发展战略的重要举措。

高校及科研院所是开展科技研发活动的主力军，拥有大量具有相当价值的科技成果，但据不完全统计，大部分高校院所的科技成果转化率不足20%，有的甚至不足10%。主要原因包括：在制度建设方面，虽然国家和省相关政策已明确高校及科研院所拥有对其科技成果的自主使用权、处置权和收益权，但由于相关细则和地市办法尚未出台，高校及科研院所在实际操作过程中仍然害怕造成国有资产流失，不敢贸然转化科技成果；在评价机制方面，当前对高校科研院所科研人员的考核仍以论文发布、专利授权、项目承担等为主，不大重视科研人员科技成果转化的数量和效率；在配套服务方面，东莞市各类公共创新平台和科技中介机构的服务功能尚待完善，难以满足高校及科研院所对科技成果转化的需求。

四 优化东莞市创新创业生态体系的实践

（一）围绕源头创新，补齐技术短板

企业是创新的主体，而自主创新是基础及应用研究的重要推动力。企业必须提升自主创新能力，提高核心技术攻关能力，才能在市场现有的发展模式中立于不败之地。为解决源头创新的问题，重点提升东莞市源头创新的攻关能力，东莞在大科学装置建设以及重大平台建设方面重点投入，围绕应用基础研究、组织基础研究等方面，加快推进平台的建设和应用。2020年以来，东莞松山湖科学城重大创新平台发展成果非常亮眼，中国散裂中子源打靶束流功率提前达到100kW设计指标，南方光源研究测试平台的建设工作"火力全开"，松山湖材料实验室更是在 *Nature* 等国际顶尖的科学杂志上发表六篇高水平论文，前沿研究成功入选"2019中国科学十大进展"，同时，也在东莞注册成立了25家产业化的公司。[①] 东莞依托散裂中子源、松山湖材料实验室等科研机构，吸引了以王恩哥、陈和生等院士为代表的顶级科学家集聚，累计引进省级创新创业团队总数38个、市级创新科研团队53个。[②]

---

① 《松山湖材料实验室2020年年报》。
② 2020年东莞市国民经济和社会发展统计公报。

（二）做好人才引培，推进人才建设

为深化创新驱动、推进高质量发展，东莞从引进人才、培养人才以及稳住人才方面，积极加强"高精尖缺"科技人才建设，凝聚了一支规模宏大、结构合理、素质较高的科技人才队伍，助力东莞市人才战略落地，促进东莞市科技生态的高质量发展。

东莞坚持高标准、宽视野引进高层次创新人才，抓住全球人才加速流动和"海归潮"形成的机遇，通过"靶向引才""以才引才"等方式，大力引进一批创新领军人才和高层次创新团队；同时，东莞发挥各类高等院校、科研院所和人才工作平台的作用，围绕产业发展重点领域和核心技术攻关需要，创新人才培养机制和方式，加快培育一支宏大的创新人才、高技能人才队伍。2020年，东莞市人民政府、东莞理工学院和香港城市大学签署合作协议，共同建设香港城市大学（东莞），引进先进教育理念和模式，通过学科建设方案和人才培养计划，培养具有国际竞争力的国际化人才。通过设立东莞市名校研究生培育发展中心，吸引高校高层次人才，参照粤港澳机器人学院办学模式，结合东莞产业发展需要，加强与国内（港澳）知名高校、国际知名高校开展联合办学，联合创办以培养高层次人才为主的研究型大学或研究生院，实现在莞培养高层次创新人才。据统计，截至2020年12月，散裂中子源已有超过300名高端科研人才常驻东莞工作，松山湖材料实验室已经集聚了双聘和全职人员超过700人，与香港理工大学合作开展博士研究生联合培养，并招录10名博士生。另外，东莞与国内著名高校及科研院所共建33家新型研发机构，集聚了来自海内外各类科技人员4700名，引进孵化1273家企业，其中上市公司1家、高企111家。

在稳住人才方面，为促进人才落户，近年来，东莞出台了特色人才、博士后人才、创新创业领军人才等40余项人才政策，打造招才引智、人才交流提升、专业人才服务等平台。据人社相关部门统计，连续3年共对180名市内高层次人才进行培养支持，最高给予每人30万元扶持；对

于选择落户东莞的高学历人才，给予人才入户、医疗保障、子女教育等诸多支持，构建人才服务保障体系，积极为人才做好事、办实事、解难事，营造人才辈出、人尽其才的良好环境。解决人才生活上后顾之忧，如解决各层次人才住房问题，加快推进人才公寓建设，优化人才公寓的申请管理制度。

（三）完善顶层设计，强化政策引导

政策制定是完善创新型城市建设顶层设计规划重要手段，是科技创新发展的重要举措。东莞市围绕建设国家创新型城市和建设综合性国家科学中心的目标，着力构建完善的创新体系，通过以问题为导向，加强研究和分析，以及为高质量发展提供助力等原则，形成了东莞市科技政策制定的主要思路。比如加强全链条谋划，补齐源头创新的短板，全面整合创新要素，推进项目管理的改革，陆续推出了《关于贯彻落实粤港澳大湾区发展战略　全面建设国家创新型城市的实施意见》《东莞市科技计划体系改革方案》《东莞市培育创新型企业实施办法》等"1＋1＋N"的创新型配套政策，从构建原始创新、成果转化、技术创新、企业培育等方面，加强顶层设计，提供强大的支撑引导作用。

（四）凝聚多方合力，促进成果转化

科技成果转化是推动实施创新驱动发展战略的重要举措，也是促进科技和产业相结合的重要手段。东莞市研究起草《东莞市促进科技成果转移转化若干政策措施》，通过技术合同交易额补助、技术转移机构资金支持、成果对接活动和人才培训补贴、租金补贴等扶持措施，大力构建完善科技成果转移转化体系，解决当前束缚高校及科研院所开展科技成果转化工作的体制机制障碍，促进国内外优质科技成果在东莞落地转化。

目前，东莞正在筹备建设东莞粤港澳大湾区科技成果转化中心，物色市场化的运营机构搭建专业化的科技成果交易转化平台。推动东莞市知识产权

交易服务中心、"东莞科技在线"等成果交易对接平台加快发展。举办科技成果对接会，对企业的技术需求与研究所提供的科技成果进行精准匹配。通过在各类项目宣讲会中加入技术合同认定登记业务的宣传介绍环节，进一步加大技术合同认定登记的宣传推广力度，让更多的企业了解并享受该项业务所带来的优惠。

此外，东莞也将通过制定统一的交易规则，吸引和聚集专业的科技服务机构，组建类似京东、阿里巴巴模式的市场化运营的科技成果交易转化平台，营造多层次、多种类、跨区域的可持续发展的科技服务业生态系统。

参考文献

查晶晶、赵可、陈井、张春强：《创新创业生态系统运行机理研究》，《科技创业月刊》2017年第19期。

冯志军：《东莞先进制造业创新生态系统的构建研究》，《商业经济》2019年第9期。

东莞市电子计算中心主编《东莞科技金融发展报告（2019~2020）》，社会科学文献出版社，2019。

《东莞市科技成果双转化行动计划（2018-2020年）》，东莞松山湖高新技术产业开发区网站，2020年7月1日，http：//ssl. dg. gov. cn/dgssh/tzpd/fwzx/zzc/kjzc/content/post_ 3195108. html。

《打造全新创新体系，东莞扎实走好产业转型升级之路》，i东莞，2020年7月16日，http：//news. timedg. com/2020 – 07/16/21136419. shtml。

《东莞科技创新放大招！"1 + 1 + N"政策体系发布》，i东莞，2020年7月8日，http：//news. timedg. com/2020 – 07/08/21134710. shtml。

社会科学文献出版社

皮 书

智库报告的主要形式
同一主题智库报告的聚合

❖ 皮书定义 ❖

皮书是对中国与世界发展状况和热点问题进行年度监测,以专业的角度、专家的视野和实证研究方法,针对某一领域或区域现状与发展态势展开分析和预测,具备前沿性、原创性、实证性、连续性、时效性等特点的公开出版物,由一系列权威研究报告组成。

❖ 皮书作者 ❖

皮书系列报告作者以国内外一流研究机构、知名高校等重点智库的研究人员为主,多为相关领域一流专家学者,他们的观点代表了当下学界对中国与世界的现实和未来最高水平的解读与分析。截至2021年,皮书研创机构有近千家,报告作者累计超过7万人。

❖ 皮书荣誉 ❖

皮书系列已成为社会科学文献出版社的著名图书品牌和中国社会科学院的知名学术品牌。2016年皮书系列正式列入"十三五"国家重点出版规划项目;2013~2021年,重点皮书列入中国社会科学院承担的国家哲学社会科学创新工程项目。

中国皮书网

（网址：www.pishu.cn）

发布皮书研创资讯，传播皮书精彩内容
引领皮书出版潮流，打造皮书服务平台

栏目设置

◆ **关于皮书**
何谓皮书、皮书分类、皮书大事记、
皮书荣誉、皮书出版第一人、皮书编辑部

◆ **最新资讯**
通知公告、新闻动态、媒体聚焦、
网站专题、视频直播、下载专区

◆ **皮书研创**
皮书规范、皮书选题、皮书出版、
皮书研究、研创团队

◆ **皮书评奖评价**
指标体系、皮书评价、皮书评奖

◆ **皮书研究院理事会**
理事会章程、理事单位、个人理事、高级
研究员、理事会秘书处、入会指南

◆ **互动专区**
皮书说、社科数托邦、皮书微博、留言板

所获荣誉

◆ 2008 年、2011 年、2014 年，中国皮书
网均在全国新闻出版业网站荣誉评选中
获得"最具商业价值网站"称号；
◆ 2012 年，获得"出版业网站百强"称号。

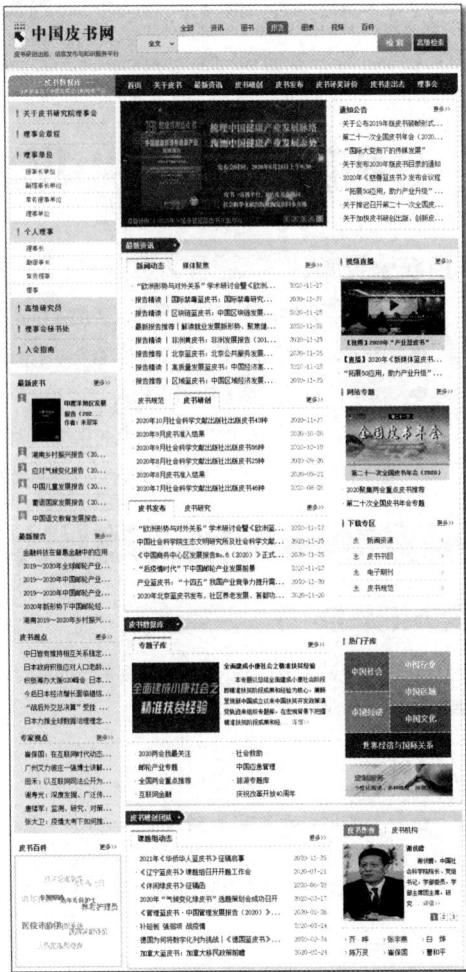

网库合一

2014 年，中国皮书网与皮书数据库端口
合一，实现资源共享。

中国皮书网

S 基本子库
SUB DATABASE

中国社会发展数据库（下设 12 个子库）

整合国内外中国社会发展研究成果，汇聚独家统计数据、深度分析报告，涉及社会、人口、政治、教育、法律等 12 个领域，为了解中国社会发展动态、跟踪社会核心热点、分析社会发展趋势提供一站式资源搜索和数据服务。

中国经济发展数据库（下设 12 个子库）

围绕国内外中国经济发展主题研究报告、学术资讯、基础数据等资料构建，内容涵盖宏观经济、农业经济、工业经济、产业经济等 12 个重点经济领域，为实时掌控经济运行态势、把握经济发展规律、洞察经济形势、进行经济决策提供参考和依据。

中国行业发展数据库（下设 17 个子库）

以中国国民经济行业分类为依据，覆盖金融业、旅游、医疗卫生、交通运输、能源矿产等 100 多个行业，跟踪分析国民经济相关行业市场运行状况和政策导向，汇集行业发展前沿资讯，为投资、从业及各种经济决策提供理论基础和实践指导。

中国区域发展数据库（下设 6 个子库）

对中国特定区域内的经济、社会、文化等领域现状与发展情况进行深度分析和预测，研究层级至县及县以下行政区，涉及省份、区域经济体、城市、农村等不同维度，为地方经济社会宏观态势研究、发展经验研究、案例分析提供数据服务。

中国文化传媒数据库（下设 18 个子库）

汇聚文化传媒领域专家观点、热点资讯，梳理国内外中国文化发展相关学术研究成果、一手统计数据，涵盖文化产业、新闻传播、电影娱乐、文学艺术、群众文化等 18 个重点研究领域。为文化传媒研究提供相关数据、研究报告和综合分析服务。

世界经济与国际关系数据库（下设 6 个子库）

立足"皮书系列"世界经济、国际关系相关学术资源，整合世界经济、国际政治、世界文化与科技、全球性问题、国际组织与国际法、区域研究 6 大领域研究成果，为世界经济与国际关系研究提供全方位数据分析，为决策和形势研判提供参考。

法律声明

"皮书系列"（含蓝皮书、绿皮书、黄皮书）之品牌由社会科学文献出版社最早使用并持续至今，现已被中国图书市场所熟知。"皮书系列"的相关商标已在中华人民共和国国家工商行政管理总局商标局注册，如LOGO（ ▉ ）、皮书、Pishu、经济蓝皮书、社会蓝皮书等。"皮书系列"图书的注册商标专用权及封面设计、版式设计的著作权均为社会科学文献出版社所有。未经社会科学文献出版社书面授权许可，任何使用与"皮书系列"图书注册商标、封面设计、版式设计相同或者近似的文字、图形或其组合的行为均系侵权行为。

经作者授权，本书的专有出版权及信息网络传播权等为社会科学文献出版社享有。未经社会科学文献出版社书面授权许可，任何就本书内容的复制、发行或以数字形式进行网络传播的行为均系侵权行为。

社会科学文献出版社将通过法律途径追究上述侵权行为的法律责任，维护自身合法权益。

欢迎社会各界人士对侵犯社会科学文献出版社上述权利的侵权行为进行举报。电话：010-59367121，电子邮箱：fawubu@ssap.cn。

社会科学文献出版社